韧性城市与生态环境规划丛书

海绵城市建设效果评价方法与实践

深圳市城市规划设计研究院　组织编写

胡爱兵　杨少平　尹玉磊　杨　晨　任心欣　主　编

中国建筑工业出版社

图书在版编目(CIP)数据

海绵城市建设效果评价方法与实践 / 深圳市城市规
划设计研究院组织编写；胡爱兵等主编. — 北京：中
国建筑工业出版社，2023.9
（韧性城市与生态环境规划丛书）
ISBN 978-7-112-29165-6

Ⅰ. ①海… Ⅱ. ①深… ②胡… Ⅲ. ①城市建设—研
究—深圳 Ⅳ. ①TU985.265.3

中国国家版本馆 CIP 数据核字(2023)第 176839 号

　　本书是作者团队多年来从事海绵城市规划设计、建设效果评价工作的经验总结。本书分为
理念篇、方法篇、实践篇三个篇章。理念篇阐述了我国海绵城市建设工作的发展历程，以及海
绵城市建设效果评价工作的提出背景及要求，针对海绵城市建设效果评价工作的基础理论进行
了梳理，充分借鉴国内外相关经验并做对比分析。方法篇针对海绵城市建设效果评价方法进行
系统阐述，分三个层次进行评价方法的论述：建设项目层次、排水分区层次和城市层次。另
外，针对海绵城市建设效果监测方法、评价模型构建方法、智慧海绵评估平台构建方法进行专
门论述，并针对相关难点问题进行了探讨。实践篇剖析了上述三个层次的海绵城市建设效果评
价案例，这些案例均是基于深圳市实践的总结，代表性强。本书通过理论方法与实践相结合，
为海绵城市建设效果评价工作提供了权威、专业、全面的指导。

　　本书资料翔实，内容丰富，涉及知识面广，案例丰富且具有代表性，是一部集系统性、先
进性、实用性和可读性于一体的专业书籍。本书可供城市基础设施规划建设领域的科研人员、
规划设计人员、咨询人员以及相关行政管理部门和公司企业人员参考，也可作为相关专业大专
院校的教学参考用书。

责任编辑：朱晓瑜　张智芊
文字编辑：李闻智
责任校对：赵　力

韧性城市与生态环境规划丛书
海绵城市建设效果评价方法与实践
深圳市城市规划设计研究院　　　　　　　　组织编写
胡爱兵　杨少平　尹玉磊　杨　晨　任心欣　主　编
＊
中国建筑工业出版社出版、发行（北京海淀三里河路9号）
各地新华书店、建筑书店经销
北京红光制版公司制版
建工社（河北）印刷有限公司印刷
＊
开本：787毫米×1092毫米　1/16　印张：21　字数：447千字
2024年7月第一版　　2024年7月第一次印刷
定价：**79.00**元
ISBN 978-7-112-29165-6
　　　（41886）

丛书编委会

主　　任：司马晓

副 主 任：黄卫东　俞　露　杜　雁　单　樑　伍　炜　李启军
　　　　　丁　年　刘应明

委　　员：任心欣　李　峰　陈永海　孙志超　王　健　唐圣钧
　　　　　韩刚团　张　亮　陈锦全

编　写　组

主　　编：司马晓　丁　年　刘应明

执行主编：胡爱兵　杨少平　尹玉磊　杨　晨　任心欣

编撰人员：颜映怡　王爽爽　陈世杰　黄　婷　马之光　孔露霆
　　　　　李思琪　王晨雨　田　妤　朱安邦　赵松兹　杨守刚
　　　　　许耀文　卢　伟　吴亚男　蔡志文　蔡志颖　赵福祥
　　　　　王文倩　王　丰　谢　刚　李柯佳　王少鹏　王卫东

丛书序言

改革开放以来，我国经历了世界历史上规模最大、速度最快的城镇化进程，城市发展波澜壮阔，伟大成就举世瞩目。然而，这一迅猛的发展伴随着来自气候变化、生态损伤、环境污染等多方面挑战，对城市的可持续发展及规划建设提出了巨大挑战。党的二十大报告中明确提出，要"坚持人民城市人民建、人民城市为人民，提高城市规划、建设、治理水平，加快转变超大特大城市发展方式，实施城市更新行动，加强城市基础设施建设，打造宜居、韧性、智慧城市"。

近年来，极端天气呈多发态势。2023 年 7 月底，"杜苏芮"台风给福建造成重大灾害；随后受"杜苏芮"台风残余环流影响，北京市及周边地区出现灾害性特大暴雨天气，给北京、河北等地造成重大影响；同年 9 月上旬，受"海葵"台风残余环流影响，深圳市普降极端特大暴雨，打破了深圳 1952 年有气象记录以来七项历史极值。如何减缓自然灾害，保障城市稳定运行，是城市规划建设者亟需考虑的问题。在城市化建设高度聚集和流动性的环境下，监测预警、防灾减灾、应急救援等方面的建设滞后，将导致城市应对外部冲击的敏感度能力不足。因此，建造在各种情况下均能安全、稳定、可靠、持续运转的韧性市政基础设施，是支撑城市安全运转的重要需求。近年来，国家高度关注城市的安全与韧性，"韧性城市"被写入《"十四五"规划和 2035 年远景目标纲要》，建设韧性城市已成为社会各界共识。

在过去的七年间，深圳市城市规划设计研究院股份有限公司市政规划研究团队，出版了《新型市政基础设施规划与管理丛书》《城市基础设施规划方法创新与实践系列丛书》《新时代市政基础设施规划方法与实践丛书》三套丛书，在行业内引起了广泛关注。三套丛书所涉及的综合管廊、低碳生态、海绵城市、非常规水资源利用、排水防涝、5G、新型能源、无废城市等，都是新发展理念下国家推进的重要建设任务。高质量发展是当前我国经济社会发展的主题，是中国式现代化的本质要求。相较前三套丛书，本套丛书紧扣城市基础设施高质量发展的内涵，以建设高质量城市基础设施体系为目标，从以增量建设为主转向存量提质增效与增量结构调整并重，响应碳达峰、碳中和目标要求，推动城市高质量发展。

我们希望通过本套丛书的出版和相关知识传播，能有助于城市规划从业者和管理者更加科学和理性地理解并应对城市面临的挑战，推动城市走向更为韧性、宜居和可持续的未来。城市是人类文明的舞台，而我们每个人都是城市的规划师。让我们共同努力，为建设更美丽的城市、创造更美好的生活而不断探索。

中国工程院院士，美国国家工程院外籍院士，发展中国家科学院院士　曲久辉

2023 年 12 月

丛书前言

习近平总书记在党的二十大报告中全面系统地阐述了中国式现代化的科学内涵。中国式现代化是人口规模巨大的现代化、是全体人民共同富裕的现代化、是物质文明和精神文明相协调的现代化、是人与自然和谐共生的现代化、是走和平发展道路的现代化。现代化是人类社会发展的潮流，城镇化作为经济社会发展的强劲动力，推动新型城镇化高质量发展是中国式现代化的必经之路。走中国特色、根植于中国国情的新型城镇化道路，是探索中国式现代化道路的生动实践。

2020年10月，习近平总书记在发表的重要文章《国家中长期经济社会发展战略若干重大问题》中指出，在生态文明思想和总体国家安全观指导下制定城市发展规划，打造宜居城市、韧性城市、智能城市，建立高质量的城市生态系统和安全系统。2020年11月，《中华人民共和国国民经济和社会发展第十四个五年规划和2035年远景目标纲要》提出了建设宜居、创新、智慧、绿色、人文和韧性城市；2022年6月，《"十四五"新型城镇化实施方案》印发，提出坚持人民城市人民建、人民城市为人民，顺应城市发展新趋势，建设宜居、韧性、创新、智慧、绿色、人文城市。

在中国式现代化总战略指引下，我们需要深入地实施具有中国特色的新型城镇化战略。打造宜居、韧性、创新、智慧、绿色、人文城市是对新时代新阶段城市工作的重大战略部署。"生态城市""低碳城市""绿色城市""海绵城市""智慧城市""韧性城市"等一系列的城市建设新理念陆续涌现。韧性城市建设与生态环境保护工作成为城市规划建设发展的重要内容。通常广义上的韧性城市，是指城市在面临经济危机、公共卫生事件、地震、洪水、火灾、战争、恐怖袭击等突发"黑天鹅"事件时，能够快速响应，维持经济、社会、基础设施、物资保障等系统的基本运转，并具有在冲击结束后迅速恢复，达到更安全状态的能力。建设真正安全可靠的"韧性城市"，需要多管齐下，不断提升城市的经济韧性、社会韧性、空间韧性、基础设施韧性和生态韧性。生态环境规划则是模拟自然环境而进行的人为规划，其目的是人与自然的和谐发展，有计划地保育和改善生态系统的结构和功能。持续改善环境质量，是满足人民日益增长的美好生活需要的内在要求，是推进生态文明和美丽中国建设的必然选择。

当前，学界对于"韧性城市"的相关研究如火如荼。中国知网数据显示，与"韧性城市"相关的论文由 2003 年的 2 篇，增长到 2019 年的 87 篇，到 2023 年增长到 473 篇。而"生态环境规划"的相关研究亦持续受到学界关注，每年相关论文数量都超过 7000 篇，到 2019 年更是达到 1.7 万篇。尽管相关的研究层出不穷，但是目前韧性城市理念在我国还是处于学界高度关注、公众知晓不足的状态，北京、上海等超大城市编制了韧性规划，但并未形成具体的实施方案，离落地实施尚有较大距离。未来，中国的新型城镇化是中华民族开创美好生活方式的绝佳机遇，但是与之相伴的，是不容忽视的危机和隐患：安全与发展的危机、生态与环境的危机、管理与治理的危机。为厘清韧性城市与生态环境规划的底层逻辑，需打破专业壁垒，对城市管理者、规划设计人员以及民众进行韧性知识的"文艺复兴"，因此，对韧性城市规划及生态环境规划方法、理论和路径的探索也就有了现实的必要性。

基于上述缘由，我们策划了《韧性城市与生态环境规划丛书》，以开放式丛书形式，主要围绕"韧性城市"及"生态环境"两大主题，从城市规划建设及管理者的角度出发，系统阐述韧性城市及生态环境规划的方法、理论、路径及案例。本套丛书共计七本，分别为《海绵城市建设效果评价方法与实践》《韧性城市规划方法与实践》《市政基础设施智慧化转型探索》《城市新型竖向规划方法与实践》《生态保护修复规划方法与实践》《市政基础设施韧性规划方法与实践》《夏热冬暖地区区域能源规划探索与实践》。丛书以开放式的选题和内容，介绍韧性城市和生态城市建设过程中的新机遇、新趋势、新方法、新经验，力争成为展现深圳市城市规划设计研究院（以下简称"深规院"）最新研究成果的代表作，为推进中国式现代化和新型城镇化做出时代贡献。

深规院是一个与深圳市共同成长的规划设计机构，自成立以来已近 33 年。30 多年来，深规院伴随着深圳市从一个小渔村成长为超大城市，见证了深圳的成长和发展。市政规划研究院作为其下属的专业技术部门，一直深耕于城市基础设施规划和研究领域，是国内实力雄厚的城市基础设施规划研究团队之一。近年来，我院紧跟国家政策导向，勇攀技术前沿，深度参与了韧性城市、综合管廊、海绵城市、低碳生态、新型能源、内涝防治、智慧城市、无废城市、环境园、城市竖向等基础设施规划研究工作。

对于这套丛书，我们计划在未来 2～3 年内陆续出版。丛书选题方向包括韧性城市、生态城市、海绵城市、智慧城市、城市安全、新型能源等。作为本套丛书的编者，我们希望为读者呈现理论、方法、实践相结合的精华，其中《韧性城市规划方法与实践》展现了深规院在新疆、浙江、深圳等地的实践成果；《市政基础设施韧性规划方法与实践》展示了深规院在深圳市域、片区层面对基础设施韧性提升的理论和实践；《生态保护修复规划方法与实践》揭示了当前国内最新的生态保护修复规划的理论与实践；《海绵城市建设效果评价方法与实践》是编制团队在深圳市多年的实践经验的总结和提升。

本套丛书在编写过程中，得到了住房和城乡建设部、自然资源部、广东省住房和城乡建设厅、广东省自然资源厅、深圳市规划和自然资源局、深圳市生态环境局、深圳市水务局、深圳市城管局等相关部门领导的大力支持和关心，得到了相关领域专家、学者和同行的热心指导和无私奉献，在此一并表示感谢。

感谢曲久辉院士为本套丛书写序！曲院士是我国著名城市水环境专家，是中国工程院院士、美国国家工程院外籍院士、发展中国家科学院院士，现为中国科学院生态环境研究中心研究员，兼任中华环保联合会副主席、中国环境科学学会副理事长、中国可持续发展研究会副理事长、中国城市科学研究会副理事长、国际水协会（IWA）常务理事、国家自然科学基金委工程与材料科学部主任等。曲院士为人豁达随和，一直关心深规院市政规划研究团队的发展，对本套丛书的编写提出了许多指导意见，在此深表感谢！

本套丛书的出版凝聚了中国建筑工业出版社朱晓瑜等编辑们的辛勤工作，在此表示由衷的敬意和感谢！

《韧性城市与生态环境规划丛书》编委会

2023 年 12 月

本书前言

自 2013 年习近平总书记在中央城镇化工作会议上提出"海绵城市"理念以来，我国海绵城市建设已逾十年。十年来，我国海绵城市建设如火如荼，从试点建设走向系统化全域示范建设，全国已累计创建 30 个海绵城市试点城市和 60 个系统化全域推进示范城市。然而，面对大量的已建成的海绵城市建设项目和片区，其建设效果如何、对区域水文效应的改善如何，亟须进行评价；同时，海绵城市建设效果评价作为一种反馈机制，其评价结果可以反馈至建设项目的设计及施工，进而引导建设项目改进设计。总之，建设效果评价是海绵城市建设不可或缺的环节。

按照《国务院办公厅关于推进海绵城市建设的指导意见》（国办发〔2015〕75 号），海绵城市建设的效果为"小雨不积水、大雨不内涝、水体不黑臭、热岛有缓解"。该表述是普通民众关于海绵城市建设效果的直观感受。从专业的角度来讲，2015 年发布的《海绵城市建设绩效评价与考核办法（试行）》提出了六大方面18 项指标的海绵城市建设绩效评价指标体系，六大方面即水生态、水环境、水资源、水安全、制度建设及执行情况、显示度。该评估指标体系即海绵城市建设的绩效评估内容。2013—2017 年，我国尚未开展实质性的海绵城市建设效果评价工作。

2018 年，《海绵城市建设评价标准》GB/T 51345—2018 发布，该标准规范了海绵城市建设评价的内容（指标）、要求及方法。标准提出的海绵城市建设效果评价涉及年径流总量控制率及径流体积控制、源头减排项目实施有效性、路面积水控制与内涝防治、城市水体环境质量、自然生态格局管控与城市水体生态性岸线保护、地下水埋深变化趋势、城市热岛效应缓解七大项；评价方法方面，不同的评价指标采用不同的评价方法，包括查阅资料法、现场检查法、现场监测法、模型模拟法，以及现场监测与模型模拟相结合的评价方法；评价对象方面，标准提出了针对建设项目层次和排水分区层次的评价方法。

若按照标准提出的评价方法，需采用现场监测法和模型模拟法进行评价。现场监测法评价结果直观可靠，但监测成本高，且耗时耗力，不易操作；模型模拟法通过建立模型进行相关指标的评价，该方法评价成本低，但其结果准确性与模型基础资料的准确性直接相关。实际工作中，我国大部分海绵城市试点城市和示范城市采用两种方法的结合，即选择典型建设项目、典型排水分区作为现场监测评价的对象，以获取现场监测数据；在建设项目、排水分区、城市层次建立水文水力模型进行评价，现场监测数据可作为模型的率定数据，进而提高模型评估的准确性。该方法可操作性强、成本适中，且准确性高。

然而，即使是现场监测与模型模拟相结合的方法，其评估费用对当下我国绝大多数城市而言，仍然是望而却步。对于绝大多数非海绵试点、示范城市，一般仅仅编制海绵城市建设自评价报告，采用的评价方法一般为查阅资料法和现场检查法，相关指标通过简单的理论计算获得。该方法省时省力，费用低，但准确性较差，无法积累本地化的海绵城市建设基础数据，亦无法从中识别海绵城市建设的长期水文效应。

本书作为供专业技术人员参考的专业书籍，基于国家《海绵城市建设评价标准》GB/T 51345—2018 等相关标准规范提出的评价方法，结合编制团队在深圳多年的海绵城市建设效果评价工作实践，探讨海绵城市建设评价方法，并且针对实践中遇到的重难点问题进行探讨，以期为同业者提供参考。随着物联网技术、人工智能技术的日益进步，智慧化海绵城市理念已逐步实现，海绵城市建设效果评价亦从"监测＋模型"的方式走向智慧海绵评价系统。以深圳市为例，深圳市智慧海绵系统绩效评价模块接入了在线监测数据、填报数据、系统集成数据，通过绩效评价计算引擎，可实现项目方案、项目实施、片区等多层级海绵城市建设效果评价。

深圳市城市规划设计研究院股份有限公司市政规划研究院是国内较早研究并实践海绵城市建设效果评价的专业技术团队之一，早在 2018 年就参编了《海绵城市建设评价标准》GB/T 51345—2018，2019 年至今完成了深圳市福田区、南山区、龙华区、坪山区、大鹏新区等区域的海绵城市建设效果年度评价工作，积累了不同建设本底条件下的海绵城市建设监测数据及模型。

本书是深圳市城市规划设计研究院海绵城市工作团队多年来工作思路和方法的总结，希望能助力我国海绵城市建设效果评价工作迈向新台阶。编写团队长期跟踪和参与各地海绵城市建设效果评价工作，曾赴美国、新加坡等地开展学习和交流。项目组编制的海绵城市类项目先后获得 7 项省部级及以上奖项，并申请 2 项发明专利，这些荣誉将鼓舞我们团队不断提升技术能力，为广大业主提供更优质的服务。

本书内容分为理念篇、方法篇和实践篇三部分，由司马晓、丁年、刘应明负责总体策划和统筹安排等工作。胡爱兵、杨少平、尹玉磊、杨晨、任心欣共同担任执行主编，胡爱兵负责大纲编写、组织协调、技术难点解答和文稿校对等工作；杨少平和尹玉磊负责具体内容的策划、案例的选取等工作，杨晨负责格式制定、图表制作等工作。

第1篇理念篇由杨晨、孔露霆、黄婷负责编写，三人分别负责第1、2、3章的编写。第2篇方法篇由胡爱兵、杨少平统筹，以章节为单元进行编写。其中第4章评价方法概述由胡爱兵、杨少平负责编写，第5章建设项目海绵城市建设效果评价方法由尹玉磊负责编写，第6章排水分区海绵城市建设效果评价方法由杨少平负责编写，第7章城市海绵城市建设效果评价方法由陈世杰负责编写，第8章海绵城市建设效果监测方法由田好负责编写，第9章海绵城市建设效果评价模型构建、第10章智慧海绵评估平台构建由颜映怡负责编写，第11章难点问题探讨由杨少平、尹玉磊负责编写。第3篇实践篇由胡爱兵、尹玉磊统筹，分别选取建设项目层次、排水分区层次、城市层次进行案例的说明。其中第12章建设项目海绵城市建设效果评价案例由尹玉磊负责编写，第13章排水分区海绵城市建设效果评价案例由杨少平负责编写，第14章城市海绵城市建设效果评价由陈世杰、王爽爽负责编写。本书附录主要由胡爱兵、田好负责编写。在本书成稿过程中，杨晨、卢伟等负责完善和美化全书图表制作工作，李思琪负责全书格式的调整，李思琪、田好负责参考文献的编排，李思琪、王晨雨、田好负责国内外书籍、参考文献、技术标准、政策文件、应用案例等资料的收集及分类工作，刘应明、任心欣对全书内容框架提出了许多宝贵意见。胡爱兵、马之光、李思琪、田好、王爽爽、朱安邦等多位同志结合自己的专业特长完成了全书的文字校对工作。刘应明、任心欣负责整个文稿的审核工作。本书由司马晓、丁年审阅定稿。

本书是编写团队近十年工作的总结和凝练。希望通过本书与各位读者分享我们的理念、技术方法和实践案例。虽然编写团队尽了最大努力，但限于作者水平和海绵城市领域的技术更迭，书中疏漏乃至错误在所难免，在此敬请读者批评指正。

最后，谨向所有帮助、支持和鼓励完成本书的专家、领导、同事、家人、朋友致以诚挚的感谢！

《海绵城市建设效果评价方法与实践》编写组

2023年11月

目 录

第2篇

方法篇

第3篇 **实践篇**

第1篇

理念篇

2013年习近平总书记在中央城镇化工作会议上提出："解决城市缺水问题，必须顺应自然。比如，在提升城市排水系统时要优先考虑把有限的雨水留下来，优先考虑更多利用自然力量排水，建设自然积存、自然渗透、自然净化的'海绵城市'。"至今，我国海绵城市建设已逾十年。十年来，我国海绵城市建设如火如荼，从试点建设走向示范建设，全国已累计创建30个海绵城市试点城市和60个系统化全域推进海绵城市建设示范城市。

然而，面对大量的已建成的海绵城市建设项目和片区，其建设效果如何，对区域水文效应的改善如何，亟需进行评价。2018年，《海绵城市建设评价标准》GB/T 51345—2018发布，规范了海绵城市评价的指标、要求及方法。海绵城市建设效果评价作为一种反馈机制，可以有效地对海绵城市建设成效与不足进行评价，为科学、系统、全面地评价海绵城市建设指明方向，对推动海绵城市建设的改进与提升方面有着至关重要的作用，是海绵城市建设的一部分。

从评价内容来讲，主要针对水生态、水环境、水资源、水安全、制度建设及执行情况、显示度等方面进行评价；从评价方法来讲，以定量和定性方法相结合，对于海绵城市建设情况和建设效果以定量评价为主，对于蓝线、绿线划定与保护等指标则以定性评价为主。

第1章　海绵城市概述

海绵城市是我国生态文明建设的战略举措，是城市发展的新方式、新理念。本章从海绵城市的内涵及发展入手，在分析我国海绵城市十年探索的经验基础上，总结了海绵城市建设的关键过程，系统梳理了海绵城市的建设效果及评价方法。

1.1　海绵城市的内涵及发展

海绵城市是以雨水管控为切入点，通过城市规划建设的管控，从"源头减排、过程控制、系统治理"着手，综合采用"渗、滞、蓄、净、用、排"等技术措施，最大限度地减少由于城市开发建设行为对原有自然水文特征和水生态环境造成破坏，将城市建设成"自然积存、自然渗透、自然净化"的"海绵体"。

1.1.1　海绵城市的内涵

天然下垫面本身就是一个巨大的海绵体，对降雨具有吸纳、渗透和滞蓄的海绵效应，从而对雨水径流起到一定的控制作用。当降雨通过下垫面的吸纳、渗透、滞蓄等作用达到饱和后，会通过地表径流自然排泄。以我国北方城市为例，城市开发建设前，在自然地形地貌的下垫面状况下，约有70%的降雨可以通过自然下垫面滞渗到地下，涵养了当地的水资源和生态，约有30%的雨水形成径流外排（图1-1）。而城市开发建设后，由于屋面、道路、广场等设施建设导致的下垫面硬化，70%～80%的降雨形成了地表快速径流，仅有20%～30%的雨水能够入渗地下（图1-1），呈现了与自然相反的水

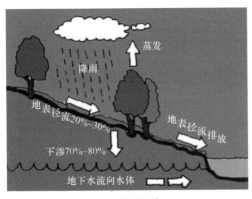

(a) 开发建设前

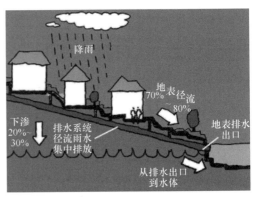

(b) 开发建设后

图1-1　城市开发前后径流变化情况

文现象，不仅破坏了自然生态本底，也使自然的"海绵体"像罩了一个罩子，从而丧失"海绵效应"，导致"逢雨必涝、雨后即旱"。

改革开放以来，中国经历了世界上规模最大、速度最快的城镇化进程。据国家统计局数据（表 1-1、图 1-2），中国常住人口城镇化率从 1978 年的 17.92% 快速增长到 2021 年的 64.72%，是英国、美国等不少发达国家实现同阶段城镇化率增长速度的 2 倍以上。随着城镇化快速推进，城市建设用地不断扩张，因此带来的城市下垫面过度硬化，切断了水的自然循环过程，改变了原有的自然生态本底和水文特征，涉水问题频次提高、城市人口增长、经济发展快速和资源环境约束等各个矛盾交织叠加，为城市的高质量发展带来了前所未有的挑战。

中国城市化进程　　表 1-1

年份	1978 年	2014 年	2021 年
城镇常住人口	1.7 亿人	7.5 亿人	9.1 亿人
城市数量	193 个	653 个	672 个
城镇化水平	17.92%	54.77%	64.72%
城市建成区面积	0.7 万 km²	4.9 万 km²	5.8 万 km²

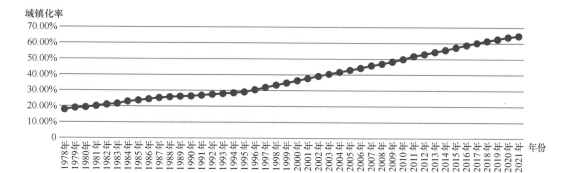

图 1-2　中国城镇化率变化

若要综合解决以上城市"社会病"，应摒弃传统高度硬化的建设模式，转变城市的发展理念，采用系统的规划管理建设方式，逐步恢复自然本底及水文循环，从源头减排、过程控制、系统治理综合考虑，提升人民的居住舒适度。2013 年，国家提出了建设自然积存、自然渗透、自然净化的"海绵城市"。所谓海绵城市，是新型城市建设和管理的理念，它强调充分利用自然生态系统的生态功能，保护、修复和维系包括城市草地、林地、河湖系统等在内的城市综合生态系统，提升生态系统的服务价值。其实质就是通过加强城市规划建设管理，充分发挥城市中包括建筑、道路、绿地、河湖水系等在内的各种城市元素对降雨径流的吸纳、蓄渗、净化和缓释作用。海绵城市不仅可以应对内涝、污染等降雨径流问题，通过健康水循环的建立、生态系统的修复和生态功能的发挥，还有助于缓解城市热岛效应、大气污染、温室气体排放等的影响。因此，通过海绵城市建设的有序、健康推进，可以修复城市水生态、涵养水资源，增强城市防涝能力，扩大公共产品有效投资，提高新型城镇化质量，促进人与自然和谐发展。总结来说，海绵城市建设是我国生态文明建设的重要组成部分，也是体现城市生态文明理念、提升城市生态服务价值的重要举措。其内涵主要包括以下四个方面：

1. 人与自然关系的重塑

海绵城市首先是一种理念，对它的理解应从对人和水、人和自然、人和生态的关系，以及重新审视我们的价值观开始。水是自然生态系统的一部分，它与空气、土地、生物都有密不可分的联系，从某种意义上来说，它不仅是一种物质，整个自然界中不同形态的水和它们的流动过程组成了一个完整的体系，并与其他生态元素之间相互关联。这个体系遵循的是地球生态系统的运作规律，也提供了面向整个生态系统的服务与价值。因此，无论在哪个层面，孤立地研究水系统中的一个部分，而不顾及其流动性、整体性和循环过程，都是片面的。即便我们为了管理需要，人为地进行边界划分，也必须确保系统的指导思想和各部分之间的协调衔接。

城市和人类的命运与水是紧密相关的。古人在邻近水源的地方建设城池，又因为水源干涸或洪水泛滥而另辟新址的例子比比皆是。而现代的城市中，既不可能因为水问题而选择背井离乡，也不可能自大地认为工程技术能对抗一切自然规律而为所欲为。城市和水的相处之道更像一个哲学命题，应适度地进退、合理地利用，而这个"度"与"理"是什么？以往的做法有哪些可取之处，又存在哪些弊端？应该采用什么方式去纠正错误，回归正确的方向？应该如何尊重自然、师法自然、利用自然？这些都是今天我们要通过海绵城市建设去探索、实践和总结的。水问题是城市问题的缩影，城市与水的关系也即人与自然的关系，对治水模式的反思意味着城市建设模式正在重塑，向着更生态、更绿色、更可持续的方向迈进。

2. 尊重与利用本地的自然特性

海绵城市建设的首要途径不是"建设"，而是"保护"。首先要对城市原有生态系统中的"自然海绵体"进行最大限度的保护，将原有的河流、湖泊、湿地、坑塘、沟渠等水生态敏感区进行保留，利用森林、草地、湿地涵养水源，调节雨洪，维持城市开发建设前的天然水文特征。

对本地自然特性的尊重首先体现在城市的空间规划上，应将其作为一个复杂的巨型系统而不是单一目标的简单问题。当前学界的共识是，城市规划的决策不是一个理性寻求最优解的过程，而是通过演进的有限比较来找到答案。在这个决策过程中，体现城市规划的科学性、前瞻性和与自然生态系统的协调性、适应性的关键内容之一，便是建立一个以保障生态系统的完整、安全和健康为出发点的空间框架，一方面限制城市开发建设的边界，将决定天然水文特征的核心地区和敏感地区进行严格保护，确保宏观的生态基底不会受到城市建设的侵蚀和破坏；另一方面这个框架应纳入面状、线状和块状的保护对象，形成互相连通、互相作用的完整安全格局。

对本地自然特性的尊重还体现在措施与手段的本地化上。自然界中的水是随着地形、水体的分布而自然流动的，因此，保护水文循环应该减少人为干预和远距离转移矛盾。与此同时，所有的海绵城市规划设计手段都应从本地的实际条件出发，顺应自然资源条件，符合降雨、地形、水文、土壤、建成度和经济发展阶段等特征，以问题为导向，形成各具特色的海绵城市建设模式。在这方面，古人的治水模式可以给我们很多启示。以黄河流域为例（图 1-3），历史上的黄河流域是水患多发的地带，是洪、涝、沙多种灾害的综合体，黄河的治理历史凝聚了中华民族的智慧，如按不同的位置和功能修建遥堤、缕堤、月堤等不同形式的堤坝，组合配套使用，综合发挥防洪、蓄洪、灌溉等功能；在下游开辟蓄滞洪区，以弃地滞洪的方式消除水患；在滨海地区采用闸坝和渠道，在挡潮蓄淡的同时引水灌田；还利用含沙量高的水源对盐碱地进行淤灌，改善农田肥力。这种因势利导、因地制宜的思维模式是值得当前海绵城市建设工作借鉴的（图 1-4）。

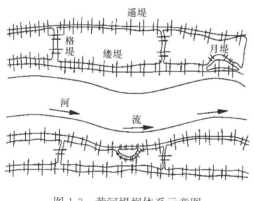

图 1-3　黄河堤坝体系示意图

图 1-4　古代梯田

3. 修复城市生态系统的服务功能

城市生态系统的服务功能是多维度的，和雨洪有关的生态系统服务功能包括生态防洪、水质净化、水源涵养、微气候调节、栖息地保育、景观价值等。传统的建设模式过于粗暴简单，对生态系统的服务功能产生了极大的破坏，如河道防洪仅仅依靠加高堤防去阻挡洪水，或者追求最快的排放速度而将河道进行"三面光"铺砌，将灌草、芦苇等水生植物认作"阻水物体"清除。这种单一的价值取向忽视了水作为生态系统中主导因子的价值，人为地将其与土地、生物分离，导致地下水得不到补充，河道的自净能力丧失，生物栖息地退化，甚至使河流成为容纳和传输污水的渠道。纵观我国的多个城市，这种破坏和损害相当多见，需要进行全方位的修正，因此，海绵城市建设需要在充分保护自然海绵的基础上，采用生态的手段对受到人类干扰甚至破坏的水系、湿地和其他自然环境进行修复和恢复（图 1-5）。

(a) 修复前 　　　　　　　　　　　　　　　　(b) 修复后

图 1-5　生态修复前后的深圳福田河

　　具体的修复方式是多样的，如拆除硬化岸线、建设生态驳岸、恢复洪水过程、连通水系、疏浚水体、补植群落、引入乡土物种、投放微生物、生态补水等，其核心的原理是消除人类的过度干扰，重构生态系统，促进其组分的完整性和结构的稳定性，从而增强自然演替机制，最终回归生态系统的天然价值。

4. 转变排水系统建设模式

　　《国务院办公厅关于推进海绵城市建设的指导意见》（国办发〔2015〕75 号）指出，海绵城市是指通过加强城市规划建设管理，充分发挥建筑、道路和绿地、水系等生态系统对雨水的吸纳、蓄渗和缓释作用，有效控制雨水径流，实现自然积存、自然渗透、自然净化的城市发展方式。由此可见，海绵城市是在面对人与自然的矛盾的时候，采用"积极干预"而非"消极回避"的态度，在确保城镇化进程和现代化水平，保持城市多样功能的同时，按照对城市生态环境影响最低的开发建设理念，将开发强度和扰动强度控制在可接受的范围内，控制不透水面积比例，根据需要适当开挖河湖沟渠、增加水域面积，建设源头、微型、分散的生态基础设施，再现自然的水文过程，最大限度地减少对城市原有水生态环境的破坏。

　　海绵城市并非以全新的系统取代传统的排水系统，而是对传统排水系统的一种"减负"和补充，最大限度地发挥自然本身的作用。这种作用的发挥需要依赖在城市建设的所有项目中同步建设和维护"人工海绵体"，结合建筑小区、绿地公园、道路、水系等建设"渗、蓄、滞、净、用、排"设施。这些工作所带来的效益除了恢复水系统本身的健康之外，还建立了一定程度上的自我维持、自我修复的机制，增强了其应对灾害和风险的抵抗能力，也增强了城市的弹性和韧性。

1.1.2　海绵城市的发展

　　海绵城市是我国近年来提出并发展壮大的概念，它既继承了我国古代城镇建设的人、水、城和谐统一的精髓和智慧，也借鉴了发达国家现代城市雨水管理的理念和方法，比如美国的最佳管理实践（BMPs）、低影响开发（LID），英国的可持续排水系统（SUDS），澳大利亚的水敏感性设计（WSUD）等。我国的海绵城市建设经历了从提出到试点、从示范到常态化推进、从最初的"不理解""没必要""没用途""无法落地"到现在海绵城市建设的理念已经深入人心等阶段。作为践行人与自然和谐共生的绿色可持续发展理念和模式，海绵城市的成功实践和持续推进，必将成为一条光明的具有中国特色的城市发展之路，全面助推我国新型城镇化建设健康可持续发展。

1. 试点阶段

2014 年 2 月，住房和城乡建设部印发的《住房和城乡建设部城市建设司 2014 年工作要点》中明确："督促各地加快雨污分流改造，提高城市排水防涝水平，大力推行低影响开发建设模式，加快研究建设海绵型城市的政策措施"。同年 10 月，住房和城乡建设部印发《海绵城市建设技术指南——低影响开发雨水系统构建（试行）》，要求各地结合实际，参照技术指南，积极推进海绵城市建设。2015 年 10 月，国务院办公厅发布《国务院办公厅关于推进海绵城市建设的指导意见》（国办发〔2015〕75 号），要求通过海绵城市建设，综合采取"渗、滞、蓄、净、用、排"等措施，最大限度地减少城市开发建设对生态环境的影响，将 70% 的降雨就地消纳和利用。

为探索海绵城市建设的体制机制、实施模式以及投融资方式，尽快形成可复制、可推广的建设模式，以带动全国海绵城市建设工作，住房和城乡建设部、财政部、水利部从 2015 年开始，开展了中央财政支持海绵城市建设的试点工作，先后筛选了两批共 30 个试点城市，涵盖南北方、东中西、大中小城市，有很强的典型性和代表性。此外，各省还支持了 90 余个城市开展省级海绵城市建设试点建设工作。经过"十三五"期间各地的探索，海绵城市建设工作取得了较好的成绩并积累了一定的经验和成功的做法。2017 年，经国务院同意，由住房和城乡建设部、国家发展改革委组织编写的《全国城市市政基础设施建设"十三五"规划》中提出"加快推进海绵城市建设，实现城市建设模式转型"，海绵城市被写入首部国家级市政基础设施规划，意味着其在最高的国家层面获得了政策的支持与保障，海绵城市建设已成为我国城市化进程中一项重要战略。

"十三五"时期海绵城市试点分布情况如表 1-2 所示。

"十三五"时期海绵城市试点分布情况　　　　　　　　　　表 1-2

序号	省份	试点城市	所在地区	城市规模	行政级别
1	北京	北京	华北	超大城市	直辖市
2	天津	天津	华北	超大城市	直辖市
3	河北	迁安	华北	小城市	县级市

序号	省份	试点城市	所在地区	城市规模	行政级别
4	辽宁	庄河	东北	小城市	县级市
5	吉林	白城	东北	小城市	地级市
6	上海	上海	华东	超大城市	直辖市
7	江苏	镇江	华东	中等城市	地级市
8	浙江	宁波	华东	大城市	计划单列市、副省级城市
9	浙江	嘉兴	华东	中等城市	地级市
10	安徽	池州	华东	小城市	地级市
11	福建	福州	华南	大城市	省会城市
12	福建	厦门	华南	大城市	计划单列市、副省级城市
13	江西	萍乡	华东	中等城市	地级市
14	山东	济南	华东	大城市	省会城市、副省级城市
15	山东	青岛	华东	大城市	计划单列市、副省级城市
16	河南	鹤壁	华北	小城市	地级市
17	湖北	武汉	华中	特大城市	省会城市、副省级城市
18	湖南	常德	华中	中等城市	地级市
19	广东	深圳	华南	超大城市	计划单列市、副省级城市
20	广东	珠海	华南	大城市	地级市
21	广西	南宁	西南	大城市	省会城市
22	海南	三亚	华南	小城市	地级市
23	重庆	重庆	西南	超大城市	直辖市
24	四川	遂宁	西南	中等城市	地级市
25	贵州	贵安新区	西南	小城市	国家级新区
26	云南	玉溪	西南	小城市	地级市
27	陕西	西咸新区	西北	小城市	国家级新区
28	甘肃	庆阳	西北	小城市	地级市
29	青海	西宁	西北	大城市	省会城市
30	宁夏	固原	西北	小城市	地级市

各试点城市贯彻了"规划引领、生态优先、因地制宜、统筹建设"的原则,保护和修复生态空间、提升城市涉水基础设施的整体性和系统性,将海绵城市建设与黑臭水体治理、排水防涝、老旧小区改造等工作相结合,取得了显著效果。

作者通过参与两批试点城市绩效评价和评估工作发现,各试点城市取得了突出的成绩,总结了一批可复制、可推广的经验,但也存在一些不足之处。一是城市管理体制不适应海绵城市建设的要求,规划、建设、管理以及专业之间条块分割,试点期结束后,若没有强有力的制度约束将难以持续。二是个别城市的体系化不强,仅在试点区域内推进，没有在全域系统化实施，容易造成海绵城市建设的项目化、碎片化。三是运行维护有待加强，试点期以设施建设为主，后期运行维护还面临着标准缺失、监测评价方法不成熟等问题，亟待规范。四是部分地区特别是西部地区的专业技术人员匮乏，能力不足，对海绵城市理解不到位，亟待加强人才队伍的培养。

2. 示范阶段

2020 年 10 月，《中共中央关于制定国民经济和社会发展第十四个五年规划和二〇三五年远景目标的建议》提出"加强城镇老旧小区改造和社区建设，增强城市防洪排涝能力，建设海绵城市、韧性城市"。

2021 年 4 月，财政部办公厅、住房和城乡建设部办公厅、水利部办公厅联合印发《关于开展系统化全域推进海绵城市建设示范工作的通知》，要求系统化全域推进海绵城市建设示范工作，力争通过三年集中建设，示范城市防洪排涝能力及地下空间建设水平明显提升，河湖空间严格管控，生态环境显著改善，海绵城市理念得到全面、有效落实，为建设宜居、绿色、韧性、智慧、人文城市创造条件，推动海绵城市建设迈上新台阶。截至 2023 年 12 月，已遴选了三批 60 个城市（表 1-3）。与"十三五"期间的试点城市建设不同，示范城市建设要求以城市为整体进行谋划，更加强调"系统化"，更加注重高效集约。

"十四五"时期海绵城市示范城市分布情况　　　　　　表 1-3

序号	省份	数量	第一批	第二批	第三批
1	黑龙江	1	—	大庆市	
2	吉林	2	四平市	松原市	—
3	辽宁	2	—	沈阳市	葫芦岛市
4	内蒙古	1	—	呼和浩特市	
5	河北	3	唐山市	秦皇岛市	衡水市
6	新疆	1	乌鲁木齐市	—	
7	甘肃	2	天水市	平凉市	
8	青海	1	—	格尔木市	
9	陕西	3	铜川市	渭南市	延安市
10	宁夏	2	—	银川市	吴忠市
11	河南	3	信阳市	开封市	安阳市
12	山东	3	潍坊市	烟台市	临沂市
13	山西	2	长治市	晋城市	—
14	安徽	3	马鞍山市	芜湖市	六安市
15	湖北	3	孝感市	宜昌市	襄阳市

序号	省份	数量	第一批	第二批	第三批
16	湖南	2	岳阳市	株洲市	—
17	江苏	4	无锡市、宿迁市	昆山市	扬州市
18	四川	4	泸州市	广元市、广安市	绵阳市
19	贵州	1	—	安顺市	
20	云南	1	—	昆明市	
21	广西	1	—	桂林市	
22	西藏	1	—		拉萨市
23	浙江	3	杭州市	金华市	衢州市
24	江西	3	鹰潭市	南昌市	九江市
25	广东	4	广州市、汕头市	中山市	佛山市
26	福建	4	龙岩市、南平市	漳州市	三明市
	合计	60	—	—	—

十年来，我国的海绵城市建设工作快速推进，已通过试点城市、示范城市创新建设模式，探索了一些成功的经验，并已将这些成熟的做法、模式推广落地。海绵城市建设也从单一治水项目，向水系统、水产业、水经济统筹谋划发展转变，总结起来就是以"理水—治水—活水—融水—乐水"为建设路径，系统推进海绵城市建设。同时，一些认识上的误区、做法上的偏差也在具体实践中不断修正。

2022 年 5 月，住房和城乡建设部印发了《住房和城乡建设部办公厅关于进一步明确海绵城市建设工作有关要求的通知》（建办城〔2022〕17 号），对海绵城市建设的内涵和特征做了进一步明晰，强调了未来海绵城市建设工作不再是头痛医头、脚痛医脚，而要系统化全域推进，源头、末端治理并举；同时进一步肯定了海绵城市是缓解城市内涝、韧性城市建设、缓解缺水问题、改善生态环境的有力抓手。其主要内容如下：

1）明确了海绵城市的内涵和特征

（1）聚焦雨水问题。和雨水相关的问题，包括城市内涝、水资源利用、雨水径流污染、合流制溢流污染等，这些是海绵城市建设应重点关注的内容。

（2）源头减排优先。海绵城市要优先从源头控制雨水径流，实现对雨水径流总量和峰值流量的削减，尽可能减少城市开发建设对水文过程的影响。

（3）绿色设施优先。海绵城市建设要利用天然的、修复的和人工建设的绿色基础设施，实现对雨水的自然积存、自然渗透、自然净化。

（4）"蓝绿灰"相结合。海绵城市建设必须"蓝绿灰"相结合。在充分利用蓝绿空间的基础上，还要结合排水管网、泵站、调蓄池等必要的灰色措施，解决设防标准以内的暴雨内涝问题。

（5）系统治理。海绵城市建设要综合采取"渗、滞、蓄、净、用、排"等综合措施，统筹考虑雨水产汇流到排放过程再到排入受纳水体的全过程，要做到"蓝绿灰"相结合。

（6）问题导向和目标导向相结合。海绵城市建设的主要目标是通过综合措施有效应对内涝设防重现期以内的强降雨，增强城市在应对气候变化和抵御暴雨灾害等方面的"韧性"，促进形成生态、安全、可持续的城市水循环系统。

2）明确了如何建设海绵城市

要坚持因地制宜。首先，要准确把握在海绵城市建设方面的具体需求，避免为了建设海绵城市而建设；其次，在目标的设定和指标的选取方面，要因地制宜，选择合理的目标和指标；最后，在具体措施的选取上，要结合城市和场地情况，合理选择设施类型和设计参数。

要坚持系统谋划。海绵城市建设是系统工程，必须坚持系统谋划。城区范围内所有新建、多（扩）建项目都要落实海绵城市建设要求，统筹考虑"蓝绿灰"设施的融合，统筹考虑规划建设管理各环节，优化设施组合，使其协同最优发挥作用。

要科学编制规划。一是要合理确定目标和指标。要聚焦城市内涝问题，选择和雨水相关的指标。二是合理划定排水分区。要结合地形，合理划定排水分区，"高水高排，低水低排"，避免部分排水分区面积过大。三是实事求是确定技术路线。要根据现状问题，结合城市具体情况提出解决方案。

要高质量编制项目设计方案。一是要多专业融合设计，给水排水、景观、结构、建筑等多个专业相互融合才能做出高质量的设计方案；二是设计中要充分结合场地、结合自然，尽可能利用自然力量排水，实现雨水的自然积存、自然渗透、自然净化，最大限度减轻对原有自然生态系统的干扰和破坏；三是统筹兼顾，要统筹考虑地上与地下、景观与安全、建设与运维、源头与末端等多个要素。

要严格项目建设管理。加强设计方案和施工图审查，严格按图施工，落实场地竖向要求，确保雨水收水汇水连续顺畅，控制水土流失。

要科学推进运维管理。落实海绵城市相关设施的运维主体、运维资金，建立运维制度，确保建成的设施能够发挥其设计中预定的功能。

3）明确了如何健全长效机制

要落实主体责任。按照《国务院办公厅关于推进海绵城市建设的指导意见》（国办发〔2015〕75 号）要求，进一步压实城市人民政府海绵城市建设主体责任，建立政府统筹、多专业融合、各部门分工协同的工作机制，形成工作合力，增强海绵城市建设的整体性和系统性，避免将海绵城市建设简单交给单一部门牵头包办。

要科学开展评价。建立健全海绵城市建设绩效评估机制，逐项排查工作中存在的问题，突出城市内涝缓解程度、人民群众满意度和受益程度、资金使用效率等目标；避免将项目数量、投资规模作为工作成效。

1.1.3　海绵城市技术手段

海绵城市建设需要通过自然或者模拟自然的方式进行。在宏观尺度上，海绵城市涉及山、水、林、田、湖、草等生命共同体的保护，需要对国土空间进行有效优化，通过生态红线的有效管控保护蓝绿本底。在中观尺度上，需要构建和完善城市防洪排涝、水污染治理、水生态修复等骨干工程。在微观尺度上，通过雨水花园、下沉绿地、透水铺装等绿色源头设施，调整径流组织模式。因此，海绵城市的技术手段主要包括源头减排、过程控制、系统治理，技术措施一般可分为渗透、储存、调节、转输、截污净化等（图1-6）。

源头减排
低影响开发
改变长期的城市建设方式

过程控制
管网和泵站等工程治理
节点和廊道的生态修复

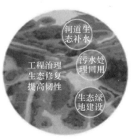

系统治理
山、水、林、田、湖、草等生命共同体
维护自然水文特征

图1-6　海绵城市技术手段

1. 源头减排

源头减排要求最大限度地减少或切碎硬化面积，充分利用自然下垫面的滞渗作用，减少或减缓地表径流的产生，实现涵养生态环境、积存水资源、净化初雨污染的过程。从降雨产汇流形成的源头，改变过去简单的快排、直排做法，通过竖向控制、微地形设计、园林景观等非传统水工技术措施控制地表径流，发挥下垫面"渗、滞、蓄、净、用、排"的耦合效应。当场地下垫面对雨水径流达到一定的饱和程度（即海绵吸附饱和后）或设计要求后，使其自然溢流排放至城市的市政排水系统中，以此维系和修复自然水循环，实现雨水径流及面源污染源头减排的控制要求，也有利于从源头解决雨污合流、错接混接等"鸠占鹊巢"的问题。

2. 过程控制

强调采用灰绿结合以及现代信息化在线管控（RTC）手段，通过优化灰绿设施系统设计与运行管控，对雨水径流进行控制与调节，延缓或者降低径流峰值，避免雨水产汇流的"齐步走"，使灰色设施系统的效能最优、最大化。利用绿色设施渗、滞、蓄对雨水产汇流的滞峰、错峰、削峰的综合作用，减缓雨水共排效应，使从不同区域汇集到城市排水管网中的径流雨水不同步集中泄流，而是有先有后、参差不齐、"细水长流"地汇流到排水系统中，从而降低排水系统的收排压力。依靠大数据、物联网、云计算等智慧管控手段，实现灰绿耦合系统运行效能的最大化。

3. 系统治理

系统治理就是要从生态系统、水系统、设施系统、管控系统等多维度去解决系统碎片化的问题。首先，要从生态系统的完整性上来考虑，避免生态系统的碎片化。水是重要的生态环境的载体，治水绝不能"就水论水"，要牢固树立山、水、林、田、湖、草等生命共同体的思想，充分发挥山、水、林、田、湖、草等自然地理下垫面对降雨径流的积存、渗透、净化作用。其次，要建立完整的水系统观。水环境问题的表象在水上，但问题的根源在岸上。应充分考虑水体的岸上岸下、上下游、左右岸、干直流水环境治理和维护的联动效应。最后，要以水环境目标为导向，建立完整的污染治理设施系统。构建从产汇流源头及污染物排口，到管网、处理厂（站）、受纳水体"源—网—厂—河"的完整系统；对城市雨洪管理也要构建从源头减排设施（微排水系统）、市政排水管渠（小排水系统）到排涝除险系统（大排水系统），并与城市外洪防治系统有机衔接的完整体系。

各类"海绵"技术手段包含了若干不同形式的海绵设施，主要有绿色屋顶、透水铺装、下沉式绿地、雨水花园、生物滞留带、生态树池、雨水湿地、蓄水池、植草沟、自然排水设施、生态河道等。

1. 绿色屋顶（图 1-7）

绿色屋顶也称种植屋面、屋顶绿化等。根据种植基质深度和景观复杂程度，绿色屋顶又分为简单式和花园式。基质深度根据植物需求及屋顶荷载确定，简单式绿色屋顶的基质深度一般不大于 150mm，花园式绿色屋顶在种植乔木时基质深度可超过 600mm。绿色屋顶适用于符合屋顶荷载、防水等条件的平屋顶建筑和坡度小于等于 15°

图 1-7　绿色屋顶实景图（广东省深圳市万科云城）

的坡屋顶建筑。

2. 透水铺装（图 1-8）

透水铺装按照面层材料不同可分为透水砖铺装、透水水泥混凝土铺装和透水沥青混凝土铺装，嵌草砖、园林铺装中的鹅卵石、碎石铺装等也属于透水铺装。透水砖铺装和透水水泥混凝土铺装主要适用于广场、停车场、人行道以及车流量和荷载较小的道路，如建筑与小区道路、市政道路的非机动车道等；透水沥青混凝土路面还可用于机动车道。

图 1-8　透水铺装实景图（广东省深圳市红树林生态公园）

3. 下沉式绿地（图 1-9）

下沉式绿地具有狭义和广义之分，狭义的下沉式绿地指低于周边铺砌地面或道路

图 1-9　下沉式绿地实景图

（德国柏林 Hufeisensiedlung 马蹄形住宅区下沉式绿地）

200mm 以内的绿地；广义的下沉式绿地泛指具有一定的调蓄容积（在以径流总量控制为目标进行目标分解或设计计算时，不包括调节容积），且可用于调蓄和净化径流雨水的绿地。下沉式绿地可广泛应用于城市建筑与小区、道路、绿地和广场内。对于径流污染严重、设施底部渗透面距离季节性最高地下水位或岩石层小于 1m 及距离建筑物基础小于 3m（水平距离）的区域，应采取必要的措施防止次生灾害的发生。

4. 雨水花园（图 1-10）

雨水花园指在地势较低的区域，通过植物、土壤和微生物系统蓄渗、净化径流雨水的具有一定空间的设施。雨水花园主要适用于建筑与小区内建筑、道路及停车场的周边绿地，以及城市道路绿化带等城市绿地内。对于径流污染严重、设施底部渗透面距离季节性最高地下水位或岩石层小于 1m 及距离建筑物基础小于 3m（水平距离）的区域，可采用底部防渗的复杂型生物滞留设施。

图 1-10　雨水花园实景图（广东省深圳市深湾街心花园）

5. 生物滞留带（图 1-11）

生物滞留带主要适用于建筑与小区内建筑、道路及停车场的周边绿地，以及城市道路绿化带等城市绿地内。其特点包括设施形式多样、适用区域广、易与景观结合，径流控制效果好，建设费用与维护费用较低。生物滞留带能够有效削减城市面源污染，相关研究结果表明，生物滞留带对雨水径流中的总悬浮颗粒物（TSS）、重金属、油脂类及致病菌等污染物有较好的去除效果，而对 N、P 等营养物质的去除效果不稳定。

图 1-11　生物滞留带实景图（美国西雅图居住区）

6. 生态树池（图 1-12）

生态树池属于小型的生物滞留设施，利用树池的小型空间实现对周边径流的蓄积、渗透和净化，具有占地面积小、应用灵活等优点，可分散设置，适用于用地较紧张的场地，如城市道路分隔带、人行步道、停车场，以及公园、广场等，是国内外广泛采用的一种的低影响开发设施。生态树池也可以和道路雨水口等联合设计以提高传统道路雨水口的截污净化效果。

(a) 美国波特兰街道生态树池

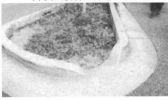

(b) 美国西雅图居住区生态树池　　　　(c) 澳大利亚黄金海岸South Broadwater Parklands生态树池

图 1-12　生态树池实景图

7. 雨水湿地（图 1-13）

雨水湿地利用物理、水生植物及微生物等作用净化雨水，是一种高效的径流污染控制设施。生态湿地分为雨水表流湿地和雨水潜流湿地，一般设计成防渗型以便维持生态湿地植物所需要的水量，生态湿地常与湿塘合建并设计一定的调蓄容积。

图 1-13　雨水湿地实景图［广东省深圳市茅洲河碧道试点段建设项目（宝安段）］

8. 蓄水池

蓄水池指具有雨水储存功能的集蓄利用设施，同时也具有削减峰值流量的作用，主要包括钢筋混凝土蓄水池，砖、石砌筑蓄水池及塑料蓄水模块拼装式蓄水池，用地紧张的城市大多采用地下封闭式蓄水池。蓄水池适用于有雨水回用需求的建筑与小区、城市绿地等，根据雨水回用用途（绿化、道路喷洒及冲厕等）不同需配建相应的雨水净化设施；不适用于无雨水回用需求和径流污染严重的地区。

9. 植草沟（图 1-14）

植草沟指种有植被的地表沟渠，可收集、输送和排放径流雨水，并具有一定的雨水净化作用，可用于衔接其他各单项设施、城市雨水管渠系统和超标雨水径流排放系统。除转输型植草沟外，还包括渗透型的干式植草沟及常有水的湿式植草沟，可分别提高径流总量和径流污染控制效果。

图 1-14　植草沟实景图（广东省深圳市天健花园）

植草沟适用于建筑与小区内道路，广场、停车场等不透水路面的周边，城市道路及城市绿地等区域，也可作为生物滞留设施、湿塘等低影响开发设施的预处理设施。另外植草沟可与雨水管渠联合应用，场地竖向允许且不影响安全的情况下也可代替雨水管渠。

10. 自然排水设施

海绵城市建设中，可以将传统单一功能的灰色排水设施建设方式进行改进，运用生态、景观等设计方法将排水设施的建设和地块空间设计或者绿色生态设施建设紧密结合，如在阶梯和街道两侧边缘建设排水沟槽、坡道排水绿道或者设计旱溪景观等，从而将海绵城市的理念自然地融入建筑和景观的设计建设中。

11. 生态河道（图 1-15）

生态河道是指各个方面都处于一种平衡、和谐状态的河道生态系统，能够发挥生态、景观、旅游休闲等综合功能，并体现一定的水文化内涵。生态河道的构建途径主要是根据不同河道的特点，有针对性地制定水质修复方案，生态护坡设计及河道景观设计方案等。其中水质修复主要有生态调水、曝气复氧、底泥疏浚、生物修复等；生态护坡包括单纯的植物护坡和植物工程复合护坡技术；河道景观设计包括河道平面断面设计、河岸设计以及河边附属设施设计等。

图 1-15   生态河道实景图［广东省深圳绩效坑径河（白鸽湖段）］

1.2　海绵城市建设过程

海绵城市遵循一般建设项目的建设过程，但又有其差异性和特殊性，主要体现在顶层设计构建、建设项目实施、运营维护管理三方面。

1.2.1　顶层设计构建

1. 组织架构

海绵城市建设的复杂性和广泛性决定了其涉及部门的多样性。一般来讲，海绵城市建设涉及规划、住建、市政、园林、水务、交通、财政、发改、环保、水文等多个部门。然而，由于我国长期形成的建设项目管理的单部门管理惯性，导致目前城市管理碎片化问题非常突出，部门各司其职——"九龙治水"的方式很容易造成权责混乱、互相推诿、效率低下等诸多弊端。

为了有效保障海绵城市的实施，《住房和城乡建设部办公厅关于进一步明确海绵城市建设工作有关要求的通知》（建办城〔2022〕17 号）明确要按照《国务院办公厅关于推进海绵城市建设的指导意见》（国办发〔2015〕75 号）要求，进一步压实城市人民政府海绵城市建设主体责任，避免"牵头变包办"的现象出现。

海绵城市建设的组织管理架构如图 1-16 所示。

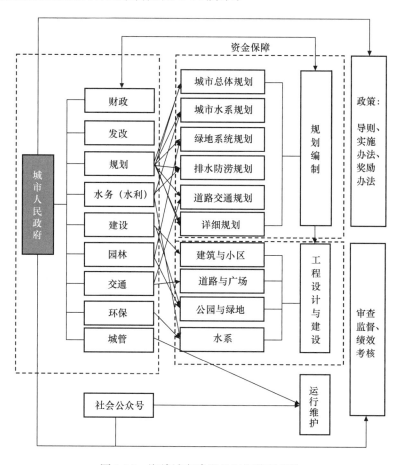

图 1-16　海绵城市建设的组织管理架构

深圳市成立了由 37 个成员单位组成的海绵城市领导小组（图 1-17），并且根据工作需要不断进行调整充实。领导小组包括 25 个市直部门、11 个区政府（新区管委会）及 1 个国企，其中市直部门包含了综合性业务部门及对口国家三部委的市直部门，如市发展改革委、财政局、规划和自然资源局等；包含了主要承担海绵城市具体项目建设的管理部门，如市交通运输局、住房和建设局、水务局、城管和综合执法局、建筑工务署等；包含了海绵城市建设配合支持部门，如市科技创新委、生态环境局、气象局、科协等。按照深圳市"强区放权"、深化"放管服"改革的要求，各区政府为落实市级各项政策、开展海绵城市建设实施的主要主体，必须全部纳入领导小组成员单位。此外，深圳市水务集团承担着深圳市大部分供水业务及原特区内污水处理业务，与海绵城市建设密切相关，也将其作为领导小组成员单位。

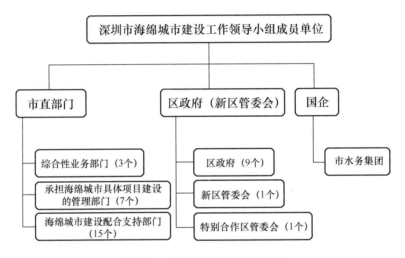

图 1-17　领导小组成员单位构成

领导小组作为议事协调机构，其日常工作应由专人来承担。各城市可结合自身特点，合理设置统筹协调工作平台，可成立海绵专职行政机构，如南宁市专门成立了市人民政府直属管理的参公事业单位，负责海绵城市工作；遂宁市委编办批复编制 7 名专职人员，另聘请专家、技术团队常驻遂宁等。

2. 工作机制

各市在建立机构、平台的同时，可结合自身特点，考虑采取制定任务分解表、建立联席会议制度、建立信息报送制度等工作方式建立沟通协调制度。

1）制定任务分解表

依托海绵城市建设工作领导小组，可逐年制定"海绵城市建设任务分解表"，将本年度的规划编制、标准制定、机制建立、建设项目推进、重点区域推进等各项任务分配到各成员单位，并明确完成时限。各单位根据任务分解表的任务清单，结合本单位职责分工，制定具体的工作方案和计划，将每一项工作和每个项目分解落实到责任人。各成员单位协力推动、共同推进海绵城市建设任务。市海绵城市建设领导小组或其下属办公机构负责对各单位落实任务分解表的情况进行跟踪检查，分阶段对各单位履行职责和工作完成情况进行考核。

如深圳市从 2016 年起，就按年度制定了深圳市海绵城市建设工作任务分解表（图 1-18），分机制建设、规划引领、政策标准、管控制度、实施推进、考核监督、宣传推广、资金保障八个大类，共下达六批 652 项任务，每一项任务都有明确的完成时间、责任单位。

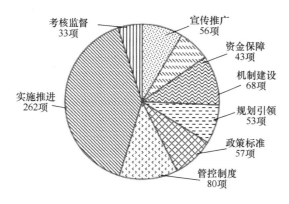

图 1-18　深圳市海绵城市建设工作任务分解表

海绵城市建设工作领导小组涉及的部门众多，应根据各地政府架构及职能划分，制定各成员单位职责分工，做到分工明确、各司其职，将海绵城市建设工作切实融入部门日常工作中。

2）建立联席会议制度

为充分协调相关单位，协调推动工作，海绵城市建设工作领导小组办公室应建立联席会议制度，定期召开全体会议和工作会议。全体会议由海绵城市建设领导小组组长及所有成员单位负责人参加，工作会议由领导小组办公室通知各相关单位和部门负责人参加。各成员单位需指定落实一名联络员，定期参加工作会议，沟通和交流各单位海绵城市建设的工作进度与动态。

3）建立信息报送制度

为及时了解和掌握下级各辖区的海绵城市建设推进情况，海绵城市建设工作领导小组办公室可建立工作信息报送制度。下级各辖区政府定时（每月、每季、半年）向海绵城市建设工作领导小组办公室报送海绵城市建设推进情况；同时在每年年底前，编制年度海绵城市项目建设计划，包括各辖区各年度海绵城市建设项目数量、建设内容、建设规模、所处区域、建设周期、投融资方式等内容，报领导小组办公室备案。

领导小组办公室可根据全市推进情况，定期编制工作简报或通报，向各部门通报，以便及时总结全市海绵城市建设工作经验教训，反映海绵城市建设的进展与问题，促进各相关部门和机构共同协作，努力提升建设效果；也可将工作简报向社会发布，向公众传播海绵城市建设的理念与成效。

4）监督考核

监督考核评价是保障和提升海绵城市建设成效的重要手段。海绵城市是一项长期、系统的工作，其推进需要全面、有效的机制作为保障。在现行建设项目管理体系下，海绵城市建设涉及规划和自然资源、水务、城建、城管、交通等多个部门行政审批环节，为了推进各部门履行相应的职责分工，保障下达的各项任务能够切实落实到位，需要明确各级政府和各个部门的责任，并将这些职责纳入对其的绩效考核之中，与其升迁、奖励、评优等进行挂钩，通过考核督促各级政府进行推进，各个部门积极落实。

考核应明确考评对象、考评内容及方法、考评程序，确保绩效考核流程清晰、责任明确，进而有序、系统、持续地推进海绵城市建设。此外，应在考评工作中通过滚动更新考核管理文件、进一步完善海绵城市政策标准体系等方式，落实海绵城市建设管控。

深圳市海绵城市绩效考评程序如图 1-19 所示。

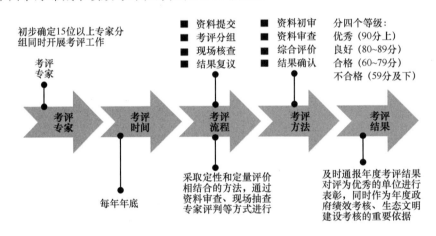

图 1-19   深圳市海绵城市绩效考评程序

5）长效保障机制

海绵城市的建设需要构建长效机制，需要以法制化实现长效政策保障。主要做法可分为三方面：一是结合现行法律法规的修编，纳入海绵城市相关内容，如排水、水土保持、节约用水等方面的法律法规；二是出台专项的海绵城市立法文件；三是采用政府文件、管理办法等方式加强海绵城市建设要求。如深圳市在 2018 年出台的政府规范性文件《深圳市海绵城市建设管理暂行办法》的基础上，于 2022 年出台了政府规章《深圳市海绵城市建设管理规定》，进一步固化"部门行业管理、属地落实"的工作机制，强化社会主体在海绵城市建设方面的法定责任，同时将海绵城市建设和设计的一系列底线要求变成法律条款，加强了海绵城市建设长效法制化保障。

6）资金鼓励

财政资金的鼓励可以调动全社会参与海绵城市建设的积极性，引导和鼓励社会资本参与海绵城市建设，可对海绵城市建设起到引导和激励作用，故可尝试探索构建海绵城市建设奖励机制，规范和加强海绵城市项目补贴资金管理，提高补贴资金使用效益。

海绵城市建设鼓励机制应统筹考虑奖励的对象及范围设定，奖励的条件、额度的制定及资金来源，海绵城市建设投资认定或绩效评估方法，相关建设管理机构及部门的主要职责，奖励资金的申请及拨付方式，奖励资金的管理和监督等内容，结合区域海绵城市建设的实际情况和问题制定。奖励机制还应考虑建设区域的实际需求，制定多层次、差别化的奖励措施，从而促使激励效果最大化。

如深圳市出台了《关于市财政支持海绵城市建设实施方案（试行）》，并制定了《深圳市海绵城市建设资金奖励实施细则（试行）》，其中对社会资本（含 PPP 模式中的社会资本）出资建设的相关海绵设施，包括既有项目海绵化改造和新建项目配建海绵设施两类给予奖励。同时，为鼓励社会资本在海绵城市建设中的深度参与，对由社会资本投资开展的相关标准规范编制、项目建设、规划、施工、监理，研究平台和研究成果以及 PPP 项目前期研究方案等均设立了资金奖励，涵盖了海绵城市建设项目的多个环节及相关社会资本参与方。

1.2.2　建设项目实施

海绵城市从理念到落地，需要贯彻到建设项目规划、设计、施工、运维、管理的"全过程"。需将建设项目的海绵城市相关要求纳入"两证一书"规划审批、方案设计审查、竣工验收等建设项目全流程管理中，并需充分衔接行政审批制度，按照"放管服"改革要求，在现有流程基础上进行纳入，保证海绵城市建设要求的全面贯彻。

以深圳为例，深圳市是国家海绵城市建设试点城市之一，同时也是工程建设项目审批制度改革的试点城市之一，深圳市在深入贯彻落实党中央、国务院关于深化审批工作"放管服"改革、改善营商环境要求的同时，结合国家海绵城市试点建设经验，将海绵城市建设要求有机地融入了改革后的建设项目审批制度框架和管理系统。2018 年 8 月 1 日，深圳市正式印发实施《深圳市政府投资建设项目施工许可管理规定》（以深圳市人民政府令第 310 号文件发布）和《深圳市社会投资建设项目报建登记实施办法》（以深圳市人民政府令第 311 号文件发布）。此次改革首次将海绵城市纳入了建设工程项目的管控审批环节，在规划阶段将海绵城市纳入"多规合一"信息平台，并作为区域评估的一项重要内容；在用地规划和工程规划阶段将海绵城市建设要求纳入规划设计要点；在施工图审查环节纳入统一图审之中。根据深圳市"两个规章"，规划建设管理部门在立项和用地规划许可、工程规划许可、施工许可、竣工验收四个阶段，将海绵城市要求细化纳入建设项目报建审批流程，同时对事中、事后监管也提出了要求，具体如下：

1. 立项和用地规划许可阶段

1）基本事项

规划和自然资源部门在用地预审与选址意见书中，应当依据海绵城市建设项目豁免清单，将建设项目是否开展海绵化建设作为基本内容予以载明。

规划和自然资源部门在核发建设用地规划许可或者出具规划设计要点时，应当依据法定规划或海绵城市规划要点和审查细则，列明该项目的年径流总量控制率等海绵城市建设管控指标。

不需要办理选址、土地供应手续的政府投资改造类项目，在项目策划生成阶段，建设单位应当征求区海绵城市领导小组办公室意见，区领导小组办公室明确提出海绵城市建设管控指标。

2）其他可能涉及的事项

政府投资建设项目可行性研究应就海绵城市建设适宜性进行论证，对海绵城市建设的技术思路、建设目标、具体技术措施、技术和经济可行性进行全面分析，明确建设规模、内容并进行投资估算。

发展改革部门在政府投资建设项目的可行性研究报告评审中应强化对海绵设施项目技术合理性、投资合理性的审查，并在批复中予以载明。

在审核政府投资建设项目总概算时，发展改革部门应按相关标准与规范，充分保障建设项目海绵设施的规划、设计、建设、监理等资金需求。

2. 工程规划许可阶段

建设项目方案设计阶段，建设单位应当组织设计单位严格按照相关规划条件要求，编制方案设计海绵城市专篇，填写自评价表和承诺书，承诺满足项目海绵城市建设管控指标，并将其一并提交规划和自然资源部门、城市更新和土地整备部门。未提交前述材料的，规划和自然资源部门应当要求建设单位限期补正。

市政类线性项目方案设计海绵城市专篇应当随方案设计在选址及用地预审前编制完成。

建设工程规划许可证中应当载明下一阶段建设项目的海绵化建设工作落实要求。

3. 施工许可阶段

1）施工图设计环节

施工图设计环节，建设单位应组织设计单位按照国家和地方相关设计标准、规范和规定进行海绵设施施工图设计及文件编制，设计文件质量应满足相应阶段深度要求。

施工图设计文件审查机构应按照国家、地方相关规范及标准施工图对海绵城市设计内容进行审查，建设单位应组织设计单位对施工图审查机构提出的不符合规范及标准要求的内容进行修改。

住房和城乡建设等行业主管部门整合施工图审查力量，将海绵城市内容纳入统一抽查、审查。

交通运输、水利等需开展初步设计文件审查的建设项目，应按建设用地规划许可证的管控指标要求，编制海绵城市设计专篇。行业主管部门在组织审查时，应对该部分内容进行审查，并将结论纳入审查意见。

2）施工环节

海绵设施应按照批准的图纸进行建设，按照现场施工条件科学合理统筹施工。建设单位、设计单位、施工单位、监理单位等应按照职责参与施工过程、管理并保存相关材料。

建设单位不得取消、减少海绵设施内容或降低建设标准，设计单位不得出具降低海绵设施建设标准的变更通知。

4. 竣工验收阶段

建设单位组织竣工验收（含水务工程完工验收，下同）时，应当按照海绵城市建设有关验收技术规范和标准完成海绵城市验收事项，竣工验收报告应当载明海绵化设施建设内容合格与否的结论。海绵城市验收事项不合格的，建设项目不得通过竣工验收。

建设单位在申请建设工程竣工联合（现场）验收时，应当提交包含海绵化设施建设相关内容的竣工图纸及相关材料，以及载明海绵化设施建设内容合格的竣工验收报告。未提交前述材料的，竣工联合（现场）验收牵头部门应当要求建设单位限期补正。

图 1-20、图 1-21 分别为深圳市房建类建设项目和市政线性建设项目的审批管控流程图。

5. 效果评价

根据《海绵城市建设评价标准》GB/T 51345—2018 的相关要求，通过实际监测、模型评估等方式，对海绵城市项目、排水分区、流域等各层级的海绵建设效果进行评价。通过绩效评价，能够及时有效地评价和反馈海绵城市建设的效果。

6. 事中、事后监管

在目前简政放权、优化营商环境等审批制度改革的大环境下，各地均要求减少审批环节、压减审批时间、加强辅导服务、提高审批效能。很多工程建设项目审批制度改革试点城市都在尝试全面取消施工图审查，由建设单位在施工报建时采用告知承诺的方式，承诺提交的施工图设计文件符合公共利益、公众安全和工程建设强制性标准要求，落实设计人员终身负责制。这就需要审批试点城市强化事中、事后监管，加大监督检查力度，建立健全监管体系，同时要构建联合惩戒机制，加强信用体系建设，规范中介和市政公用服务，这样才能建立健全市场管理制度。

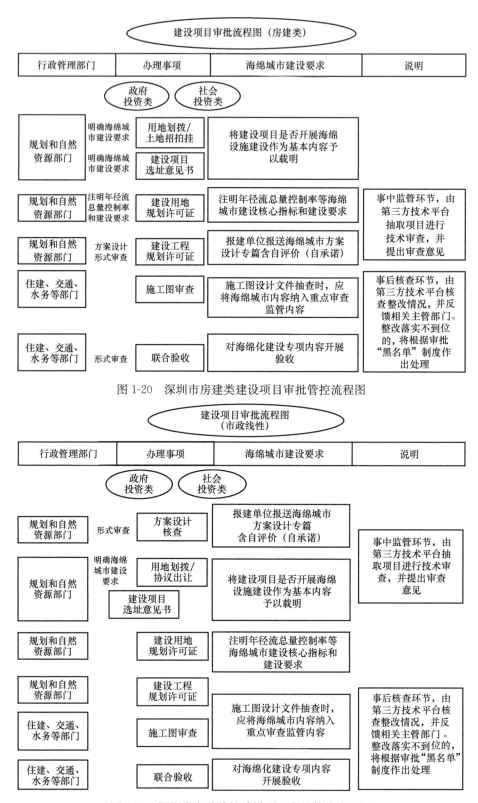

图 1-20　深圳市房建类建设项目审批管控流程图

图 1-21　深圳市市政线性建设项目审批管控流程图

深圳市结合简政放权、优化营商环境及行政审批试点改革等工作,对海绵城市审批实行技审分离,并提出了事中、事后的监管流程。市规划和自然资源局印发了《深圳市海绵城市建设方案设计阶段核查工作手册及案例》,规定了建筑小区、道路广场、公园绿地、水务类等不同类型建设项目的方案设计文件审查要点。住房和城乡建设等行业主管部门整合施工图审查力量,将海绵城市内容纳入统一审查。市海绵办委托第三方技术服务机构对海绵城市设计专篇、施工图设计文件进行监督抽查,通过技术审查尽可能提前发现问题,给出修改建议,指导建设单位和设计单位在后续工作中整改和优化,相关费用由市财政统一保障。

建设、规划、设计、施工、监理及第三方技术服务机构等有违反相关法规的规定,承诺后不实施或弄虚作假的,由交通、水务、住建等主管部门视其情节轻重,可将其违章行为记入不良行为记录、纳入失信名单或依法追究责任。

图 1-22 为深圳市海绵城市方案专篇审查管理工作流程图。

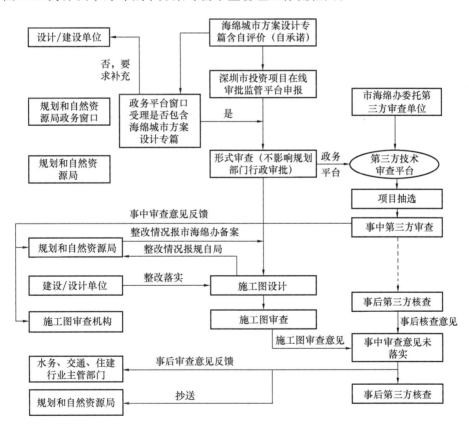

图 1-22　深圳市海绵城市方案专篇审查管理工作流程图

1.2.3　运营维护管理

"三分建、七分管",海绵城市相关设施的日常维护是保证海绵城市建设效果的关键一环，如果海绵设施实体维护不当，则城市"海绵"功能将大打折扣，甚至适得其反。作者梳理了目前海绵设施运营维护管理存在的问题，最突出的就是维护责任主体边界不清、缺乏费用定额、运维要求不明确等。结合试点城市建设经验，作者从明确责任主体、制定运维标准、细化评价体系、落实资金保障四方面分析如何制定行之有效的管理机制，以保证海绵设施正常发挥功效，避免出现"建而不管"现象。

1. 明确责任主体

公共投资类海绵城市建设项目应根据设施类型、所在位置由产权单位负责运营维护管理，比如各截污设施、排水设施、地下管网等应由水务部门负责，市政道路由城管部门负责，各类绿地、雨水湿地等由园林部门负责；对于住宅小区内的各类海绵设施，应由小区物业负责；对于没有明确责任主体的项目，比如很多没有物业的老小区，应秉承"谁受益，谁管理"的原则，由房管部门或街道社区协助小区成立专门的部门进行管理；对于以各类 PPP 模式建设的社会投资项目，在合同期内由项目建设方负责运营维护，在合同期结束之后也应按照上述原则移交相关部门进行管理。如深圳市规定：公园与绿地、道路与广场、水务设施等项目中的海绵化设施，其运行维护责任主体为相应项目的管理单位；属于政府投资项目的，运行维护经费由各级财政统筹安排；建筑类项目中的海绵化设施，其运行维护责任主体为该建筑的所有权人；所有权人不明的，由投资人作为运行维护责任主体；投资人不明的，由辖区政府指定运行维护责任主体。运行维护责任主体可以自行维护，也可以委托其他主体进行维护。

2. 制定运维标准

为了维护海绵设施运行维护效果，部分城市已先行先试，结合城市降雨特点、土壤状况、排水系统、社会经济发展条件等因素，制定完善了本地化的海绵城市设施运行维护导则、标准、指引等技术文件，对不同类型海绵设施日常巡查与养护要求、运维频次，以及运行维护要求的工具、设备和材料都做了统一要求。如深圳市于 2019 年出台了《海绵城市建设项目施工、运行维护技术规程》DB4403/T 25—2019，结合已建示范项目的经验，提炼出本地化运行维护技术要点，并制定了实操性强的现场施工检查表单及巡查维护表单，有效指导管理人员及现场工作人员开展工作。

以透水铺装为例：透水铺装运行维护主要关注面层、基层和土基的堵塞情况。面层出现破损时及时进行修补或更换，为减轻泥沙堆积，确保设施的孔隙度，每年至少进行 1～2 次的表面清理，在暴雨等极端天气后应立即进行清理。清理封堵孔隙可采用风机吹扫、真空清扫等方法。透水铺装在春季进行年度检测，以确保其持续的渗透能力；监测大降雨事件后透水铺装路面的积水、水质等情况，保证路面积水在降雨后 72h 内排干等。由于不透水路面的初期径流雨水中含有大量颗粒物质，为避免其直接流入透水铺装区域，应设置挨弃或者沉淀设施，以免发生堵塞。

深圳市透水铺装的运行维护要点及巡视周期如表 1-4 和表 1-5 所示。

透水铺装运行维护要点一览表　　　　　　　　　表 1-4

维护要求		维护内容	维护周期	维护方法
路面	是否有路面垃圾	定期清扫路面垃圾	按照环卫要求定期清扫；巡视中发现路面卫生不满足运行标准时	
透水层面	是否存在破损	及时更换破损透水砖	根据透水砖破损巡视状况确定	
	是否出现不均匀沉降	局部修整找平	根据透水砖平整巡视状况确定	
	雨水是否可以入渗	去除透水砖空隙中的土粒或细沙	不少于 5 年 1 次根据透水砖透水巡视状况确定	可采用高压水流(5～20MPa)冲洗法、压缩空气冲洗法，也可采用真空吸附法
		疏通穿孔管	根据透水砖透水巡视状况确定	通过从清淤口注水疏通
地下排水管（若有）	是否没有雨水流出，或者流出的雨水是否混浊	更换透水面层，透水找平层、透水垫层、沙滤层	根据透水砖透水巡视状况确定	

透水铺装巡视周期表　　　　　　　　　表 1-5

巡视项目	巡视周期
透水路面	不少于 1 个月 1 次
排空时间	特殊天气后 24h 需巡视

3. 细化评价体系

科学合理的运行维护质量评价体系的构建，可以督促运维养护单位按照标准进行养护。如嘉兴市海绵设施运行管理评价包括档案管理评价和养护效果评价。档案管理评价主要采用抽检的方式（抽查比例不低于 20％），对设施的日常巡查记录、定期检测记录、日常养护记录等内容的完整性、规范性等进行评价。养护效果评价主要对低影响开发设施的实际养护运行效果进行评价。养护效果建议委托第三方机构，采用阶段检查和年度综合评价的方式进行评价。阶段检查可由道路、绿化养护管理主管单位组织，与道路、绿化养护检查同步进行。当接收到台风、强降雨等预警后，应对海绵设施的养护进行现场抽检并将检查结果纳入年度综合评价，督促各养护单位做好养护工作。强降雨后 12h 内，应对透水铺装、生物滞留设施、下沉式绿地/植草沟、渗井/渗渠等具备入渗功能的海绵设施的积水情况进行抽查，作为评价入渗设施的简单方法，并将检查结果纳入年度综合评价。

4. 落实资金保障

海绵设施建成初期一般运行良好，观感质量较好，但因海绵设施设计的特殊性，可能会增加运维费用，如透水铺装运行维护重点是保障设施的渗透性。相较于硬质铺装，增加的运维内容主要包括：透水铺装应定期采用高压清洗和吸尘等方式清洁，避免孔隙阻塞，保证透水性能。每年应选取代表性路段进行透水性能试验，并应在每年汛期前对路面透水性能进行全面评估。海绵城市是新的城市建设理念，传统的设施运维费用并不包括海绵城市设施，因此需制定运维服务费用标准，以保障海绵设施的运维效果。如青岛市编制了《青岛市海绵城市试点区海绵项目运营维护管理办法》，在国内首次明确了各类海绵设施的运营维护费用单价标准，并根据"按效付费"原则确定了不同类型项目的运维主体、资金来源、付费标准和运维要求。其中对于有物业管理的小区，海绵设施运营维护费用在原测算运维费用标准的基础上按照70%进行折算。同时，根据考核成绩建立四档海绵运维补贴标准，四档海绵运维补贴（不含物业费）比例分别为70%、56%、42%和无补贴。具体如下：

（1）考核成绩为优秀，运维补贴＝标准运维费用×70%；

（2）考核成绩为良好，运维补贴＝标准运维费用×56%；

（3）考核成绩为一般，运维补贴＝标准运维费用×42%；

（4）考核成绩为较差，无补贴，并在区城市管理考核工作中，对相关街道进行扣分，取消运维单位的运维管理资格。

1.3 海绵城市建设效果

建设海绵城市不仅可以缓解城市内涝，净化初雨污染，改善城市水环境，还可以美化城市环境，改善城市品质，提升群众的获得感、幸福感，其建设目标是实现"小雨不积水、大雨不内涝、水体不黑臭、热岛有缓解"。

1.3.1 小雨不积水

利用生物滞留池、植草沟、绿色屋顶、调蓄设施和可渗透路面等源头绿色设施来控制降雨期间的水量和水质，对雨水产汇流进行滞峰、错峰、削峰，使从不同区域汇集到城市排水管网中的径流雨水不同步集中泄流，而是有先有后、参差不齐、"细水长流"地汇流到排水系统中，减轻排水管渠设施的压力，使得频繁发生的小雨事件出现时，城市道路上不产生积水。池州市对全市38个老旧小区实施海绵城市改造，不仅解决了小区原有排水管网和内涝积水等问题，还增加了停车位、居民休闲活动场地、小区照明和安防设施等。天津市针对原本地势低洼的老旧小区，通过设置截水沟、内部增设雨水蓄渗措施等，排水能力显著提高，在2018年100mm以上强降雨期间，改造后的老旧小区无明显积水，获得居民一致好评。深圳市通过"＋海绵"的推进模式，已建落实海绵城市理念的项目超 4000 个，基本能做到 31.3mm 的降雨道路无积水，其中光明区海绵试点区域年径流总量控制率可以达到 72％，试点区域 6 个历史内涝点已全部消除，且近 3 年未出现"返潮"和新增现象。2019 年 5 月，光明区试点区域内西部和北部区域出现大暴雨，最大 24h 降雨量达 141.5mm，最大降雨小时出现在 14：41 至 15：41，雨量 92.7mm，达到 30 年一遇标准。在此期间，根据现场视频监控图像，5 个原历史内涝点周边无积水情况（图 1-23）。北京市通州区开展全区 13 座下凹桥区泵站提标改造工作，连续 3 年的雨季未发生积水内涝。

(a) 观光路与邦凯二路交界处

(b) 光明大道（高速桥底至观光路）

(c) 公园路公安局门前路段

(d) 东长路（光侨路—长凤路）

(e) 光明大道塘家路段

图 1-23　深圳市光明区 2019 年 5 月降雨期间视频监控图像

1.3.2   大雨不内涝

针对排水防涝设施短板突出、内涝频发等问题，一些城市在评估现状排水防涝能力和内涝风险的基础上，构建了源头减排、排水管渠、排涝除险、应急管理的综合排水防涝体系，并与城市防洪系统有序衔接，增强了城市防灾减灾能力。其中第一批 16 个试点城市三年试点期间共治理易涝积水区段 235 个，排水防涝标准显著提升，解决了试点区域内涝积水问题。如萍乡市从全流域尺度构建"上截—中蓄—下排"的大排水系统，彻底解决了老城区的内涝积水问题，4 大内涝区 43 个小区的 1.2 万户、超过 4 万名居民免受内涝之苦。镇江市构建了"外挡—内疏—上蓄"的洪涝体系，通过建设 171 个源头减排项目，扩大 11 个湖库库容，拓宽 17 条河道，梳理 20 余条骨干排水管渠，改（扩）建 19 个排涝泵站，提高 81km 防洪堤防洪标准，保障城区免受江洪危害、缓解城区防洪压力。武汉市系统构建蓄排平衡体系，持续提高设施排水能力，同步开展骨干排水管网更新改造，制定全市积水点"一点一策"，强化事前防控，提升了重点区域排水防涝能力。深圳、珠海经受住 2018 年"山竹"台风暴雨考验，宁波、上海、青岛海绵试点区域经受住 2019 年"利奇马""米娜"等台风暴雨考验，没有发生大面积内涝和人员伤亡事故，城市基本实现安全运转。福州市结合地形地貌，在相对低洼处新建井店湖、义井溪湖、涧田湖等五个城市蓄滞水体，以及洋下海绵公园等三个城市海绵体，新增城市蓄、滞能力超过 200 万 m^3，城市抵御内涝的能力大幅提升。三亚市通过东岸湿地公园、防洪渠建设，截、蓄、排相结合，凤凰路、迎宾路交叉口等严重内涝问题得到解决。

1.3.3   水体不黑臭

充分运用海绵城市建设理念，开展城市水污染控制和水环境综合整治工作。通过实施污水管网建设、雨污水管网源头混接错接及分流改造、河道清淤和生态修复、加强再生水和雨水回补河道等系统化措施，基本消除了黑臭水体，形成水畅水清、岸绿景美的城市休闲滨水景观带。

例如上海市海绵试点区以保护滴水湖水质为核心，通过强化新区规划管控，从自然本底保护、竖向控制、绿地系统管控等规划要求着手，统筹开展滴水湖流域水环境保护、水生态治理与水安全保障工作，滴水湖水质稳中向好、逐年改善。深圳市推行流域综合治理模式，以小流域为单元，落实责任、分解任务，159 个黑臭水体全部实现不黑不臭（图 1-24），2019 年 5 月被国务院办公厅评为重点流域水环境质量改善明显的五个城市之一。西宁市完成河道治理 113km，消除 24 个黑臭水体，初步建设完成 508.7hm² 湟水国家湿地公园，城市沟谷型景观和开放生态型绿廊已然显现。青岛市通过"控源截污、内源治理、生态修复、活水保质"等综合工程措施，消除楼山河黑臭水体，板桥坊河、大村河水环境质量也得到了较好改善。固原市检测与修复管网 228km，新建雨水管网 65km，城市管网"短板"逐步补齐，清水河水体黑臭现象基本消除。南宁市在那考河治理中，通过对片区内各地块进行海绵城市建设、截污纳管、河道系统治理等技术措施，修复了河道两岸自然生态，消除了黑臭，部分水质指标已达到地表Ⅳ类水水质标准。常德市综合采取调蓄、生态净化等海绵化措施，消除了水体黑臭，大大改善了穿紫河河道生态环境，同时恢复当地水文化、营造生态景观，在政府未投入资金的情况下，实现自我平衡。厦门市坚持陆海统筹、河海共治，采用"3+1"系统化治理方案，消除了新阳主排洪渠水体黑臭，取得了较好的社会反响。嘉兴市海绵试点区内持续保持无黑臭水体，三个主要河道多个断面监测水质进一步好转，试点区所在的南湖区水体出境断面水质优于入境断面水质。

(a) 深圳河罗湖段黑臭治理前　　　　　　(b) 深圳河罗湖段黑臭治理后

图 1-24　深圳河罗湖段黑臭水体治理前后对比图

1.3.4　热岛有缓解

城市热岛是由于城市建设导致的硬化（如建筑与构筑物，混凝土、柏油路面，各种建筑墙面等）改变了城市下垫面的热工属性，它们吸热快而热容量小，在相同的太阳辐射条件下，比自然下垫面（绿地、水面等）升温快，因而使其表面温度明显高于自然下垫面；同时，城市地表对太阳光的吸收率较自然地表高，能吸收更多的太阳辐射，进而使空气得到的热量也更多，温度升高。城市地表含水量少，热量更多地以显热形式进入空气中，导致空气升温；如夏天里，草坪温度 32℃、树冠温度 30℃的时候，水泥地面的温度可以达到 57℃，柏油马路的温度更高达 63℃。这些高温物体形成巨大的热源，烘烤着周围的大气，形成"城市热岛"。建设"海绵城市"，最大限度地减少城市开发建设对城市下垫面及生态环境的影响，保护和恢复自然水文特征，提高城市"含水量"，增加水汽蒸腾、适度提高城市湿度，对缓解城市热岛效应是非常有利的。

34　　海绵城市建设效果评价方法与实践

2022 年夏季，深圳市对全市 27 个海绵城市建设重点片区的城市热岛进行了评估，虽然平均城市热岛强度同比上升，但升幅低于全市平均升幅，一定程度上反映了海绵城市建设对城市热岛的缓解效应。与 2017—2021 年平均相比（表 1-6），城市热岛下降片区减少、上升片区增多。27 个片区平均城市热岛强度 0.67℃，比全市平均低 0.37℃，同比上升 0.02℃，升幅低于全市 0.07℃的平均升幅。与 2017—2021 年相比，城市热岛上升和下降区域各有 13 个，有 10 个片区连续两年下降，主要位于原特区内，有 5 个片区连续四年上升，主要位于珠江口沿岸区域。2022 年夏季各片区城市热岛变化，主要考虑两方面因素：一是高温和热夜日数多，制冷度日数增加；二是片区集中开发和周边区域性开发等因素，对城市热岛缓解不利，但相关海绵城市建设片区热岛同比增幅仍低于全市，进一步反映了海绵城市建设对城市热岛效应具有一定的缓解作用。

深圳市 27 个重点片区 2022 年及 2017—2021 年平均城市热岛情况表（部分）　表 1-6

重点片区	2022 年热岛 ΔT_2（℃）	2017—2021 年平均热岛 ΔT_1（℃）	距平 $\Delta T_2 - \Delta T_1$（℃）	片区建成性质
后海中心区	0.76	0.97	−0.21	建成
深圳湾超级总部基地	0.69	0.89	−0.20	新建
盐田港后方陆域片区	0.42	0.62	−0.20	新建
留仙洞战略性新兴产业总部基地	0.24	0.39	−0.15	新建
大运新城	0.62	0.77	−0.15	新建
宝龙科技城	0.53	0.65	−0.12	新建与建成结合
福田保税区	0.64	0.74	−0.10	建成
阿波罗未来产业城	0.84	0.93	−0.09	新建
高新技术北区	0.54	0.6	−0.06	新建
福田河新洲河片区	0.36	0.41	−0.05	建成
大梅沙片区	0.63	0.67	−0.04	建成
蛇口自贸区	0.51	0.53	−0.02	新建与建成结合
前海合作区	0.72	0.65	0.07	新建

1.4　海绵城市建设效果评价

"小雨不积水，大雨不内涝，水体不黑臭，热岛有缓解"是从通俗易懂的角度出发，以老百姓的直观感受来评价海绵城市建设的效果。从专业角度来讲，海绵城市建设效果评价则是有一整套系统、科学、完整的评价体系，主要包括自然生态格局管控、水资源利用、水环境治理、水安全保障等方面。作者通过分析国家相关要求，结合自身工作经验，对海绵城市建设效果的评价目的、评价对象、评价指标等主要内容进行介绍。

1.4.1　评价目的

海绵城市建设效果评价作为一种反馈机制，可以有效地对海绵城市建设成效与不足进行评价，为科学、系统、全面地评价海绵城市建设指明了方向，为海绵城市规划、设计、建设及时提供数据支撑，在推动海绵城市建设的改进与提升方面有着至关重要的作用，是海绵城市建设的一部分。

住房和城乡建设部自 2019 年起要求全国所有设市城市，以排水分区为单元，对照《海绵城市建设评价标准》GB/T 51345—2018，从自然生态格局管控、水资源利用、水环境治理、水安全保障等方面对海绵城市建设成效进行自评。各地通过海绵城市建设效果的评价，可反映地区海绵城市建设成效，总结成功经验和不足之处。如深圳市从 2019 年开始每年对全市海绵城市建设情况进行评价、总结，根据评价结果梳理存在短板、弱项，优化技术路线，提出下一阶段的工作重点。

1.4.2　评价对象

国外对海绵城市效果研究的探索已有 20 余年的历史，在制定相关政策、认证相应标准及分析收益等方面得到了广泛的应用。通过既有文献的梳理，国外海绵城市评价对象可以划分为宏观、中观和微观三个尺度，多以降雨事件的水文和径流情况进行分析，数据来源以短期监测为主，具体指标的选取因不同国家、城市的地域文化特征而异，因此，在评价方式、评价环节与评价内容上各有侧重。我国在汲取国外海绵城市评价体系的经验基础上，在海绵城市建设从项目达标转向片区达标的要求下，结合评价工作的需要，通常将海绵城市评价对象分为设施、项目、片区或流域、城市四个尺度，不同尺度的评价侧重点和指标也不同。《海绵城市建设评价标准》GB/T 51345—2018 规定海绵城市建设的评价应以城市建成区为评价对象，对建成区范围内的源头减排项目、排水分区及建成区整体的海绵效应进行评价。其中项目层级主要是对项目实施有效性、能否实现海绵效应等方面进行评价，评价指标包括年径流总量控制率及径流体积控制、径流污染控制、径流峰值控制、硬化（不透水）地面率等；排水分区主要是以排水或汇水分区为单元，对片区海绵城市建设效果进行评价，评价指标包括城市水体环境质量、自然生态格局管控与水体生态岸线保护等；建成区主要是基于《国务院办公厅关于推进海绵城市建设的指导意见》（国办发〔2015〕75 号）对建成区达标面积的考核要求，将整个城市作为评估对象，评价指标包括地下水埋深变化、城市热岛效应缓解、黑臭水体消除比例、年径流总量控制率等。

北京市将海绵城市建设效果的评估对象分为源头减排设施、场地、片区和城市四种类型。源头减排设施的效果监测评估主要针对透水铺装地面、下凹绿地、绿化屋面（也称"种植屋面或绿色屋顶"）、生物滞留设施、植被浅沟（也称"植草沟"）五种典型设施；场地主要是指建筑小区、道路、停车场及广场、公园与防护绿地；片区尺度的效果评估是针对由一个或相邻多个入河排水口上溯组成的独立排水分区，以及开发或管理的城市单元；城市尺度是针对市辖各行政区的海绵城市建设效果监测与评估。

1.4.3　评价指标

各国结合自身国情及地域水文特点，推出了各有侧重的评价指标与标准，如美国的BMPs 模式注重末端治理措施对于城市面源污染的处理效果，同时以年径流总量控制作为主要的水文控制指标，将渗透池的可持续性评价作为绩效评价的主要方面。之后兴起的 LID 模式，其评价指标体系扩展至包括峰值流量延迟指标、极端洪水控制指标、入渗指标、景观及社会效益指标等多个方面，并把分散场地径流源头控制作为核心要点。

上述研究对我国海绵城市建设绩效评价的内涵把握、目标确定、指标体系构建等起到了指导作用。2015 年 7 月，住房和城乡建设部印发《海绵城市建设绩效评价与考核办法（试行）》，要求各省市结合实际，在推进海绵城市建设中参照执行，明确由省级住房和城乡建设主管部门定期组织对本省内实施海绵城市建设的城市进行绩效评价与考核，并提出了海绵城市建设绩效评价与考核指标分为水生态、水环境、水资源、水安全、制度建设及执行情况、显示度六大方面 18 项指标（表 1-7），其中 11 项定量指标，7 项定性指标。评价指标旨在为各省市开展海绵城市建设绩效评价提供政策依据，但没有明确各评价指标的量化标准。

海绵城市建设绩效评价与考核指标（试行）　　　　　　　　　表 1-7

类别	项	指标	要求	性质
一、水生态	1	年径流总量控制率	当地降雨形成的径流总量，达到《海绵城市建设技术指南》规定的年径流总量控制要求。在低于年径流总量控制率所对应的降雨量时，海绵城市建设区域不得出现雨水外排现象	定量（约束性）
	2	生态岸线恢复	在不影响防洪安全的前提下，对城市河湖水系岸线、加装盖板的天然河渠等进行生态修复，达到蓝线控制要求，恢复其生态功能	定量（约束性）
	3	地下水位	年均地下水潜水位保持稳定，或下降趋势得到明显遏制，平均降幅低于历史同期 年均降雨量超过 1000mm 的地区不评价此项指标	定量（约束性，分类指导）
	4	城市热岛效应	热岛强度得到缓解。海绵城市建设区域夏季（按 6～9 月）日平均气温不高于同期其他区域的日均气温，或与同区域历史同期（扣除自然气温变化影响）相比呈现下降趋势	定量（鼓励性）

续表

类别	项	指标	要求	性质
二、水环境	5	水环境质量	不得出现黑臭现象。海绵城市建设区域内的河湖水系水质不低于《地表水环境质量标准》GB 3838—2002 中规定的Ⅳ类标准，且优于海绵城市建设前的水质。当城市内河水系存在上游来水时，下游断面主要指标不得低于来水指标	定量（约束性）
			地下水监测点位水质不低于《地下水质量标准》GB/T 14848—2017 中规定的Ⅲ类标准，或不劣于海绵城市建设前	定量（鼓励性）
	6	城市面源污染控制	雨水径流污染、合流制管渠溢流污染得到有效控制。雨水管网不得有污水直接排入水体；非降雨时段，合流制管渠不得有污水直排水体；雨水直排或合流制管渠溢流进入城市内河水系的，应采取生态治理后入河，确保海绵城市建设区域内的河湖水系水质不低于地表Ⅳ类	定量（约束性）
三、水资源	7	污水再生利用率	人均水资源量低于 500m³ 和城区内水体水环境质量低于Ⅳ类标准的城市，污水再生利用率不低于 20%。再生水包括污水经处理后，通过管道及输配设施、水车等输送作为市政杂用、工业农业、园林绿地灌溉等用水，以及经过人工湿地、生态处理等方式，主要指标达到或优于地表Ⅳ类要求的污水厂尾水	定量（约束性，分类指导）
	8	雨水资源利用率	雨水收集并用于道路浇洒、园林绿地灌溉、市政杂用、工农业生产、冷却等的雨水总量（按年计算，不包括汇入景观、水体的雨水量和自然渗透的雨水量），与年均降雨量（折算成毫米数）的比值；或雨水利用量替代的自来水比例等。达到各地根据实际确定的目标	定量（约束性，分类指导）
	9	管网漏损控制	供水管网漏损率不高于 12%	定量（鼓励性）
四、水安全	10	城市暴雨内涝灾害防治	历史积水点彻底消除或明显减少，或者在同等降雨条件下积水程度显著减轻。城市内涝得到有效防范，达到《室外排水设计标准》GB 50014—2021 规定的标准	定量（约束性）
	11	饮用水安全	饮用水水源地水质达到国家标准要求：以地表水为水源的，一级保护区水质达到《地表水环境质量标准》GB 3838—2002 中规定的Ⅱ类标准和饮用水源补充、特定项目的要求，二级保护区水质达到《地表水环境质量标准》GB 3838—2002 中规定的Ⅲ类标准和饮用水源补充、特定项目的要求。以地下水为水源的，水质达到《地下水质量标准》GB/T 14848—2017 中规定的Ⅲ类标准的要求。自来水厂出厂水、管网水和龙头水达到《生活饮用水卫生标准》GB 5749—2022 的要求	定量（鼓励性）

续表

类别	项	指标	要求	性质
五、制度建设及执行情况	12	规划建设管控制度	建立海绵城市建设的规划（土地出让、两证一书）、建设（施工图审查、竣工验收等）方面的管理制度和机制	定性（约束性）
	13	蓝线、绿线划定与保护	在城市规划中划定蓝线、绿线并制定相应管理规定	定性（约束性）
	14	技术规范与标准建设	制定较为健全、规范的技术文件，能够保障当地海绵城市建设的顺利实施	定性（约束性）
	15	投融资机制建设	制定海绵城市建设投融资、PPP 管理方面的制度机制	定性（约束性）
	16	绩效考核与奖励机制	（1）对于吸引社会资本参与的海绵城市建设项目，须建立按效果付费的绩效考评机制，与海绵城市建设成效相关的奖励机制等 （2）对于政府投资建设、运行、维护的海绵城市建设项目，须建立与海绵城市建设成效相关的责任落实与考核机制等	定性（约束性）
	17	产业化	制定促进相关企业发展的优惠政策等	定性（鼓励性）
六、显示度	18	连片示范效应	60%以上的海绵城市建设区域达到海绵城市建设要求，形成整体效应	定性（约束性）

2016 年 3 月，财政部、住房和城乡建设部印发《城市管网专项资金绩效评价暂行办法》，明确财政部会同住房和城乡建设部等有关部门审核省级有关部门通过实施方案或实施计划报送的绩效目标，并予以确定和下达；指导、督促有关部门依据绩效目标开展绩效评价。其中海绵城市建设试点绩效评价指标体系包括了资金使用和管理、政府和社会资本合作、成本补偿保障机制、产出数量、产出质量、项目效益、技术路线 7 项考核指标。

2016 年 5 月，住房和城乡建设部、水利部、财政部印发《关于开展中央财政支持海绵城市建设试点年度绩效评价工作的通知》，对全国 30 个海绵城市试点工作年度落实情况进行评价。在各试点城市自查基础上，有关省（区、市）住房和城乡建设部门会同水利、财政部门组织对试点城市开展省级绩效自评工作，而住房和城乡建设部会同有关部门负责具体实施年度绩效评价工作。年度绩效评价指标主要包括海绵城市建设专项规划、海绵城市建设试点做法及成效、财政资金使用和管理、创新模式四个方面。

根据系统化、全域推进海绵城市建设要求，2018 年住房和城乡建设部颁布了《海绵城市建设评价标准》GB/T 51345—2018，相较于《城市管网专项资金绩效评价暂行办法》，该标准强化了对生态文明理念在涉水领域落实效果的评价指标（如自然生态格局管控），以及涉及民生的城市水问题有效解决的评价指标（如合流制溢流污染年均溢流频次）（表1-8）。同时针对北方缺水城市提出了特异性的指标，如地下水埋深变化量、污水再生水利用率等。

海绵城市建设评价标准与要求　　　　　　　　　　　　　表 1-8

评价对象		评价指标
1. 年径流总量控制率及径流体积控制		（1）新建区：不得低于"我国雨水年径流总量控制率片区图"所在区域规定下限值，以及其所对应计算的径流体积 （2）改建区：经技术经济比较，不宜低于"我国雨水年径流总量控制率片区图"所在区域规定下限值，以及其所对应计算的径流体积
2. 源头减排项目实施有效性	建筑小区	（1）年径流总量控制率及径流体积控制：新建项目不应低于"我国雨水年径流总量控制率片区图"所在区域规定下限值，以及所对应计算的径流体积；改（扩）建项目经技术经济比较，不宜低于"我国雨水年径流总量控制率片区图"所在区域规定下限值，以及所对应计算的径流体积；或达到相关规划的管控要求 （2）径流污染控制：新建项目年径流污染物总量（以悬浮物SS计）削减率不宜小于70%，改（扩）建项目年径流污染物总量（以悬浮物SS计）削减率不宜小于40%；或达到相关规划的管控要求 （3）径流峰值控制：雨水管渠及内涝防治设计重现期下，新建项目外排径流峰值流量不宜超过开发建设前原有径流峰值流量；改（扩）建项目外排径流峰值流量不得超过更新改造前原有径流峰值流量 （4）新建项目硬化地面率不宜大于40%，改（扩）建项目硬化地面率不应大于改造前原有硬化地面率且不宜大于70%
	道路、停车场及广场	（1）道路：应按照规划设计要求进行径流污染控制；对具有防涝行泄通道功能的道路，应保障其排水行泄功能 （2）停车场与广场： ① 年径流总量控制率及径流体积控制：新建项目不应低于"我国年径流总量控制率片区图"所在区域规定下限值，以及所对应计算的径流体积；改（扩）建项目经技术经济比较，不宜低于"我国年径流总量控制率片区图"所在区域规定下限值，以及所对应计算的径流体积 ② 径流污染控制：新建项目年径流污染物总量（以悬浮物SS计）削减率不宜小于70%，改（扩）建项目年径流污染物总量（以悬浮物SS计）削减率不宜小于40% ③ 径流峰值控制：雨水管渠及内涝防治设计重现期下，新建项目外排径流峰值流量不宜超过开发建设前原有径流峰值流量；改（扩）建项目外排径流峰值流量不得超过更新改造前原有径流峰值流量
	公园绿地	（1）新建项目控制的径流体积不得低于年径流总量控制率90%对应计算的径流体积，改（扩）建项目经技术经济比较，控制的径流体积不宜低于年径流总量控制率90%对应计算的径流体积 （2）应按照规划设计要求接纳周边区域降雨径流

续表

评价对象	评价指标
3. 路面积水控制与内涝防治	(1) 灰色设施和绿色设施应合理衔接，应发挥绿色设施滞峰、错峰、削峰等作用 (2) 雨水管渠设计重现期对应的降雨情况下，不应有积水现象 (3) 内涝防治设计重现期对应的暴雨情况下，不得出现内涝
4. 城市水体环境质量	(1) 灰色设施和绿色设施应合理衔接，应发挥绿色设施控制径流污染与合流制溢流污染及水质净化等作用 (2) 旱天无污水废水直排 (3) 控制雨天分流制雨污混接污染和合流制溢流污染，并不得使所对应的受纳水体出现黑臭；或雨天分流制雨污混接排放口和合流制溢流排放口的年溢流体积控制率均不应小于50%，且处理设施悬浮物（SS）排放浓度的月平均值不应大于50mg/L (4) 水体不黑臭：透明度应大于25cm（水深小于25cm时，该指标按水深的40%取值），溶解氧应大于2.0mg/L，氧化还原电位应大于50mV，氨氮应小于8.0mg/L (5) 不应劣于海绵城市建设前的水质；河流水系存在上游来水时，旱天下游断面水质不宜劣于上游来水水质
5. 自然生态格局管控与城市水体生态性岸线保护	(1) 城市开发建设前后天然水域总面积不宜减少，保护并最大程度恢复自然地形地貌和山水格局，不侵占天然行洪通道、洪泛区和湿地、林地、草地等生态敏感区；或达到相关规划的蓝线绿线等管控要求 (2) 城市规划区内除码头等生产性岸线及必要的防洪岸线外，新建、改（扩）建城市水体的生态性岸线率不宜小于70%
6. 地下水埋深变化趋势	年均地下水（潜水）位下降趋势得到遏制
7. 城市热岛效应缓解	夏季按6~9月的城郊日平均温差与历史同期（扣除自然气温变化影响）相比呈现下降趋势

结合系统化全域推进海绵城市建设要求，《住房和城乡建设部办公厅关于开展2021年度海绵城市建设评估工作的通知》进一步细化明确了辖区海绵城市建设效果评价指标，包括水生态保护、水安全保障、水资源涵养、水环境改善四大类16项指标，在《海绵城市建设评价标准》GB/T 51345—2018的基础上新增了市政雨水管渠达标比例、主要自然调蓄设施能力等评价指标（表1-9）。

海绵城市建设效果评价指标　　　　　　　　　　表1-9

序号	类别	指标	相关数值
1	水生态保护	海绵城市建设以来天然水域面积变化率（%）	—
		海绵城市建设以来恢复/增加水域面积（km²）	—
		主要自然调蓄设施能力（万 m³）	辖区建成区内自然湖泊、坑塘、公园、绿地等主要蓝绿空间的雨水调蓄量
		年径流总量控制率（%）	—
		城市可渗透地面面积比例（%）	市辖区建成区内具有渗透能力的地表（含水域）面积

序号	类别	指标	相关数值
2	水安全保障	历史易涝积水点数量（个）	—
		海绵城市建设以来历史易涝积水点消除比例（%）	海绵城市建设以来历史易涝积水点消除个数
		内涝防治标准达标情况	—
		市政雨水管渠达标比例（%）	—
3	水资源涵养	海绵城市建设以来地下水（潜水）平均埋深变化（有所回升/保持不变/有所下降）	—
		人工调蓄设施能力（万 m³）	
		辖区雨水利用量（万 m³/年）	
		再生水利用率（%）	
4	水环境改善	2015 年黑臭水体数量（个）	
		黑臭水体消除比例（%）	
		合流制溢流污染年均溢流频次（次/年）	

　　我国部分城市也结合自身情况，因地制宜地颁布出台了效果评价实施细则或规范，从项目类型、施工验收、管理维护、效果评价等方面提出了评价指标，如北京市于2020 年 4 月颁布实施《海绵城市建设效果监测与评估规范》DB11/T 1673—2019，规定了典型源头减排设施与场地、片区、城市尺度海绵城市建设效果监测、指标计算和评估方面的内容。该规范主要用于在各项海绵城市建设工程验收合格后，对典型源头减排设施、场地、排水分区、片区、市辖区等不同尺度区域海绵城市建设效果的监测与评估；同时结合北京的内涝情况，增加了雨水调蓄模数、海绵指数等指标。

　　构建科学合理的指标体系是有效进行效果评估的前提和基础。由于我国区域差异巨大，海绵城市建设又是一项复杂的系统工程，因此海绵城市建设评价指标存在一定局限性和差异性，如北方地区需考虑生态补水、冻胀影响等指标，山地高度水敏感地区需考虑生态环境敏感区、高程等指标。作者认为各城市在进行海绵城市建设效果评价时，要以结果为导向，根据不同考核对象，以促进实现系统性和经济社会与生态的多重目标为导向，因地制宜、科学全面地制定动态化、差异化，可量化、可考核、易操作的评价指标体系，同时还可以根据城市特点，对不同的指标赋以不同的权重，进行综合评价。

第 2 章　海绵城市建设效果评价基础研究

海绵城市建设效果评价的基础理论是雨水径流的形成和转移规律，即利用监测、模型等手段计算雨水量及建设前后所产生的径流量、径流峰值等，其基本原理是"降雨—下垫面—径流"的水文效应，其内容涉及降雨相关研究、产汇流理论及其计算、径流控制研究等。这些内容的基础理论属于城市水文学的范畴，相较于传统的水文学，其研究范围聚焦于城市区域尺度的水文效应。

2.1　降雨相关研究

2.1.1　降雨特征的表示方法

天然降雨过程千变万化，降雨的发生时间、降雨历时和降雨量的大小都具有一定的随机性。要分析降雨过程，需要借助随机过程理论和数学工具。概率统计中最基本的元素为"事件"，每一场降雨均可以作为一次独立事件。场次降雨划分方法为：依据一个最小时间间隔（定义为该时间间隔内无雨或小于指定值），以区分间隔前后的两场降雨，然后将一系列连续的天然降雨资料划分为独立场次。

降雨特性统计基于独立降雨事件的概念，其特性是每场独立降雨过程的降雨量、降雨历时、降雨强度等。

（1）降雨量（Rainfall Amount）：一定时段内的降雨总量，一般用毫米（mm）表示；在海绵城市效果评价模型分析过程中，更为常用的是平均降雨量。平均降雨量是模型的一个重要输入数值，通常指面平均雨量，一般由已知的各雨量监测站监测所得点雨量来推求面雨量。常用方法有算术平均法、泰森多边形法、距离倒数（Inverse Distance）权重法、降水等值线法等。

（2）降雨历时（Rainfall Duration）：一次降雨所经历的时间，一般用分钟（min）、小时（h）或天（d）表示。可根据研究需要，按降雨历时的长短，将降雨事件分为长历时降雨事件和短历时降雨事件。

（3）降雨强度（Rainfall Intensity）：单位时间内的降雨量，一般用毫米每分钟（mm/min）或毫米每小时（mm/h）表示。按降雨强度分级，可将降雨分为小雨、中雨、大雨、暴雨、大暴雨、特大暴雨（表 2-1）。

降雨强度分级表　　　　　　　　　表 2-1

序号	强度分级	降雨量（mm/24h）	降雨量（mm/h）
1	小雨	<10	<2.5
2	中雨	10（含）～25	2.5（含）～8
3	大雨	25（含）～50	8（含）～16
4	暴雨	50（含）～100	≥16
5	大暴雨	100（含）～200	—
6	特大暴雨	>200	—

资料来源：《降水量等级》GB/T 28592—2012

此外，降雨特征还可以从降雨空间分布、降雨时间分布两个维度进行描述。

1）降雨空间分布

描述降雨空间分布特点，通常采用降雨面积和降雨中心两个特性：

（1）降雨面积（Rainfall Area）：指降雨笼罩的水平面上的面积，其反映雨区的大小；

（2）降雨中心（Rainfall Center）：指降雨面积上降雨量最为集中且范围较小的局部地点（区）。

2）降雨时间分布

降雨通常是按照每天或者每小时进行记录，而且可以在不同的时间段内进行报告。一次独立降雨的降雨强度随时间变化的记录被称为降雨强度历时曲线（Hyetograph），通常为以小时（h）为时间单位的柱状图，如图 2-1 所示。随着时间的推移，降雨量可以通过累计降雨量曲线进行反映，如图 2-2 所示。

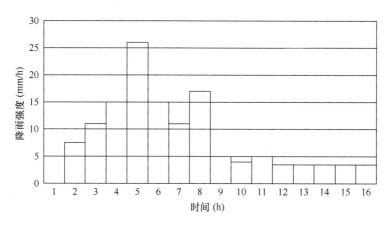

图 2-1　降雨强度历时曲线

时间维度的降雨特征包括降雨雨型、雨峰位置系数、重现期等。

（1）降雨雨型（Rainfall Profile）：描绘了降雨过程中雨量在历时中的分配情况，反映了降雨随时间发展的过程。常用的降雨量时程分布（即雨型）有：均匀雨型、Keifer

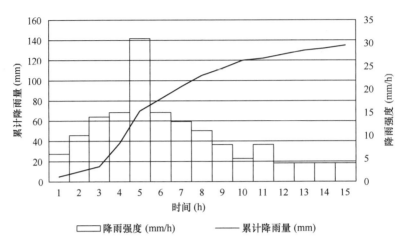

图 2-2　累计降雨量曲线

& Chu 雨型（芝加哥雨型）、SCS 雨型、Huff 雨型、Pilgrim & Cordery 雨型、Yen 和 Chow 雨型（三角形雨型）等（图 2-3）。均匀雨型和芝加哥雨型是排水设计、海绵城市设计经常采用的雨型。

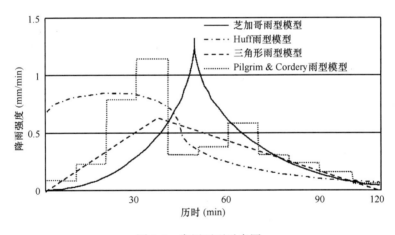

图 2-3　常用雨型示意图

我国前期集中型降雨出现频率最高，其次为中期集中型。结合我国实际降雨特点，设计降雨使用芝加哥雨型效果较好，一般能满足精度要求且参数较少。

（2）雨峰位置系数（Peak Intensity Position Coefficient）：表征降雨过程的雨峰位置系数，从降雨历时开始至降雨峰值出现的时间段长度与降雨历时的比值可用 r 表示，r 位于 0 和 1 之间。通过引入雨峰位置系数 r 来描述暴雨峰值发生的时刻，将降雨历时时间序列分为峰前和峰后两个部分。

雨型和雨峰位置对于径流和汇流过程可能产生重要影响：Dunkerley 利用人工降雨试验生成雨型不同的降雨过程，并冲刷无植被、结壳的干土壤，结果表明，瞬时雨强不断变化的降雨过程与雨强均一不变的降雨过程相比，径流系数和洪峰流量都显著增加，增加幅度最大能达到 570%。吴彰春等用实验表明，在汇流历时内平均雨强相同的条件下，雨峰在中部或后部的三角形雨型中，计算出的洪峰比均匀雨型的洪峰大 30% 以上。

（3）重现期（Return Period）：降雨的重现期指暴雨雨量值等于或超过某个设定值出现一次的平均时间间隔，单位为年。在排水设计中，重现期取值越大，则排水容量越大，但工程投资越大；反之，则工程投资小，但排水安全性和可靠性差。

2.1.2　场次降雨

在自然条件下，一场降雨可能是连绵不断持续降雨的过程，也可能是断断续续的间断降雨过程，如何划分降雨场次成为一个重要的问题。从水文角度考虑，如果间隔时间很短，降雨在物理成因上应当一致，且应当可以作为一次降雨过程；如果间隔时间较长，就应划分为数次降雨。但是无雨间隔时间多长才能划分为两次降雨，往往受人为主观因素和统计时段的影响。张建云等研究证明场次降雨特征对海绵城市的径流控制效果有直接影响，因此在计算径流控制指标时应考虑区域场次降雨特征，相关研究的首要任务是场次降雨的划分。

对于某一确定的历史降雨序列，不同的降雨场次划分方法，将得到不同的场次降雨特征识别结果。目前在海绵城市建设中常用的降雨场次划分方法主要有两种：

（1）根据《海绵城市建设技术指南——低影响开发雨水系统构建（试行）》和《海绵城市建设评价标准》GB/T 51345—2018 的规定，采用日降水数据，例如前后两日 8 时至 8 时内的累计降雨量。

（2）按照实际降雨过程进行划分，其关键是最小降雨间隔时间（T）的合理确定（图 2-4）。最小降雨间隔时间的确定取决于实际应用，如设施排空时间、流域最大汇流时间等。

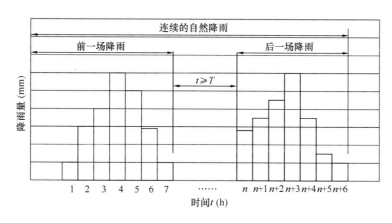

图 2-4　场次降雨划分示意图

根据《室外排水设计标准》GB 50014—2021，在城市排水设计中，经常采用的降雨历时为 5min、10min、15min、20min、30min、45min、60min、90min、120min、

150min、180min。

按日降雨量划分的优点是简单且时间固定，而按实际降雨场次划分则更能体现出降雨的实际情况，计算径流量更准确。在特定情况下，日降雨数据和场次降雨数据保持一致，但对于大多数情况，日降雨数据可能导致人为整合日内多场小降雨事件或分割一场连续降雨事件，进而造成较大的偏差。Adams BJ 等分别按照 5min、10min、15min、30min、60min、120min、180min、360min、720min 的降雨间隔时间划分降雨场次，对每一组降雨事件均求出降雨特性参数的平均值、标准偏差以及变差系数，观察最小降雨间隔时间与降雨统计特性参数值的关系，发现最小降雨间隔时间取值小于 1h，降雨特性参数的取值过分依赖于降雨场次划分过程，实用性不强；最小降雨间隔时间取值在 1～6h 范围内，特性参数的变差系数取值均在 1.0～1.5 之间且随最小降雨间隔时间的增大取值趋于一致，适于实际应用。

在海绵城市建设实践中，设计降雨量的计算依据多为场次降雨数据，因此降雨场次划分方法是影响年径流总量控制率（年降雨总量控制率）计算的重要因素。

杨默远等对北京市 1951—2016 年长序列场次降雨数据进行分析，发现较人为划分的日降雨数据而言，场次降雨数据能够更加真实地反映场次降雨特征。因此，在数据资料允许的条件下，年径流总量控制率的核算应基于场次降雨数据进行，并在识别场次降雨序列年际变化特征的基础上，确定合理的年径流总量控制率变化区间，提高年径流总量控制率—设计降雨量对应关系计算结果的准确性，确保最优的海绵城市建设效果与合理的工程建设投入。

张宇航等以北京市海绵试点区域为例进行研究，发现降雨场次划分方法对降雨总量控制率的影响程度随设计降雨量的增加而减少，且对降雨总量控制率的影响程度高于对降雨场次控制率的影响程度。在实际的海绵城市规划设计和工程建设中，应收集短历时场次降雨数据用以计算设计降雨量，从而保证设计目标（径流总量控制率）与实际建设效果的一致性。

2.1.3 设计暴雨

设计暴雨在海绵城市设计与评估、城市雨水排除设施设计中均具有重要作用。在进行相关模拟与评估工作时，需要输入设计流量。通常设计流量可以通过对一系列观测的流量进行频率分析得到。然而，城市地区实际工程中，现场一般很少有连续的流量观测资料。在这种情况下，可利用雨量资料来推求设计流量，方法有两种：一是频率分析法，通过降雨径流模型，将多年雨量资料转换成多年流量过程，再进行频率分析得到设计流量。二是设计暴雨方法，先对雨量资料做频率分析，得到一定历时的设计雨量，再确定一种设计雨型，得到设计暴雨过程，并通过降雨径流模型将设计暴雨过程转换成设计流量过程。然而频率分析法需要模拟大量的降雨径流过程，工作量大，一般不在设计中应用；设计暴雨方法极大地降低了径流分析的复杂度，是实践中常用的方法。

设计暴雨包括平均雨强和时空变化两个部分，是先对统计降雨做频率分析，得到一定历时的设计雨量（平均雨强），再确定一种设计雨型（时空变化），得到设计暴雨过程。确定设计雨型是设计暴雨方法的重要环节，如短历时暴雨雨型在排水管道系统计算机模型建立时是必需的；研究雨水调蓄系统时，还需要用雨型进行设计校核，若设计雨型不合适，会引起很大误差。

国内外已有很多比较成熟的设计暴雨方法，其中国外开展相关研究较早。苏联的包高马佐娃等就提出了将雨型划分成七种类型，如图 2-5 所示。其中第 1、2、3 类为单峰雨型，雨峰分别在前、后和中部，第 4 类为大致分布均匀雨型，第 5、6、7 类为双峰雨型。随着计算机的应用，人们利用计算机来判断雨型属于哪一类别，即模糊识别法。这种方法是用时段雨量占总雨量的比例作为该场降雨的雨型指标，建立七种雨型的模式矩阵；再分别计算每场实际降雨与七种模式矩阵的择近原则，判断该场降雨属于哪种雨型。该方法对雨型划分比较细致，并可对大量数据进行分析，统计的准确性较高。

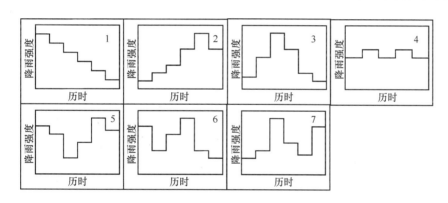

图 2-5 模式雨型的七种形式

美国习惯采用概化的暴雨时程分配雨型，主要有 SCS 雨型、Keifer & Chu 雨型（芝加哥雨型）、Huff 雨型、Pilgrim 和 Cordery 雨型、Yen 和 Chow 雨型（三角形雨型）。美国农业部水土保持局为绘制径流过程线，研制了 24h 雨量分配和 6h 雨量分配的 SCS 雨型，适用于不同地区。芝加哥雨型从各地区的暴雨强度公式导出，是在暴雨强度公式的基础上，统计综合雨峰位置系数后确定的，工程应用方便。Huff 根据最大雨强发生在历时的第一、第二、第三和第四等分段四种情况把时间分配成四类典型，并对每一类典型做出各种不同频率的无因次时间分配过程。统计发现，短历时暴雨多数属第一和第二分段组。Pilgrim 和 Cordery 研究了一种无级序平均法推求设计雨型。Yen 和 Chow 提出一种确定设计暴雨雨型的方法。其基本原理是根据选定的设计暴雨雨型的特征值，配合三角形、抛物线形概化，从而确定设计暴雨的时程分配。

国内研究方面，短历时暴雨雨型较少。直到 2014 年 5 月，中国气象局与住房和城乡建设部联合发布《城市暴雨强度公式编制和设计暴雨雨型确定技术导则》，对我国的短历时暴雨雨型的确定提供了参考方法，主要推荐的是芝加哥雨型。

我国暴雨的长历时设计雨型，一般是选取当地实测雨型，即选定典型暴雨，以不同时段的同频率设计雨量控制，进行同倍比或同频率分时段控制缩放。所谓的典型暴雨一般是指所选择的暴雨总量大，强度也大，能够比较真实地反映设计地区情况，符合设计要求，暴雨的分配形式接近多年平均和常遇工况，并且对工程的安全比较不利的暴雨过程。这种方法难以避免设计人员的主观任意性的缺点，并且对于如何选择暴雨也没有方法可循，一旦典型暴雨选择得不恰当，误差会比较大，并且直接影响工程安全和投资。

王家祁提出了"短推长"和"长包短"两种雨型方法，这两种方法选择降雨场次多，可以在很大程度上避免传统的以选择典型暴雨进行频率放大作为设计雨型导致偶然性较大的不足；北京市和西安市分别采用王家祁研究雨型的方法研究本地区的设计雨型，也取得了一定成果。

降雨历时是选择雨型推求方法的重要参数，在城市雨水排除系统设计中，选用不同降雨历时设计系统中的不同部分可能更合适。如对于管道排水系统，一般采用暴雨公式推求设计雨强，设计历时等于汇水面积的汇流时间，即汇水区域最远点水流到设计断面所需时间；对于城市中心小区，由于区域小，汇流快，侧重于峰值流量的推求，故历时一般不超过 2h。对于雨洪利用蓄水池，确定其容积大小需要确定整个一场雨所产生的径流体积（需要降雨量的信息），因此它所需的降雨历时比管道确定峰值流量的降雨历时要长。对于用于防洪的调蓄池和雨洪利用雨水蓄水池，设计时宜采用长历时雨型，已知美国、日本等国在防洪调蓄池容积计算时一般取 24h。对于平原河网，河道汇流时间与河道长度、河网调蓄库容、水闸和泵站调度方式、河道泵站的排水能力、汇水区域的产流量及产流过程均有密切关系，对于城市区域，一般不会超过 24h。

综合来说，雨型推求方法的选择取决于设计暴雨的降雨历时，对于城市河道、城市防洪所需的调蓄池、雨洪利用的雨水蓄水池等设施，设计时宜采用较长历时雨型（如 24h），可选用同频率分析方法（短推长或长包短）来推求；城市中小区由于区域小，汇流快，故在进行城市排水系统管道设计时，侧重于峰值流量的推求，一般不超过 2h，可选用芝加哥雨型来推求 2h 设计暴雨雨型。

以深圳市为例，设计暴雨历时选为 2h 和 24h。利用深圳市国家基础气象站 51 年的降雨资料，分别以 1min、5min 为单位时段，采用芝加哥雨型，根据深圳市现用暴雨强度公式，通过确定综合雨峰位置系数和累计降雨过程，得出重现期为 2～50 年，历时 2h 的降雨过程线。历时 2h，1min 间隔设计暴雨雨型为单峰雨（图 2-6），雨峰位置系数为 0.35，即第 42 个时段；历时 2h，5min 间隔设计暴雨雨型为单峰雨（图 2-7），雨峰位置系数为 0.35，即第 9 个时段。采用同频率分析方法推求三个地区 24h 统计雨型，重现期为 2～10 年、20～100 年。

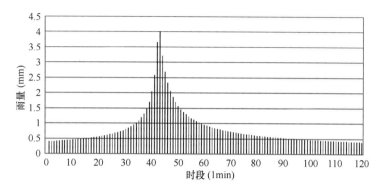

图 2-6　深圳市历时 2h，1min 间隔设计暴雨雨型

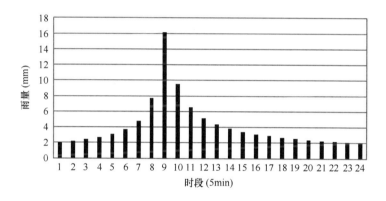

图 2-7　深圳市历时 2h，5min 间隔设计暴雨雨型

2.2　产汇流理论与计算模型

2.2.1　产汇流过程

由降雨开始到径流从流域出口断面流出的整个物理过程称为径流的形成过程。径流形成的过程是降雨、地形、土壤、地质、植被以及人为活动共同作用和影响的结果，是一个非常复杂的物理过程，包含着各种径流成分的形成机制，以及径流从坡面向河网汇集，再从河网向流域出口汇集的整个过程。降雨的形式不同，径流的形成过程也各异。在相同降雨条件下，区域的土地利用状况、地形地貌、土壤地质条件不同，其径流形成过程也千差万别。

根据径流形成过程中各个阶段的特点，通常把径流的形成划分为蓄渗、坡面汇流、河网汇流三个过程。径流形成过程中的蓄渗过程称为产流过程，坡面汇流与河网汇流合称为汇流过程。径流形成过程的实质是水分在区域的再分配与运行过程。在产流过程中，水以垂直方向的运动为主，主要是降水在流域空间上的再分配过程，也是构成不同产流机制的过程和形成不同径流成分的过程。在汇流过程中，水以水平方向的运动为主，水平运行的结果构成了降水在时程上的再分配过程（图2-8）。

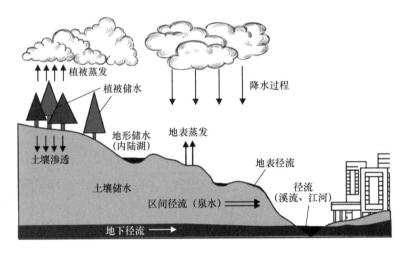

图 2-8　产汇流过程示意图

1. 蓄渗

降雨开始时，除一小部分降落在河床上的降雨直接进入河流形成径流外，大部分降雨并不立刻产生径流，而是要消耗于植物截留、枯枝落叶吸水、下渗、填洼与蒸发。在径流形成之前，降雨满足植物截留、枯枝落叶拦蓄、下渗、填洼的过程称为蓄渗过程。流域蓄渗过程中，降水必须满足植物截留损失、枯枝落叶拦蓄损失、下渗损失、填洼损失四种损失后才能形成径流，因此，蓄渗过程也称为损失过程。在蓄渗过程中产生地表径流、壤中径流和地下径流三种径流形式，因此，蓄渗过程也称为产流过程。

地表径流的形成分为超渗产流（图2-9）和蓄满产流（图2-10）两种方式。

当降雨强度大于土壤下渗强度时，到达地面的水量多于渗入土壤中的水量，地面就会形成积水（超渗水），如果地面有坡度，这些多余的水就会沿地表流动形成地表径流，即超渗产流。其特点有：①包气带土壤含水量总是达不到田间持水量（蓄水容量），但也可以产生地表径流 R_s，原因是降雨强度 i > 土壤入渗能力 f_p；②径流量 R 中仅是地

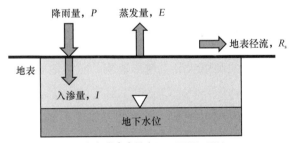

包气带含水量由 $W_0 \rightarrow W_e (W_e < W_m)$

W_0—降雨开始时包气带的含水量；W_e—降雨结束时包气带的含水量；W_m—田间持水量（蓄水容量）

图 2-9　超渗产流原理示意图

面径流，没有地下径流，即 $R=R_s$。

当降水强度小于土壤下渗强度时，所有到达地表的降水全部渗入土壤之中，但土壤中能够蓄水的孔隙是有限的，当土中所有孔都被降水充满后，后续降水不可能渗入土壤，这些不能再渗入土壤中的"多余的水分"便在地表形成积水，如果地面有坡度，这些多余的水就会沿地表流动形成地表径流，即为蓄满产流。蓄满产流取决于降水量与土壤缺水量的对比，受控于降雨量，而与降雨强度关系不大。蓄满产流多发生在土壤颗粒较粗、下渗能力较强的地区。其特点有：①包气带土壤含水量达到田间持水量（蓄水容量）后，才产生地下径流 R_g；②径流量 R 中包括地面径流和地下径流，总径流量为：$R=R_s+R_g$。

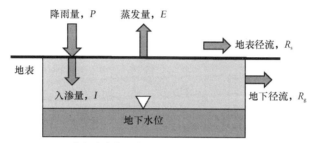

包气带含水量由 $W_0 \rightarrow W_e (W_e=W_m)$

W_0—降雨开始时包气带的含水量；W_e—降雨结束时包气带的含水量；W_m—田间持水量（蓄水容量）

图 2-10　蓄满产流原理示意图

2. 坡面汇流

降水在扣除植物截留、枯枝落叶拦蓄、下渗、填洼四种损失后，形成的地表径流在坡面上向溪沟流动的现象称为坡面汇流。坡面汇流首先发生在蓄渗量容易得到满足的地方。

地表径流、壤中流、地下径流的汇流过程，构成了坡面汇流的全部内容。在坡面汇流过程中，地表径流一方面继续接受降水的直接补给而增加，另一方面又在流动过程中不断地消耗于下渗和蒸发，使地表径流减少。地表径流的产流过程与坡面汇流过程是相互交织在一起的，前者是后者发生的必要条件，后者是前者的继续和发展。壤中流和地下径流也同样沿坡地土层进行汇流，但它们都是在有孔介质中的水流运动，因此，流速要比地表径流慢。壤中流在总径流中的比例与流域土壤和地质条件有关。当表层土层薄、透水性好、有相对不透水层时，可能产生大量的壤中流，此时壤中流将成为河流流量的主要组成部分。地下径流因其埋藏较深，且受地质条件的约束，流动速度缓慢，变化较小，对河流的补给时间长，补给量稳定，是构成河川基流的主要成分。壤中流在汇流过程中与地表径流可以相互转化。

3. 河网汇流

各种径流成分经过坡面汇流注入河网后，沿河网向流域出口断面汇集的过程称为河网汇流过程。河网汇流过程自坡面汇流注入河网开始，直至将最后汇入河网的径流输送到出口断面为止。河岸容蓄与河网容蓄统称为河网调蓄。河网调蓄是对降水量在时程上的又一次再分配，因此，流域出口断面的流量过程线远比降水过程线平缓，而且滞后。河网汇流过程是河网中不稳定水流的运动过程，是洪水波的形成和运动过程，而河流断面上水位、流量的变化过程是洪水波通过该断面的直接反映。

当洪水波全部通过出口断面时，河流水位及流量恢复到原有的稳定状态，一次降水的径流形成过程结束（图 2-11）。

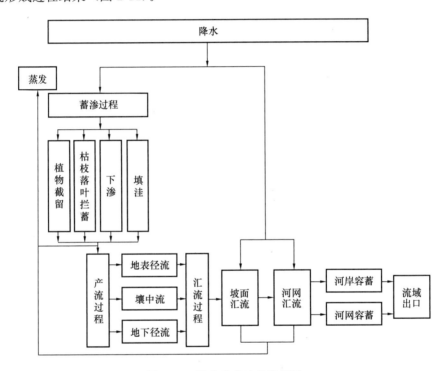

图 2-11　径流形成过程流程图

2.2.2　产汇流影响因素

产汇流的主要影响因素包括降雨、蒸发、下垫面。

1. 降雨

产汇流过程是降雨的直接产物，因此，降雨量、降雨强度、降雨过程及降雨在流域空间上的分布对产汇流有直接影响。径流的直接和间接来源都是降雨，在降雨强度一定的情况下，径流量与降雨量成正比，降雨量越多径流量越大。降雨强度决定产流过程中植物截留损失量和下渗损失量，在降雨量一定的情况下，降雨强度越大，产流损失越小，径流量越多，洪峰流量越高，径流过程线越尖峭。

不同的降雨过程形成的径流过程和径流量也不尽相同。对于先大后小型降雨，前期降雨强度大但土壤含水量低，下渗能力强，后期随土壤水量增加下渗强度减弱但降雨强度也减弱，因此径流产流不一定多。对于先小后大型降雨，前期降雨强度小且土壤下渗能力强，几乎不产生径流，后期降雨强度激增但土壤下渗能力减弱，可能形成大量径流。

此外，降雨空间分布也会影响径流。如降雨中心自上游向下游移动，上游产生的径流将和下流径流形成叠加，下游洪峰流量可能加大。

2. 蒸发

蒸发消耗降雨且影响径流的形成。大部分降雨最终都以蒸发的形式返回大气，在北方干旱地区蒸发消耗 $80\% \sim 90\%$ 的降雨，南方湿润地区这一比例也可达 $30\% \sim 50\%$。如果某一地区蒸发量大，则植物截留、枯枝落叶拦蓄、下渗、填洼四种损失量将增大，相应径流量将减少。

3. 下垫面

下垫面是接受降雨的面，对蒸发、下渗、产汇流等过程都有重大影响。具体因素包括地理位置、地形地貌、地质土壤、流域面积、流域形状、土地利用类型和植被等。

2.2.3　城市化对产汇流的影响

随着城市化进程加快，大面积不透水面取代原有透水、湿润的自然表面，使得城市地区水文过程发生巨大变化（图 2-12）。国内外研究表明：透水下垫面向不透水下垫面的转化，使得径流量增加，产流时间提前，洪峰流量增大，峰现时间提前，以及洪灾重现期增加。

部分学者就不同下垫面条件的产流情况进行了研究，刘慧娟等通过实验对城市典型下垫面产流过程进行模拟，发现不透水面产流效率大于透水砖、绿地。部分学者研究发现径流系数与不透水面积比呈明显的正相关关系。Olivera 等发现，当 White Osk Bayou 流域的不透水下垫面比例达到 10% 时，该流域年径流深增加 146%，其中城市化贡献率为 77%。在汇流方面，广场、柏油马路等不透水下垫面较城市化前下垫面糙率减小，使得地表汇流速度加快，从而导致峰现时间提前。左仲国的研究表明，随着城市下垫面的变化，深圳河干流"百年一遇"洪水汇流时间减少了 $15.4\% \sim 21.7\%$。近年来，不透水面的连通性对地表水文过程的影响也逐渐引起学者关注。有效不透水面是指直接与相近的透水区域连通或产流直接进入城市雨水排放系统的透水面，它可能是造成大部分径流变化的原因。因此，相比于总不透水面，有效不透水面被认为是一个更现实的城市影响径流的指标。

此外，填湖等行为使城市内河湖大面积萎缩，陆面塘堰和湿地面积减少，导致天然蓄水空间减少，产流量增加；给水排水管网建设使得城市汇流过程较天然情况显著变化，汇流途径缩短，汇流速度加快；河漫滩的开发占用，使得河道过水断面减小，导致洪水频率增加。综上所述，城市化对地表产汇流的影响是综合的、多方面的。

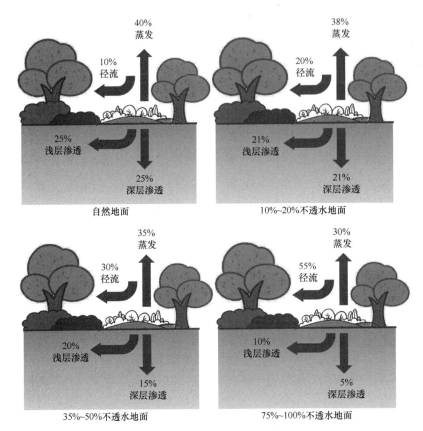

图 2-12   城市化影响径流示意图

2.2.4   产汇流计算模型

城市雨洪模型是研究城市雨洪特性的重要手段，城市雨洪产汇流计算则是建立城市雨洪模型的基础。相较于天然流域，城市区域产汇流有明显区别，针对城市区域产汇流特性，其计算过程可归纳为城市雨洪产流计算、城市雨洪地表汇流计算和城市雨洪管网汇流计算。

城市雨洪产流计算主要描述降雨产流过程。城市下垫面种类复杂，为城市产流计算带来了巨大的困难。目前常见的产流计算方法可分为统计分析法、下渗曲线法（图 2-13）以及模型法，其中统计分析法中的 SCS 法，下渗曲线法中的 Green-Ampt 下渗曲线和 Horton 下渗曲线应用较广。尽管这些方法已被广泛应用于城市雨洪模型中，但计算精度依旧偏低，探索产流规律，准确、系统地描述城市复杂下垫面的产流过程，已成为提高产流计算精度的关键。

城市雨洪地表汇流计算主要描述城市地表汇流过程，即各排水子流域的降雨汇集到出水口控制断面或直接排入河道的过程。城市地表汇流计算使用水文学方法和水动力学方法。水文学方法是基于系统的思想，建立输入与输出之间的关系来模拟地表汇流，常见的方法包括推理公式法、等流时线法、瞬时单位线法、线性水库和非线性水库法。

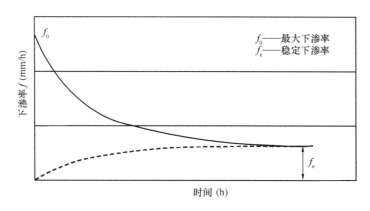

图 2-13　下渗曲线示意图

水动力学方法基于微观物理定律，通过求解圣维南方程组或其简化形式，可得到较详尽的地表汇流过程。

城市雨水管网汇流计算相对成熟，常用方法包括简单的水文学方法和复杂的水动力学方法。水文学方法包括瞬时单位线法和马斯京根法。其中，马斯京根法计算相对简便，参数少，资料要求较低，计算精度较高，应用较广。水动力学方法在圣维南方程的基础上，采用其简化形式，主要包括运动波、扩散波和动力波。

20 世纪 70 年代起，随着部分政府机构推动城市雨洪模型研发工作，城市雨洪模型得到了迅速的发展。根据城市雨洪模型的发展历程，可将其分为经验性模型、概念性模型和物理性模型三个阶段。经验性模型又称"黑箱"模型，它基于对输入输出序列的经验来建模；概念性模型是基于水量平衡原理构建的，具有一定的物理意义；物理性模型以水动力学为理论依据，具有较强的物理基础。

目前，国外已开发出多种城市雨洪模型，包括 SWMM（Storm Water Management Model）、HSPF（Hydrological Simulation Program-Fortran）、InfoWorks ICM、MOUSE（Modeling of Urban Sewer）等。其中 SWMM 应用最为广泛，它是美国环境保护局于 1971 年开发的动态降雨径流模型。SWMM 将每个子流域概化成透水面、有蓄滞库容的不透水面和无蓄滞库容的不透水面三部分，利用下渗扣损法（Horton、Green-Ampt）和 SCS 法进行产流计算。地表汇流采用非线性水库法，管网汇流提供了恒定流演算、动力波演算和运动波演算三种方法。该模型可进行城市地表径流分布式模拟，定量分析区域水质和排污情况，预报排水系统和受纳水体中各点水流和水质状况，适用于排水系统的规划、分析、设计以及管理措施的评估。

我国对该方面的研究起步较晚，20 世纪 90 年代以后，国内学者开始进行城市雨洪模型研究。1990 年，岑国平提出我国首个完整的城市雨水径流计算模型——城市雨水管道设计模型 SSCM，在此之后我国学者陆续进行城市雨洪模型的自主研发，包括周玉文和赵洪宾开发的城市雨水径流模型、徐向阳的平原城市雨洪模型、刘佳明的分布式城市雨洪模型等。相较于国外通用的城市雨洪模型，国内的城市雨洪模型功能相对单一且通用性较差，推广前景较差。

　　时变增益模型（Time Variant Gain Model，TVGM）是夏军于 1989—1995 年期间，在参加爱尔兰国立大学的国际河川水文预报研讨班时提出的一种非线性系统模型。传统的水文线性理论假定系统的增益（Gain Factor）为一固定常数。然而夏军教授通过分析全球 60 多个不同气候区域的流域实测长序列水文资料后，发现其增益并非常数，它与土壤湿度、流域下垫面特性以及气候特性等影响因素息息相关，并表现出地球水文系统固有的指数关系。时变增益模型是一种简单的系统关系，但是可以转化为与复杂的 Volterra 泛函非线性系统同构的形式，也就是说一种简单关系等价替代了复杂的水文系统。

　　时变增益模型得到了广泛的应用与认可。原始的时变增益模型未考虑地下水的影响，后引入地下水产流模块，将产汇流分别分为地表和地下两部分改进为多水源水文时变增益模型。夏军等将 TVGM 与空间数字化信息相结合，提出了分布式时变增益模型（Distributed Time Variant Gain Model，DTVGM），使模型可以拓展应用于流域的时空变化模拟；在传统 TVGM 的基础上，考虑城市不透水下垫面的产流特性差异，划分下垫面类型为透水区、低影响开发措施控制区和不透水区，分别进行产流计算，形成基于时变增益的城市非线性产流模型（TVGM＿Urban），如图 2-14 所示。刘慧媛等利用时变增益模型对湖北省三个典型中小流域进行实时预报研究，预报精度较高。蔡涛和于岚

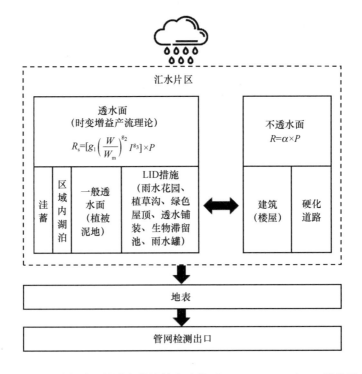

图 2-14　基于时变增益的城市非线性产流模型（TVGM＿Urban）结构示意图

岚将时变增益模型应用于辽宁省西部旱区,并与辽宁省非饱和模型进行对比,认为时变增益模型更适用于辽宁西部旱区的洪水预测。分布式时变增益模型被应用于黄河流域,并取得了较好的模拟效果。众多研究证明,时变增益模型能较好地模拟流域产流过程,该模型具有产流参数少、模拟精度高等优势,将其从流域范围发展到城市区域,对于改变城市区域产流模拟精度不高的现状有重要意义。

2.3 径流控制研究

2.3.1 概述

如前所述,城市化对城市雨水径流带来了诸多问题,人们逐渐认识到需要对城市雨水径流带来的洪水、内涝和污染事件加以控制。经多年研究和发展,城市雨水综合管理内涵已逐渐丰富。径流总量控制、径流峰值控制、径流污染控制是城市雨水综合管理的重要目标。

美国是最早开始城市暴雨径流控制研究的国家之一。分析美国雨水管理的发展历程可知,径流控制最初是为了解决雨水径流污染带来的水环境问题。径流污染是在降雨径流与地表污染物的相互作用下形成的,具有分布面广、产生量大、突发性强的特点。美国 EPA 数据显示,雨水径流污染导致的水体 BOD 负荷占 40%～80%,污染水体中主要污染源为城市雨水径流和其他城市面源污染的占 18%以上。

20 世纪 80 年代,美国环保署(EPA)在全国性合流制溢流和城市雨水径流排放评价项目中,首次提出了"年径流总量控制率""年雨量控制率"相关指标,以此评价合流制溢流污染控制和径流污染控制效果。当时的设施多为末端调蓄池,为计算设施规模提出了径流总量计算方法,即将多年降雨数据划分场次,将每一场降雨量乘以集水区域的径流系数,从而得到每场降雨的径流量,再将多年径流量按升序排序,计算出相对于某个百分点(如 80%)的年均径流控制总量值。

2009 年,美国《联邦项目暴雨管理技术指南》基于传统峰值流量控制设施在控制径流污染、恢复自然水文状态上的不足,提出径流总量控制,推荐采用降雨场次百分点法和长时期连续数值模拟法来确定径流控制指标。降雨场次百分点法即统计分析降雨场次率对应的 24h 降雨量来确定总量控制目标,并确定 95%作为降雨场次控制百分点。控制降雨场次和控制初期降雨的理念是一致的:一年中大于 80%的降雨均为小量级降雨,这部分降雨的污染浓度最高。控制了 70%～80%场降雨,就控制了至少 70%～80%的面源污染。而且高强度的降雨可以在很大程度上稀释地面污染物,对河湖水生态危害相对较小。截至目前,美国有 30 个州提出了基于场次控制率、径流体积控制率及水质控制容积的雨水滞蓄和水质处理体积控制标准,大部分州场次控制率目标为 80%～90%。

国内相关研究起步较晚，北京市于 1998 年开始对城市雨水径流污染控制和雨水资源利用进行系统研究，对径流污染指标及变化范围对污染物的冲刷输送规律、主要影响因素、污染物负荷和控制对策等都进行了研究。截至 2006 年，我国首部雨水标准《建筑与小区雨水利用工程技术规范》GB 50400—2006 出台。2010 年启动的"低影响开发城市雨水系统研究与示范"国家重大水专项课题，对基于"低影响开发（LID）"与"绿色雨水基础设施（GI）"理念的城市雨水系统开展了较为深入的研究和工程示范。

2013 年，国务院及相关部门先后三次发文要求各地在建设过程中加强低影响开发建设模式的应用和推广工作，如 2013 年 9 月《国务院关于加强城市基础设施建设的意见》（国发〔2013〕36 号）提到"积极推行低影响开发建设模式，将建筑、小区雨水收集利用、可渗透面积、蓝线划定与保护等要求作为城市规划许可和项目建设的前置条件，因地制宜配套建设雨水滞渗、收集利用等削峰调蓄设施……"

2014 年发布的《海绵城市建设技术指南——低影响开发雨水系统构建（试行）》系统指导各地在新型城镇化建设过程中，推广和应用低影响开发建设模式，使城市开发建设后的水文特征接近开发前，有效缓解城市内涝、削减城市径流污染负荷、节约水资源、保护和改善城市生态环境，为建设具有自然积存、自然渗透、自然净化功能的海绵城市提供重要保障。该文件提出了海绵城市建设低影响开发雨水系统构建的基本原则，规划控制目标分解、落实及其构建技术框架，明确了城市规划、工程设计、建设、维护及管理过程中低影响开发雨水系统构建的内容、要求和方法，指出海绵城市的主要实施路径包括三方面内容：一是对城市原有生态系统的保护；二是生态恢复和修复；三是低影响开发。同时提供了我国部分实践案例，要求各地积极推行。

2.3.2　径流控制指标研究

如前所述，径流控制指标主要包括径流总量控制、径流峰值控制和径流污染控制三个方面。《海绵城市建设技术指南——低影响开发雨水系统构建（试行）》将年径流总量控制率作为径流总量控制的控制目标，采用 SS 作为径流污染物控制指标，径流峰值控制目标衔接《室外排水设计标准》GB 50014—2021 相关要求。

年径流总量控制率为根据多年日降雨量统计数据分析计算，通过自然和人工强化的渗透、储存、蒸发（腾）等方式，场地内累计全年得到控制（不外排）的雨量占全年总降雨量的百分比。雨水径流总量控制目标的确定应基于问题导向，综合考虑经济性、极端暴雨的影响、区域或具体项目条件等因素。《海绵城市建设技术指南——低影响开发雨水系统构建（试行）》考虑到我国城市的具体情况和差别，将我国分成了五个区域并给出了年径流总量控制目标指引（图 2-15）。

总量控制包括径流污染物总量和径流体积。因此，城市或开发区域年 SS 总量去除

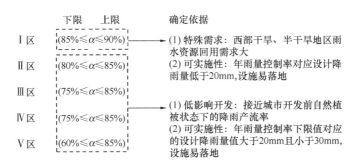

图 2-15　年径流总量控制率分区依据示意图

率，可通过不同区域、地块的年 SS 总量去除率经年径流总量（年均降雨量×综合雨量径流系数×汇水面积）加权平均计算得出。其中，年 SS 总量去除率＝年径流总量控制率×低影响开发设施对 SS 的平均去除率。

峰值控制指标是指为实现场地设计暴雨径流峰值不大于开发前的 24h 设计雨量。规定控制 2 年、10 年、100 年（部分区域）一遇 24h 设计暴雨外排流量峰值不大于开发前。早期的城市雨洪控制着重于径流峰值的控制。工程中一般利用雨水源头调蓄设施，通过排水设施流量控制实现不同设计频率的峰值削减。实现此目标所需要的调蓄容积，称为相应设计频率的"峰值控制容积"。

径流控制目标与各控制率指标之间的关系如图 2-16 所示。

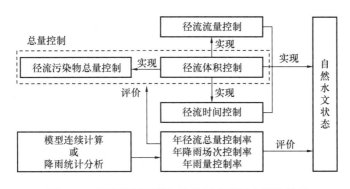

图 2-16　径流控制目标与各控制率指标之间的关系

我国海绵城市建设已从试点走向系统化全域示范，上述指标研究已较为深入，各地已相继出台指标要求及相关标准指引，应用实例亦十分丰富，故此处不再赘述其内涵及应用方法。下文将主要结合现有研究成果，对应用实践过程中易产生混淆的相关概念进行对比阐述。

1. 径流控制与降雨控制

根据《海绵城市建设技术指南——低影响开发雨水系统构建（试行）》起草人王文亮等的介绍，该"年径流总量控制率"数值依据是多年降雨资料统计得出的年雨量控制率，统计分析过程中将小于 2mm 的日降雨认为是不产流的，并进行了剔除。从概念上来说，降雨控制和径流控制有一定的区别：一方面，降雨和径流之间存在明显的非线性关系，因此降雨总量控制率与径流总量控制率并不相等；另一方面，径流除地表外排部分外，还存在壤中流和地下径流，此处并未考虑。因此，降雨总量控制率不等于径流总量控制率。若按美国 EPA 导则中降雨场次百分点法来确定控制目标，则径流控制和降雨控制是等效的，因为降雨场次控制率等于径流场次控制率而不受降雨—径流关系影响。尽管径流控制和降雨控制有所区别，但是需要明确，径流来源于降雨，通过降雨控制，也可以实现径流控制的效果。

2. 年径流总量控制和降雨场次控制

已有较多研究对美国 EPA 提出的降雨场次控制和《海绵城市建设技术指南——低影响开发雨水系统构建（试行）》提出的年径流总量控制（降雨总量控制）异同进行了比较（图 2-17）。综合来说，两者主要区别在于关注点是降雨量还是降雨次数。降雨场次控制统计多少频率的降雨事件会被控制住；降雨总量控制关注控制的雨量占总雨量的百分比。

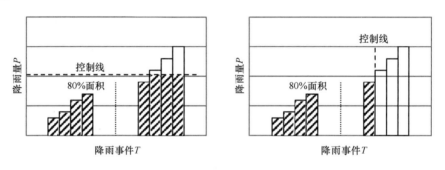

图 2-17　降雨总量控制和降雨场次控制原理示意图

车伍等认为，年径流总量控制率与年降雨场次控制率指标的统计方法、控制目标并无原则上的区别，两者都对应一定的设计降雨量，最终都是要有效控制径流总量和污染物总量。并且他们提出，90%～95% 年降雨场次控制率大致对应 80%～85% 的年径流总量控制率，两者的精确关系取决于各地基于降雨资料统计分析所得到的曲线关系。

但是 Guo 和潘国庆的研究表明，虽然降雨场次控制率和降雨总量控制率最终都是对应于特定的设计降雨量，其设计值之间有一定的对应关系，但是两种模式在同标准下不一定有等同的效果。相比年径流总量控制率，年降雨场次控制率更有实用意义，可避免年内一些特大暴雨对雨量设计的影响，又可以更好地控制初期雨水带来的污染负荷，起到径流污染控制效果。

王家彪等结合北京、武汉、广州等城市产流雨量设计结果，对两种降雨控制模式进行对比，发现同一城市相同控制率时，按降雨总量控制推求的设计降雨量要高于按场次控制；同一城市不同控制率时，两种模式下设计雨量的差异随控制率的增加而增加。两种降雨控制模式对《海绵城市建设技术指南——低影响开发雨水系统构建（试行）》

中 LID 目标的实现存在不同的影响。其中按降雨总量控制模式反映了城市的平均产流水平，有利于雨水资源化利用目标的实现；而按降雨场次控制模式能考虑具体降雨场次特征，反映出城市对场次降雨的消纳能力，有利于径流污染控制目标的实现。在 LID 建设时，不同城市应根据其主要控制目标和降雨特点进行降雨控制模式的选择，例如对于年大暴雨集中或以控制径流污染为主要目标的城市，建议按降雨场次控制模式进行雨量设计。但是从计算上来说，降雨场次控制率和降雨总量控制率还是有一定的对应关系，通过设计降雨量可以建立一定的数值关系。

3. 流量径流系数和雨量径流系数

相较于降雨体积控制等参数，排水技术人员更常用对应流量设计的径流系数。年径流总量控制率可通过日降雨量统计分析，折算到设计降雨量；通过径流系数，可说明降水量中有多少变成了径流。径流系数包括流量径流系数和雨量径流系数，后者比前者略小。用于管道设计流量计算的径流系数为流量径流系数，即形成高峰流量的历时内产生的径流量与降雨量之比；用于雨水径流总量计算的为雨量径流系数，即设定时间内产生的径流总量与总雨量之比。

《海绵城市建设技术指南——低影响开发雨水系统构建（试行）》在容积计算法介绍中采用了雨量径流系数，并给出了不同下垫面对应的雨量径流系数（表 2-2）。《建筑与小区雨水控制及利用工程技术规范》GB 50400—2016 明确，建设用地内对需控制利用的雨水径流总量计算中，应使用雨量径流系数，汇水面积的综合径流系数应按下垫面种类加权平均。

雨量径流系数　　　　　　　　　　　　　　　　表 2-2

序号	下垫面种类	雨量径流系数
1	硬屋面、未铺石子的平屋面、沥青屋面	0.80～0.90
2	铺石子的平屋面	0.60～0.70
3	绿化屋面（基质层厚度≥300mm）	0.30～0.40
4	混凝土和沥青路面	0.80～0.90
5	大块石等铺砌路面	0.50～0.60
6	沥青表面处理的碎石路面及广场	0.45～0.55
7	级配碎石路面及广场	0.40
8	干砌砖石或碎石路面及广场	0.40
9	非铺砌的土路面	0.30
10	绿地	0.15
11	水面	1.00
12	地下建筑覆土绿地（覆土厚度≥500mm）	0.15
13	地下建筑覆土绿地（覆土厚度＜500mm）	0.30～0.40
14	透水铺装地面	0.08～0.36

径流系数的影响因素较多，除与下垫面组成有关外，还与降雨强度或降雨重现期密切相关。任心欣等研究表明雨量径流系数与降雨频率、降雨量、降雨历时均有关系，降雨强度越弱，则雨量径流系数就越低，场径流总量控制率就越高，这主要是因为地表产流与降雨强度、土壤入渗能力有关，降雨强度超过土壤入渗能力则容易产生径流。在确定雨量径流系数目标时，需明确降雨条件（比如 2 年一遇 2h 降雨），否则容易造成概念模糊，无法评估。在指标体系中采用的核心指标应避免选择流量径流系数、径流系数或场综合雨量径流系数替代年径流总量控制率。

2.3.3　径流控制方法研究

径流总量控制途径包括雨水的下渗减排和直接集蓄利用。径流污染控制是低影响开发雨水系统的控制目标之一，既要控制分流制径流污染物总量，也要控制合流制溢流的频次或污染物总量。考虑到径流污染物变化的随机性和复杂性，径流污染控制目标一般也通过径流总量控制来实现，并结合径流雨水中污染物的平均浓度和低影响开发设施的污染物去除率确定。

不同量级降雨所产生的地表径流不同，对城市环境、生态、水资源和水安全的影响亦不同，径流控制措施及相应的控制目标也随之而变。径流总量控制的实施途径可以体现在"源头—过程—末端"三个环节（图 2-18）：①源头减排。通过渗透、滞蓄、利用等技术，实现雨水径流、面源污染的源头减控目标。②过程控制。分流、截污、调蓄技术有机结合，减少排入地下或地表水体的污染物数量，延缓和降低径流峰值（排水强

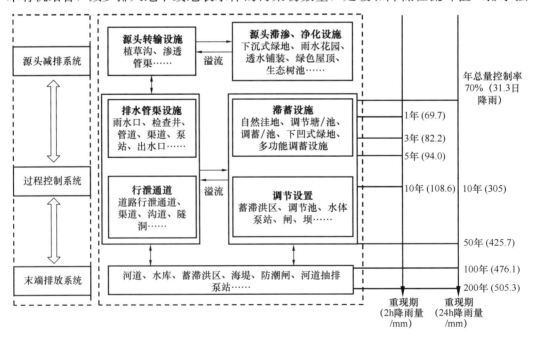

图 2-18　"源头—过程—末端"径流控制系统

度）。③末端排放。通过自然生态技术或人工净化技术来降解带入水体的径流污染物，削减峰值流量带来的影响。对于某一年径流总量控制率对应的设计降雨量，径流总量控制主要依靠源头减排系统，控制目标是保持城市化之前的降雨下渗水量。随着降雨量的增大，径流控制目标随之移向控制面源污染，防止水土流失及保护河湖生态，直至控制径流峰值，减少常见洪灾，以及实现对极端洪水和超标准洪水的管理。通过上述三方面的有机结合，实现山、水、林、田、湖、草各生态系统协调，通过因地制宜、灰绿结合、蓝绿融合，最大限度恢复城市开发建设前的自然水文状态。

低影响开发技术按主要功能一般可分为渗透、储存、调节、转输、截污净化等。通过各类技术的组合应用，可实现径流总量控制、径流峰值控制、径流污染控制、雨水资源化利用等目标。

常用的低影响开发设施（海绵设施）包括绿色屋顶、生物滞留设施、下沉式绿地、植草沟、透水铺装、蓄水池等。《海绵城市建设技术指南——低影响开发雨水系统构建（试行）》详细介绍了透水铺装、绿色屋顶等 17 类低影响开发设施的基本情况、适用性及优缺点，并对比分析了不同低影响设施的功能、控制目标、处置方式、经济性、污染物去除率、景观效果等。海绵设施的选择和应用对其产生的径流控制效果具有较大影响，主要体现在：

（1）不同设施，则效果不同。

（2）单一设施设计不同，则效果不同：以雨水花园为例，在其填料中添加一定比例有机质（硬木屑、草秆和落叶等）来增加土壤中的碳源可以提高污染物去除率；填料挑选大粒径颗粒可以显著增加下渗量等。

（3）单一设施应用比例不同，则效果不同：甘丹妮等对不同设施比例对径流控制效果的影响进行了对比模拟发现，在单个设施下，占屋顶面积 45% 的绿色屋顶、占绿地面积 10% 的生物滞留设施以及占不透水面积 60% 的渗透铺装成本效益最高，而对于不同 LID 设施而言，生物滞留设施的成本效益最高，绿色屋顶的成本效益最低。

（4）单一设施和设施组合应用的效果不同：朱寒松和雷向东等的研究表明，相比于单一海绵设施，设施组合在洪峰削减、峰现时间延迟和总流量削减方面均更优。

（5）设施组合方案不同，则效果不同。

因此，实践中，应结合不同区域水文地质、水资源等特点及技术经济条件进行分析，按照因地制宜和经济高效的原则选择低影响开发技术及其组合系统。此外，海绵设施受降雨频率与雨型、设施建设与维护管理条件等因素影响，一般对中、小降雨事件的峰值削减效果较好，对特大暴雨事件，虽仍可起到一定的错峰、延峰作用，但其峰值削减幅度往往较小。

第 3 章　国内外经验借鉴

本章主要从评价对象、评价指标及评价方法三个方面对国内外海绵城市建设效果的评价经验进行介绍、对比及总结，国外经验主要包括美国、英国、德国、新加坡及澳大利亚等，国内经验主要包括北京、重庆、深圳、广州、常德等。总体上来说，国外更加注重对海绵城市建设项目的舒适性、宜居性、美观性及对周边生态环境的影响等方面的评价，而国内则侧重于对海绵城市建设具体指标、海绵设施运行效果等方面的评价。

3.1　国外经验

在国外，海绵城市多以城市雨洪管理（Stormwater Management）的概念出现，国外对海绵城市的研究多集中于城市雨洪管理理念与城市雨洪管理的绩效评价。美国、英国、德国等发达国家对雨洪管理的探索较早，很多城市从立法、制度、技术体系上对雨洪管理进行了规定，已经形成了较为成熟的技术体系。本节将对美国、英国、德国、新加坡、澳大利亚五个国家的城市雨洪管理概况及评价体系进行介绍。

3.1.1　美国

1. 发展历程

1972 年，美国提出最佳雨洪管理实践（Best Management Practices，BMPs），即在特定条件下，控制雨水径流量以及改善雨水径流水质的最有效技术、措施或者工程设施。其主要目的是通过在非点源污染产生的源头、过程以及末端采取一系列措施，从而控制并削减由城市降雨造成的非点源污染。

1977 年，美国佛蒙特州的一个土地使用规划报告中首次出现低影响开发（Low Impact Development，LID）的概念。LID 旨在通过"自然的设计方法"来减少雨洪管理的成本。LID 的最初目的是通过利用现场布局和综合的管理措施来达到"自然"水文学效果。

20 世纪 90 年代，美国学者又提出了绿色基础设施（Green Infrastructure，GI）的概念。美国 EPA 等机构提出了 GI 在雨洪管理中的协助作用，于是现在 GI 一词经常与 BMPs 和 LID 互换使用。GI 定义为"分散的雨洪管理网络"，比如绿色屋顶、生态树池、雨水花园和可渗透人行道。这些绿色基础设施可以将降水就地吸收，从而减少了暴雨的径流量，提升了周边受纳水体的抵抗力。西雅图已经将绿色雨洪基础设施（GSI）

纳入设计规范，并在场地条件、工程学设计、财政支出和环境影响综合考虑下，寻求
GI 设计效果的最大化。

总体上，美国城市雨水管理理念的发展过程经历了"管渠排水→防涝与水质控制→
多目标控制以恢复自然水文循环"的转变过程。

2. 效果评价

2002 年，美国环保署颁布《美国城市雨水 BMP 效用监测指南》（Urban Stormwater
BMP Performance Monitoring），并建立了美国雨水 BMP 评价体系（图 3-1）。美国雨水
BMP 评价体系是指针对雨水设施运行效果评价的一系列量化、标准化的评价方法。评价
体系结合雨水 BMP 数据库，总结各类设施的运行功效，为设施后期维护和技术优化提供
了依据（表 3-1）。美国部分州和一些大城市也结合本地地理特征、气候条件颁布了针对本
地区雨水 BMP 检测的指导手册，如华盛顿州、明尼苏达州、马里兰州、西雅图等。

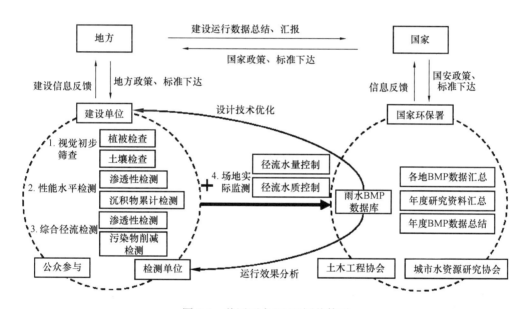

图 3-1　美国雨水 BMP 评价体系

美国雨水 BMP 评价方法一览表　　　　　　　　　　　表 3-1

评价对象	评价方法	评价目的	检测内容	评价指标	检测器材
BMP 设施	视觉初步筛查	检查 BMP 设施是否正常运行	植被检查、土壤检查	植物长势、土壤渗透性	土壤比色卡、直尺、植物学手册、摄像机
	性能水平检测	检测下渗性能和颗粒物削减能力	渗透性检测、沉积物累积检测	土壤渗透性、设施排空时间	双环渗透仪、Minidisk 土壤入渗仪、Philip Dunne 土壤入渗仪、Arc-view 软件支持
	综合径流检测	检测下渗性能和污染物削减效果	渗透性检测、污染物削减监测	渗透性、径流污染物总量控制	声波液位传感仪等

评价对象	评价方法	评价目的	检测内容	评价指标	检测器材
BMP 设施及场地	场地实际监测	检测下渗性能和污染物削减效果	径流水量控制、径流水质控制	城市雨洪峰流量控制、城市雨洪总量控制、径流污染物总量控制、对地下水回灌、接纳水体保护、生态敏感性	水量、水质等监测设备

雨水 BMP 评估体系评估流程可大致分为：①将各类设施进行分类管理，对雨水设施功能进行评估时，可采用视觉初步筛查、性能水平检测、综合径流检测等方法检查设施状况，考察区域内设施整体运行水平；②针对个别具有研究意义的示范设施，应结合场地实际监测，对设施状态、功能及运行机制等进行系统评估；③在对各类设施进行检测评估后，检测单位或研究人员需上传设施评估数据至雨水 BMP 数据库进行归纳总结，最终反馈给相关建设单位及科研单位。

雨水 BMP 评价对象多体现在 BMP 设施及场地层面，评价指标主要包括城市雨洪峰流量控制、城市雨洪总量控制、径流污染物总量控制、对地下水回灌和接纳水体保护等方面，评价方法包括视觉初步筛查、性能水平检测、综合径流检测、场地实地监测等。

视觉初步筛查主要是通过一系列视觉上的简单分类、判断，确定该设施是否正常运行，以快速检查 BMP 运行情况的方法。视觉初步筛查是评估体系中的第一步，以便检测人员可以通过观察设施的外观判断设施性能，如雨水花园的淹水情况、场地内植物种类与生长状况、植被在场地内的覆盖率、土壤的湿润度等。

性能水平检测主要是通过测试点来检测设施的透水性能及对沉积物的截留能力，分为渗透性能检测和沉积物截留检测。该方法是在视觉初步筛查的基础上，选择有下渗功能和截留功能的设施进行性能水平检测，可快速反映出场地透水性能及沉积物截留能力的空间分布情况。

综合径流检测主要是通过模拟降雨事件，通过仪器检测设施的径流总量削减情况、测定设施排空时间；并根据场地内不同目标污染物的浓度变化情况，评估设施的水质净化效果。

场地实际监测主要是通过监测发生降雨事件时设施的运行情况，在设施的入水口及出水口布设监测仪器，在自然降雨过程中完成采样及测定工作，最后进行数据分析。

低影响开发模式评价对象也多聚焦于设施及场地层面，评价指标主要包括峰值流量延迟、极端洪水控制、入渗、景观及社会效益等，评价方法包括模型模拟、现场监测等。

基于绿色基础设施建设模式的绿色基础设施评价方法（Green Infrastructure Assessment，GIA）最早应用于马里兰绿图规划，重点强调通过自然和人工手段将点、线、面状的自然生态基础要素连接为功能完整的生态网络体系，以实现生态可持续发展目标。GIA 要素评分等级体系包括网络中心和连接廊道两大方面，多用于城市区域层面等大尺度海绵城市建设效果的评价，评价指标涉及范围广，评价方法主要包括资料查阅、现场调查、模型评估、ArcGIS 平台分析等（表 3-2）。

美国雨洪综合管理效果评价一览表　　　　　　　　　　表 3-2

海绵城市建设模式	管理目标	相关标准规范及应用	评价对象	评价指标	评价方法
最佳雨洪管理实践	改建或新建开发区的雨水下泄量不得超过开发前水平；滞洪设施的最低容量均能控制 5 年一遇的暴雨径流	《美国城市雨水 BMP 效用监测指南》	设施、社区	（1）城市雨洪峰流量控制 （2）城市雨洪总量控制 （3）径流污染物总量控制 （4）对地下水回灌 （5）接纳水体保护 （6）生态敏感性	视觉初步筛查、性能水平检测、综合径流检测、场地实地监测
低影响开发	保持或再现开发前的水文状况；实现自然水文功能的保持以及对径流量和污染的控制	美国西雅图 High Point 社区引入多项 LID 措施，减少 30%～92% 暴雨径流，削减径流中约 30% 的污染物，延迟径流峰值 5～20min	设施、社区	（1）峰值流量延迟指标 （2）极端洪水控制指标 （3）入渗指标 （4）景观及社会效益指标	模型模拟、现场监测
绿色基础设施	保持和恢复生态系统的稳定性；实现生态系统的城市基础设施服务功能	马里兰州的绿色基础设施评价方法	区域、社区、场地、设施	包括网络中心和连接廊道两大方面，涉及河湖溪流、雨水花园、湿地、生物多样性等 49 项指标	资料查阅、现场调查、模型评估、ArcGIS 平台分析

评价指标上，与国内的差异主要体现在对地下水回灌、接纳水体保护、极端洪水控制指标，景观及社会效益指标等。对地下水回灌主要是指雨水经入渗后对地下水的补给作用；接纳水体保护主要体现在对场地地块雨水排入受纳水体所采取的水质保护等措施；极端洪水控制则是要求建设项目开发后 100 年一遇、24h 降雨的洪峰值不超过开发前的相应洪峰值，控制措施包括大型蓄滞和洪泛区管理；景观及社会效益指标则体现项目开发建设后带来的景观效益、项目宜居性、对周边环境的改善和提升等方面。极端洪水控制的主要目的为保持开发前 100 年一遇洪水的淹没范围、减少极端洪水所造成的生命与财产损失、保护城市防洪排涝设施及其他基础设施。

3.1.2 英国

1. 发展历程

针对传统城市排水体制容易产生洪涝、无法控制雨水污染和忽视生态环境发展等问题，在 20 世纪 90 年代末，英国提出了可持续排水系统（Sustainable Discharge System，SuDS）。可持续排水系统没有统一的定义，英国环保局将"可持续排水系统"定义为对地表水和地下水进行可持续管理的一系列技术。

2007 年极端暴雨天气导致英国境内多地发生洪涝灾害，损失高达 30 多亿英镑。自此，为有效应对地表径流引发的洪水，英国政府制定可持续排水战略，出台了《可持续排水体系设计指导原则》，用以指导具体设计实践。2010 年 4 月，英国议会通过《洪水与水管理法案》，规定所有新建项目都必须使用"可持续排水系统"，在项目开发前都要向政府有关部门提供项目的排水战略报告，若报告不被通过，项目就不能进一步开展。

可持续排水系统四大设计指导原则主要包括：①径流总量控制，具体体现在有效控制地表径流总量、有效控制洪水风险；②水质控制，指管理地表径流质量以防止污染，降低场地排水对周边河道水体水质的影响；③宜居性，减小场地开发对周边环境、居民生活带来的影响；④生物多样性，加强对自然栖息地及地方物种的保护，加强自然栖息地之间的联系等。

与传统的城市雨水处理和排放系统相比，可持续排水系统具有如下的突出特点：①排水渠道多样化，采用效仿自然的雨水控制技术措施，在源头对雨水形成控制，避免传统的管网系统仅利用排水管道作为唯一的排水出口；②传统的排水系统没有考虑初期的雨水污染问题，可持续排水设施具有滞蓄、过滤、净化等作用，可有效减少初期雨水的污染，降低排入河道的污染物总量；③可持续排水系统将雨水作为一种宝贵的水资源考虑，尽可能重复利用降雨等地表水资源（图 3-2）。

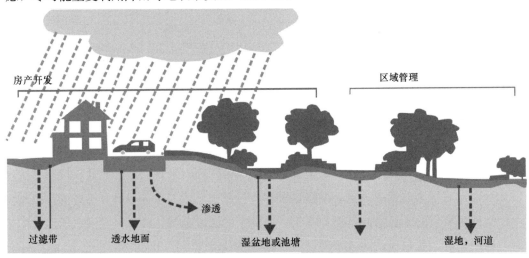

图 3-2 可持续性排水系统原理图

2. 效果评价

可持续排水系统要求从开发项目相关的出水口河道水体、开发区流域范围、过境流量和邻近地块等影响排水的四个方面评估开发项目的排水战略报告，主要包括对出水口河道水体水质变化、项目开发前后场地范围内综合径流系数变化、外排水总量变化，以及对周边地块、环境的影响等方面的评价。首先需对比分析项目开发前后，项目占地范围内综合径流系数的变化以及外排水总量变化，可持续排水系统要求项目开发后的外排水总量不得大于项目开发前；其次需分析出水口河道水体水质变化情况及项目开发对周边地块、居民生活的影响。

评价目标中最重要的是要保证新建和改造项目在雨水管渠及内涝防治设计重现期下，项目的外排水总量不大于建设前的水平。评估对象为新建、改造项目，评价指标主要包括开发前后的雨水径流量、外排水总量、受纳水体水质、对邻近地块的影响等，评估方法可采用计算法、模型模拟和场地监测相结合的方法（表3-3）。

英国海绵城市建设效果评价一览表　　　　　　　　　　　　　　　　表 3-3

海绵城市建设模式	管理目标	相关标准规范	评价对象	评价指标	评价方法
可持续排水系统	对地表水和地下水进行可持续式管理	《可持续排水体系设计指导原则》	新建、改造项目	（1）开发前后的雨水径流量 （2）开发前后的外排水总量 （3）出水口河道水体水质 （4）对邻近地块的影响	计算法、模型模拟和场地监测相结合的方法

英国诺丁汉大学朱比利校区就是贯彻可持续排水设计理念的优秀典范项目，在排水设计及建筑设计方面强调可持续、能源保护、栖息地的创造、生物多样性等（图3-3）。

图 3-3　英国诺丁汉大学朱比利校区可持续排水设计

可持续排水设计理念重点体现在为雨水及冷却水的排放配置设置了充足的存放空间，包括冲沟、人工湖和泄洪系统；除停车场、车行道及人行道外，其余地面采用绿地或渗透性铺面，增强了地面的渗透性能；种植景观性较强并有清洁作用的植物，以维持水体的自净功能、提升水体景观；注重对水体及动植物景观的维护，同时注重对动物栖息地的保护。

3.1.3　德国

1. 发展历程

在德国，雨洪管理行业从 20 世纪 80 年代开始向低影响策略和技术方向转变。其最初的重点在于独立的技术，包括渗透、绿色屋顶和集雨技术等。20 世纪 90 年代，德国开始在城市规划领域使用综合的分散型技术来处理雨洪管理问题，并提出了自然开放式排水系统（Natural Drainage System，NDS）。自然开放式排水系统作为一种设计策略，其目标是针对城市水生态环境的问题，降低雨水径流量，连通雨水设施廊道，削减初期雨水中的污染物含量。

德国应对雨洪管理所采取的措施主要分为四类，分别是提高路面透水性、雨水根据污染程度进行分类、增加雨水渗滤、强化雨水的储存和利用，其核心在于雨水的收集处理和雨污分流。德国法律规定新建、改（扩）建的大型公用建筑及居住区，必须采用雨水利用相关措施，如不采用，政府将不予立项。1989 年，德国颁布了《雨水利用设施标准》，推动工厂大量修建雨水利用工程，规模较大的小区逐步开始综合利用雨水，德国的雨水利用自此逐步转向集成化、综合化。

德国非常注重雨水集蓄系统建设，德国立法规定在新建小区之前，无论是工业、商用还是居民区，均要设计雨水集蓄设施，否则政府将征收雨水排放设施费和雨水排放费。德国还是最早开始推广绿色屋顶应用的国家，德国大量城市都规定新建平顶建筑需建设绿色屋顶，比如慕尼黑在 1996 年开始要求，大于 $100m^2$ 的平顶需建设成片且持久的绿化。德国的居民区大都铺设了绿色屋顶，早在 1927 年，德国柏林的百货公司屋顶上就建立了当时世界上最大的绿色屋顶花园，经过多年的发展，德国已成为屋顶绿化最先进的国家。此外，德国非机动车道、步行街、广场等公共区域都采用了透水材料铺装，增加雨水的渗透。

2. 效果评价

德国主要通过统一的政府管理制度、征收雨水排放费、法律法规制度等方面来持续推进城市雨洪管理，将对地块的雨洪管理纳入强条管理，对雨洪管理效果进行评价，重点关注建设项目非渗透性地面比例、绿化比例、雨水集蓄利用等（图 3-4）。

德国水务事项均由水资源管理部门统一协调管理，包括雨水、地表水、地下水及污水等水资源循环的所有环节。德国的水资源管理部门分为国家、州、地区和县四级，形

慕尼黑Riemer Park透水地面

慕尼黑国王广场透水地面

下沉式绿地

透水地面

图 3-4　德国慕尼黑优秀项目照片

成了从国家到地方的统一管理体系，实行水资源的保护与监测统一、水资源开发与管理统一、供水与排水统一、利用与保护统一。

德国初级雨水管理主要是依靠政府的行政命令或补贴来促使城市居民对雨水进行收集利用，后期为了实现排入管网的雨水径流量零增长目标，德国各州、市（区、县）陆续开始征收雨水排放费，所征款项全部用于雨水利用及相关事项的资助与贴补。各州根据相关行政管理条例结合城市的硬化面积大小、雨水的径流量等因素制定雨水收费标准。自此，德国各州逐步形成了以征收雨水排放费为核心的经济激励机制。

德国法律规定，利用公共绿地建设住宅的公民，有义务恢复所占土地资源的雨水循环过程。新建、改（扩）建的大型公用建筑及居住区，如不进行雨水收集利用，政府将不予立项。德国雨洪管理并未开展专门的效果检测或评价，主要是依靠政府管理、法律法规、征收雨水排放费等措施来约束项目建设，推动城市雨洪管理。各类项目为避免缴纳雨水排放费，采取的措施主要包括增加渗透性地面比例，采用雨污分流的排水体制，优先选用具有雨水滞蓄、下渗功能的海绵设施，加强雨水储蓄利用等。

德国海绵城市中每个地块即为一个"海绵模块"，不管是公共项目还是私人项目，每个项目都必须满足雨水沉降和引流的具体要求，从而达到整个城市在强降雨中的正常运转。为了最大限度减小非渗透性面积，德国的建筑和排水规范中明确规定，场地排水原则上不允许外排，非渗透性面积超过 $800m^2$ 的建设地块，须出具"积水证明"，证明该建设地块有抵御大量降水的能力，如没有这份证明，则该地块不被批准建设。德国政府还会根据每个建设项目非渗透性地面的面积来收取雨水排放费，计算原则为通过市政管道排水的非渗透性面积乘以单位面积费用。德国在《联邦建筑规范》中规定，新建、改（扩）建的大型公用建筑及居住区，如不采用雨水利用的相关措施，政府将不予立项（表 3-4）。

德国海绵城市建设效果评价一览表   表 3-4

海绵城市建设模式	管理目标	相关标准规范	评价对象	评价指标	落实政策
自然开放式排水系统	降低雨水径流量，连通雨水设施廊道，削减初期雨水中的污染物含量	《联邦建筑规范》《联邦水法》《联邦自然保护法》《废水收费法》	新建、改（扩）建项目	(1) 非渗透性面积 (2) 雨水径流量 (3) 雨水集蓄利用 (4) 绿化比例	城市规划建设许可制度、征收雨水排放费、法律法规制度

3.1.4　新加坡

1. 发展历程

为解决国家水资源危机，2006 年新加坡国家水务局、公用事业局联合发起了"活力、美观、清洁"的 ABC（活力 Active、美观 Beautiful、洁净 Clean Water）水计划，转变既有功能单一、实用性差的排水沟渠、河道、蓄水池，结合城市景观，整合周边的土地开发，打造充满生机、美观的溪流、河湖，创建更宜居和可持续的滨水休闲、社区活动空间。ABC 水计划的目的是转变新加坡的水体结构，超越防洪、供水排水功能，提出"源头、过程、末端"雨水径流整体解决方案（图 3-5）。

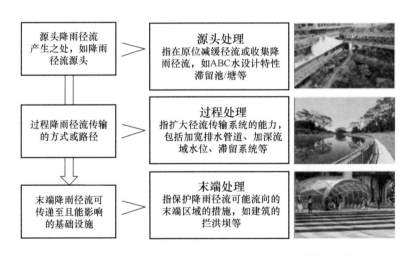

图 3-5　新加坡"源头、过程、末端"雨水径流整体解决方案

2006 年由安博戴水道（Ramboll Studio Dreiseitl）、新加坡公共事务局和国家公园委员会共同参与合作完成的《中央地区水环境总体规划》和《ABC 水共享项目设计导则》发布并开始推行。ABC 水共享项目设计导则中，在整体雨洪管理中加入 ABC 水域管理策略，主要涉及三大要素：集水区要素、处理要素、输送和储水要素。

2. 效果评价

2010 年 7 月 1 日，新加坡公共事业局推出 ABC 城市水域景观设计认证计划，旨在认可接纳具有 ABC 水域设计理念的景观设计项目，确保设计景观符合最低的设计标准。ABC 水计划评价包括活跃（30 分）、美观（30 分）、洁净（30 分）和创新（10 分）四方面，参与评价的项目至少需获得 45 分，其中前三类每类得分在 5 分以上，具体评价内容主要包括对周边社区的影响、资本介入和社区参与、与景观环境的融合、雨水收集和利用等（表 3-5）。

对周边社区的影响主要体现在项目为社区空间和公众娱乐提供设施及教育价值等方面，包括提供开发区内如观景台、木栈道、水道或座椅空间等亲水活动设施，已提供设施的可及性和安全性，水域景观的可维护性，用于解释水资源、自然、ABC 城市设计导则等知识的标语标牌等公众教育设施。资本介入和社区参与则主要指在开发区域内组织可盈利项目和公众参与的社区活动，并制定计划确保活动的可持续性、给城市居民生活带来便利性等。与景观环境的融合包括采用植被洼地、生物滞留设施等取代混凝土排水道以增强地面水排水设施的美学性，采用绿色屋顶增强天台/屋顶的美学性，采用垂直绿化以增强城市立面的美学性等美化措施及植物培育、生态环境的创造、生物多样性的提高等方面。

新加坡海绵城市建设效果评价一览表　　　　表 3-5

海绵城市建设模式	管理目标	相关标准规范	评价对象	评价指标	
				分类	具体评价内容
ABC 水计划	转变单一的雨洪管理模式至景观雨洪相结合的综合管理模式	《ABC 水共享项目设计导则》	ABC 水共享项目	活跃（30 分）	（1）为新型社区空间和公众娱乐提供设施，同时附带教育价值（20 分） （2）资本介入和社区参与（10 分）
				美观（30 分）	（1）将水景和建筑物结合（20 分） （2）与景观环境结合（10 分）
				洁净（30 分）	（1）融入 ABC 水域设计景观，处理现场的地表径流（20 分） （2）整体雨洪管理（雨水收集和重复使用）（10 分）
				创新（10 分）	将创新性 ABC 水域设计融入各个项目

ABC 水计划代表项目有新加坡碧山宏茂桥公园与加冷河修复工程（图 3-6）等。碧山宏茂桥公园建成于 20 世纪 60 年代末，沿碧山宏茂桥公园边缘"行走"的加冷河是一条坚硬的混凝土排水渠。因公园是建造于填埋土地之上的，所以场地排水困难。改造之前的碧山公园生物种类单一、植物景观单调。项目的设计重点是转换原有混凝土排水渠成为一条有自然式河岸结构、并与公园完美融合的河流水体。项目将长 2.7km 的笔直

混凝土排水渠改造成为长 3.2km 的弯曲、自然式河流，蜿蜒穿过公园。对基础设施、景观进行了提升，改善了公园环境。

图 3-6　ABC 水计划代表项目（新加坡碧山宏茂桥公园与加冷河修复工程）

资料来源：https://www.ideabooom.com/8194（新加坡碧山宏茂桥公园

和加冷河修复 Bishan Ang Mo Kio Park by Ramboll Studio)

3.1.5　澳大利亚

1. 发展历程

20 世纪 90 年代，澳大利亚提出水敏感城市设计（Water Sensitive Urban Design，WSUD）。2004 年，澳大利亚政府明确定义 WSUD 是将城市规划设计与城市水循环的管理、保护相结合的可持续策略，确保城市水管理对于自然水文环境的可持续，在水管理目标与城市设计目标之间探寻最佳解决方式，是令"水—环境—社会"通往更和谐之路的途径。WSUD 旨在通过在城市到场地的不同空间尺度上将城市规划和设计与供水、污水、雨水、地下水等设施结合起来，使城市规划和城市水循环管理有机结合并达到最优化，重点任务是雨洪水量控制、水质控制以及雨水再利用。

2009 年 7 月，澳大利亚水敏感城市联合指导委员会印发了国家指南《水敏城市设计评价方案》，制定了水敏感城市设计目标、原则和技术措施。

2. 效果评价

水敏感城市设计评价对象为项目及社区。评价指标主要包括水质，饮用水量减少及替代供水，节能、宜居性，以及环境保护、建设意识和教育四大方面。其中，饮用水量减少及替代供水主要体现在节约饮用水量或提高供水量方面，宜居性和环境保护是指在区域范围内，能够提供有价值的功能性绿色空间或为区域自然资产提供重要保护等。评价方法包括资料查阅、收集、民众评估、监测等（表3-6）。

澳大利亚海绵城市建设效果评价一览表　　　　　　　　　表3-6

海绵城市建设模式	管理目标	相关标准规范及应用	评价对象	评价指标	评价方法
水敏感城市设计	雨洪水量控制、水质控制以及雨水再利用	《水敏城市设计评价方案》	项目、社区	（1）水质（去除城市雨洪污染物、总悬浮固体（TSS）、总磷（TP）、总氮（TN）等方面的效果） （2）饮用水量减少及替代供水 （3）节能、宜居性 （4）环境保护、建设意识和教育	资料查阅、收集、民众评价、监测

2012年，金斯顿市政委员会委托AECOM咨询设计公司对该市部分水敏感城市设计项目进行了评价，选取了四个评价项目，评价结果如表3-7所示。希斯顿休闲区—雨洪收集项目主要利用开放的雨水排水渠，每年提供一定量的雨水用于灌溉相邻的休闲区，并为街道树浇灌供水。评价结果显示，该项目在五个指标中的表现都较好，特别是在水质和饮用水减少及替代供水两个方面得分均为"非常高"，其他三个方面也均为"高"，由此可见，该项目的实施基本达到了预期目标，是一个成功的水敏感城市设计项目。

澳大利亚金斯顿市四个项目的水敏感城市评分结果　　　　表3-7

评价指标	金斯顿工业雨洪项目	希斯顿休闲区—雨洪收集项目	金斯顿市政厅无水便池项目	金斯顿暖季草转换项目
水质	非常高	非常高	没变化	没变化
饮用水量减少及替代供水	高	非常高	高	高
节能	高	高	没变化	没变化
宜居性和环境保护	中等	高	没变化	高
建设意识和教育	非常高	高	高	高

3.1.6 经验总结

美国、英国、德国等发达国家对雨洪管理工作起步较早，许多国家已将雨洪管理纳入法律法规及相关规章制度，因此，项目初期及建设过程中已对建设项目建立了完善的管控制度及建设要求，建设项目的海绵设施完成度高、功能景观效果好。

通过对比发现，大多数发达国家未像我国一样在全国范围内开展海绵城市建设效果的检验及评价工作，除美国、澳大利亚将评价对象扩大到区域、社区外，其他国家对城市雨洪管理绩效的评价多限于项目层面。评价指标除关注雨洪总量控制、洪峰流量控制、污染物总量控制、水体水质、雨水集蓄利用等项目本身的指标外，国外国家还重点关注社会参与、宜居性、景观协调性、环境保护、教育价值等社会指标，将评价内容扩展到项目与周边地块、居民生活、生态等的关联关系上。评价方法上国外多采用场地实地监测、模型模拟、视觉评估、资料查阅、计算等方法，与国内城市的评价手段大多相同（表 3-8）。

国外部分国家雨洪管理效果评价汇总表   表 3-8

国家	城市雨洪管理模式	评价对象	评价指标	评价方法
美国	最佳雨洪管理实践、低影响开发、绿色基础设施	区域、社区、场地、设施	城市雨洪峰流量控制、城市雨洪总量控制、径流污染物总量控制、对地下水回灌、接纳水体保护、生态敏感性等指标	视觉初步筛查、性能水平检测、综合径流监测、场地实地监测、模型评估、ArcGIS 平台分析
英国	可持续排水系统	新建、改造项目	开发前后的雨水径流量、外排水总量、出水口河道水体水质、对邻近地块的影响等	计算法、模型模拟、场地实地监测
德国	自然开放式排水系统	新建、改（扩）建项目	非渗透性面积、雨水径流量、雨水集蓄利用、绿化比例等	——
新加坡	ABC 水计划	ABC 水共享项目	教育价值、社会参与、景观协调、雨洪管理、径流控制、创新性等	——
澳大利亚	水敏感城市设计	项目、社区	水质、饮用水量减少及替代供水、节能、宜居性、环境保护、建设意识和教育等	资料查阅、收集、民众评估、监测

3.2　国内经验

我的海绵城市评估工作总体分为两大类：一是年度海绵城市建设自评价工作，该项工作面向全国所有设市城市；二是通过现场监测与模型模拟评价相结合的方式，进行建设项目及排水分区的海绵城市建设效果评价，这类做法以海绵城市建设试点、示范城市为主。

自 2020 年以来，住房和城乡建设部办公厅发布《住房和城乡建设部办公厅关于开展 2020 年度海绵城市建设评估工作的通知》（建办城函〔2020〕179 号）、《住房和城乡建设部办公厅关于开展 2021 年度海绵城市建设评估工作的通知》（建办城函〔2021〕416 号），要求各省级住房和城乡建设（水务）部门负责组织本地区所有设市城市，以排水分区为单元，对照《海绵城市建设评价标准》GB/T 51345—2018，从自然生态格局管控、水资源利用、水环境治理、水安全保障等方面对海绵城市建设成效进行自评，并编制海绵城市建设自评估报告，以对各地的海绵城市建设成效进行评价。

此外，部分省、市在《海绵城市建设评价标准》GB/T 51345—2018 基础上结合自身特点及需求出台了海绵城市建设评价地方标准，如北京、重庆、浙江、陕西；部分城市未出台本地化评价标准但印发了海绵城市建设效果评估手册或办法，并结合本地海绵城市建设特点开展海绵城市建设效果评价工作，如深圳、广州、常德等；还有部分城市主要按照《海绵城市建设评价标准》GB/T 51345—2018 的要求开展海绵城市监测评价工作，如马鞍山、中山等。这些城市除按照住房和城乡建设部的要求开展年度海绵城市建设自评估以外，还通过监测及模型模拟等手段对项目和片区的海绵城市建设效果进行评价。

3.2.1　国家要求

2015 年，住房和城乡建设部办公厅印发《海绵城市建设绩效评价与考核办法（试行）》，提出了海绵城市建设效果的绩效评价与考核指标。2018 年，住房和城乡建设部发布《海绵城市建设评价标准》GB/T 51345—2018，规定了以城市建成区为评价对象，对建成区范围内的源头减排项目、排水或汇水分区及建成区的海绵建设效果进行评价。2020 年，住房和城乡建设部发布《海绵城市建设监测标准（征求意见稿）》，对海绵城市建设本底监测及效果监测的监测方案、监测设备、数据管理和数据应用等均做出了规定。

1.《海绵城市建设绩效评价与考核办法（试行）》

《海绵城市建设绩效评价与考核办法（试行）》提出了海绵城市建设绩效评价与考核的六大方面、18 项指标，包括水生态、水环境、水资源、水安全、制度建设及执行情况、显示度。其中年径流总量控制率、水环境质量、面源污染等指标要求需采用连续监测的方法进行评价（表3-9）。

海绵城市建设绩效评价与考核指标表 表3-9

评价对象	评价指标		评价方法
	类别	指标	
开展海绵城市建设的城市	水生态	(1) 年径流总量控制率 (2) 生态岸线恢复 (3) 地下水位 (4) 城市热岛效应	现场检查、场地监测、资料查阅、模型模拟
	水环境	(1) 水环境质量 (2) 城市面源污染控制	监测
	水资源	(1) 污水再生利用率 (2) 雨水资源利用率 (3) 管网漏损控制	资料查阅
	水安全	(1) 城市暴雨内涝灾害防治 (2) 饮用水安全	资料查阅、监测、模型模拟
	制度建设及执行情况	(1) 规划建设管控制度 (2) 蓝线、绿线划定与保护 (3) 技术规范与标准建设 (4) 投融资机制建设 (5) 绩效考核与奖励机制 (6) 产业化	资料查阅
	显示度	连片示范效应	资料查阅、现场检查

2. 《海绵城市建设评价标准》GB／T 51345—2018

2018年，住房和城乡建设部发布《海绵城市建设评价标准》GB/T 51345—2018，规定以城市建成区为评价对象，对建成区范围内的源头减排项目、排水或汇水分区及建成区整体的海绵建设效果进行评价（表3-10）。

标准规定的评价内容共七项，由考核内容和考查内容组成。其中，五项考核内容分别为：年径流总量控制率及径流体积控制、源头减排项目实施有效性、路面积水控制与内涝防治、城市水体环境质量、自然生态格局管控与城市水体生态性岸线保护；两项考查内容分别为：地下水埋深变化趋势、城市热岛效应缓解。达到标准要求的城市建成区应满足所有考核内容的要求。标准规定评价应对典型项目、管网、城市水体等进行监测，以不少于1年的连续监测数据为基础，并结合现场检查、资料查阅和模型模拟进行综合评价。

《海绵城市建设评价标准》GB/T 51345—2018 规定的海绵城市建设评价内容与要求　　表 3-10

评价对象		评价内容		评价方法
城市建成区	新建区、改建区	（1）年径流总量控制率及径流体积控制 （2）路面积水控制与内涝防治 （3）地下水埋深变化趋势 （4）城市热岛效应缓解		规模核算、监测、模型模拟与现场检查
	城市水体	（1）城市水体环境质量 （2）自然生态格局管控与城市水体生态性岸线保护		资料查阅、现场检查、监测
典型项目［新建、改（扩）建］	建筑小区、道路、停车场及广场、公园与防护绿地	源头减排项目实施有效性	（1）年径流总量控制率及径流体积控制 （2）径流污染控制 （3）径流峰值控制 （4）硬化地面率	资料查阅、现场检查、监测、模型模拟

3. 《海绵城市建设监测标准（征求意见稿）》

2020 年 11 月，住房和城乡建设部就《海绵城市建设监测标准（征求意见稿）》公开征求意见。《海绵城市建设监测标准（征求意见稿）》对海绵城市建设本底监测及效果监测的监测方案、监测设备、数据管理和数据应用提出了要求。

在监测方案方面，《海绵城市建设监测标准（征求意见稿）》要求"海绵城市建设本底监测和效果监测，应根据监测目的，在区域与流域、城市、片区、项目或设施层级，选择有代表性的典型对象和点位进行监测"，并对各层次监测范围、监测对象、监测内容、基础资料收集、监测点布设、监测方法与频次提出了要求（图 3-7）。

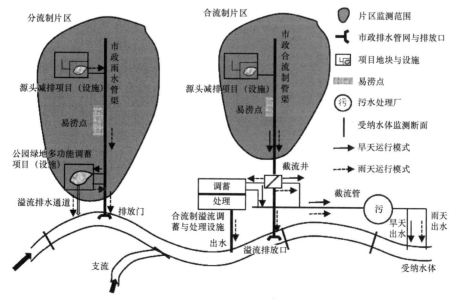

图 3-7　片区监测范围、监测对象和监测点示意图

4. 年度海绵城市建设评估工作要求

2020—2021 年，住房和城乡建设部要求各省所有设市城市在总结海绵城市建设已开展工作基础上，按照《海绵城市建设评价标准》GB/T 51345—2018 的要求从自然生态格局管控、水资源利用、水环境治理、水安全保障等方面对海绵城市建设效果进行评估，并编制自评估报告。自评估报告需包括已开展工作概况、效果评估情况、附件等，评估内容主要包括天然水域面积变化情况、年径流总量控制率、可透水地面面积比例、雨水资源化利用情况、污水再生利用情况、地下水埋深变化趋势、黑臭水体消除比例、合流制溢流污染年均溢流频次、内涝积水点消除比例、内涝防治标准达标情况等。

3.2.2　地方做法

自《海绵城市建设评价标准》GB/T 51345—2018 发布以来，我国各城市开展了不同程度的海绵城市建设效果评价工作。部分省、市在《海绵城市建设评价标准》GB/T 51345—2018 基础上结合本地特点及需求出台了地方海绵城市建设评价标准，主要包括北京、重庆、浙江、陕西等。部分城市结合各地实际，印发了海绵城市建设效果评估办法、细则或手册，主要包括深圳、广州、常德等，这些城市多通过现场检查、测试、监测或模型模拟等方式对海绵城市建设效果进行评价。此外，其他城市虽未出台或印发海绵城市建设相关评价标准或方法、细则，但也在海绵试点区、中心城区等范围开展了海绵城市监测等工作，或是通过编制年度海绵城市建设自评估报告的方式来对辖区内的海绵城市建设效果进行评价。下面将以北京、重庆、深圳、广州、常德等城市为例，对这三类城市的海绵城市建设效果评价经验进行介绍。

1. 北京

1）相关标准及规范

2019 年 12 月，北京市市场监督管理局发布《海绵城市建设效果监测与评估规范》DB11/T 1673—2019，规定了典型源头减排设施与场地、片区、城市尺度海绵城市建设效果监测、指标计算和评估方面的内容。源头减排设施的效果监测评估主要针对透水铺装地面、下凹绿地、绿化屋面、生物滞留设施、植被浅沟五种典型设施。场地主要是指建筑小区、道路、停车场及广场、公园与防护绿地。

2020 年 12 月，北京市规划和自然资源委员会、北京市市场监督管理局联合批准了《海绵城市建设设计标准》DB11/T 1743—2020。标准提出应根据源头减排、过程控制和系统治理理念制定海绵城市建设目标与指标。源头减排应以径流总量控制率为主要指标；过程控制应以提高管网的排放效能和削减污染为目标，改造项目应包括雨污混接改造等内容；系统治理以恢复水生态、改善水环境和达到水环境功能区划为目标。各海绵城市建设阶段控制目标如表 3-11 所示。

2021 年 1 月，北京市规划和自然资源委员会、北京市市场监督管理局联合批准了

《海绵城市规划编制与评估标准》DB11/T 1742—2020，标准对北京市行政区域内城市总体规划、分区规划、详细规划、乡镇域规划中的海绵城市规划部分和海绵城市专项规划编制，以及海绵城市专项规划实施评估等内容进行了规定，以评估各层次的海绵城市规划实施情况（表3-12）。规划实施评估内容包括规划指标、项目建设情况、实施保障、公众意见。规划实施评估采用定量为主、定性为辅的方法。规划实施评估针对不同评估内容，采用资料查阅、现场检查、模型模拟、问卷调查、访谈座谈等方法。

《海绵城市建设设计标准》DB11/T 1743—2020 制定的海绵城市建设控制目标　表 3-11

序号	控制对象	控制目标
源头减排	不同用地类别项目	雨水年径流总量控制率、年径流污染总量削减率
	项目、建成区、新开发区	径流峰值控制
过程控制	城区雨水管渠及泵站、下凹式立体交叉道路雨水管渠（含泵站）	雨水管渠设计重现期
系统治理	天然水域、自然要素	生态空间及生态岸线
	水体	城市水环境质量
	城市内涝防治	内涝防治设计重现期

北京市发布的海绵城市建设效果相关的标准及规范一览表　表 3-12

标准及规范名称	发布时间	适用范围	编制目的
《海绵城市建设效果监测与评估规范》DB11/T 1673—2019	2019 年 12 月	典型源头减排设施与场地、片区、城市尺度	规定了典型源头减排设施与场地、片区、城市尺度海绵城市建设效果监测、指标计算和评估方面的内容
《海绵城市建设设计标准》DB11/T 1743—2020	2020 年 12 月	新建、改（扩）建项目	指导北京市新建、改（扩）建项目海绵城市建设的工程设计
《海绵城市规划编制与评估标准》DB11/T 1742—2020	2021 年 1 月	海绵城市规划	评估各层次的海绵城市规划实施情况

2）评价内容与方法

评价对象包括典型源头减排设施、场地、片区及城市，依据不同尺度的评价对象按照有无进出水监测条件制定了不同的评价指标，具体包括年径流削减率、年均流量峰值削减率、年径流污染物（SS）总量削减率、雨水调蓄模数、绿地下凹率、透水铺装率、设施使用效率等；评价方法则包括资料查阅、现场监测、模型模拟、计算分级法等。

与《海绵城市建设评价标准》GB/T 51345—2018 相比，在评价对象上，北京市进行了细化补充，补充了对源头减排设施的评价（表3-13）。在评价指标上，根据有无进出水监测条件，北京市对设施及场地的评价指标进行了区分，制定了无进出水监测条件的设施、场地的评价指标。此外，对建设项目的评价取消了径流峰值控制这项指标，而对于片区层次的评价指标，北京市的规定相较于《海绵城市建设评价标准》GB/T 51345—2018 则差异较大，首先是增加了雨水管网畅通率这项指标，其次是取消了自然生态格局管控与水体生态性岸线保护、地下水埋深变化趋势、城市热岛效应缓解三项指标。在评价方法上，增加了计算分级法。

北京市海绵城市建设效果评价指标及方法　　　　　　　　表 3-13

评价对象		评价指标		评估方法
分类	具体评价对象	分类	具体评价指标	
源头减排设施	透水铺装地面、下凹绿地、绿化屋面、生物滞留设施、植被浅沟	有进出水监测条件	年径流削减率、年均流量峰值削减率和年径流污染物（SS）总量削减率	监测、计算分级法
		无进出水监测条件	综合渗透系数、服务面积比、渗透系数、田间持水量、有效调蓄深度	现场测定、计算分级法
场地	建筑小区、道路、停车场及广场、公园与防护绿地	具备排水监测条件	年径流总量控制率、年径流污染物（SS）总量削减率、雨水收集利用率	监测、计算分级法
		不具备排水监测条件	雨水调蓄模数、绿地下凹率、透水铺装率、设施使用效率	计算分级法
片区	一个或相邻多个入河排水口上溯的独立排水分区以及开发或管理的城市单元	年径流总量控制率、雨水管网畅通率、内涝控制能力、雨水 SS 达标排放率、雨水资源化利用率指标		摄像监测资料查阅、现场观测、模型模拟、计算分级法
城市	市辖各行政区	达到海绵城市建设目标的面积比例和辖区综合海绵指数		复核、抽查与测评

3）效果评价

（1）试点区域：

2019 年 2 月，北京市通州区海绵城市建设领导小组办公室印发《北京市海绵城市试点区域海绵城市建设项目建设效果评价办法》（通绵办〔2019〕9 号），要求对北京市通州区海绵城市试点区域内海绵城市建设项目的建设效果进行评价。建设效果评价工作自海绵城市建设项目海绵部分竣工验收通过后开展，经过一个完整雨季后结束。区海绵办通过审核试点区域内海绵城市建设单位提交的海绵城市建设项目方案设计、施工图设计、工程竣工验收等材料，采用现场考察和分析监测数据相结合的方式，对海绵城市建设项目目标和质量进行建设效果评价、打分并对评价结果进行通报。评价对象为试点区域内海绵城市建设单位负责的海绵城市建设项目，评价指标包括方案设计、工程建设、建成效果、运营维护与管理、资金使用等方面，评价方法包括查阅材料、实地调研、实地测量、后期检测、调查问卷、监测数据等（表 3-14）。

北京市海绵城市试点区域海绵城市建设项目建设效果评价表　表 3-14

序号	评价指标	评价分值	评价要点	评价方法
1	方案设计评价	20 分	项目的设计和建设应符合海绵城市建设的理念及技术标准（5 分）	查阅材料
			项目计划安排时间合理、针对性强、能解决具体问题（5 分）	
			避免出现重复建设、为海绵而建海绵、过度施工、过度建设措施等（10 分）	
2	工程建设情况评价	20 分	项目方案以及施工图的落实情况（10 分）	查阅材料、实地调研
			施工的实施进度及完工情况是否按照计划进行（10 分）	
3	建成效果评价	30 分	针对项目的雨水组织排放形式、年径流总量控制率、面源污染控制率、雨水资源化利用率（9 分）	实地测量、后期检测、调查问卷
			积水点，内涝点减少、缓解情况评价（6 分）	
			对低影响开发设施使用情况、园林植物长势情况等进行综合评价（15 分）	
4	运营维护与管理评价	20 分	制定维护养护制度、制定管理计划（5 分）	实地考察、后期检测、监测数据
			运营与维护效果（10 分）	
			公众宣传与相关知识传播（5 分）	
5	资金使用评价	10 分	投资执行情况（10 分）	查阅文件

2019 年，为评价海绵城市建设试点区建设效果，北京市通州区对整个海绵城市试点区利用 InfoWorks ICM 模型进行了建模分析并编制了模拟评估报告。在试点区范围内的末端排口、小区和典型设施安装了监测设备进行在线监测，通过筛选并选取监测数据对模型进行了率定与验证。评估指标主要包括年径流总量控制率、管网系统排水能力、内涝风险评估三项，模型模拟评估结果显示试点区域整体年径流总量控制率达 84%，管网排水能力有所提升，内涝风险区域得到减少（图 3-8）。

通州区还搭建了海绵城市建设试点智慧管控平台并且预留了扩展功能，针对 19.36km² 试点区范围内的海绵城市建设项目进行设施的规划、设计、建设、运营、调度等方面的全生命周期管理与控制。在考核管理功能模块中可进行绩效考核目标效果总览、监测数据查看与下载、汇总并输出绩效考核评估报告等。

（2）其他地区：

在北京市现有水文、水质监测站网的基础上，北京市结合气象预警预报、内涝积水点防治、河道警戒水位划定等工作，打造了覆盖全市的海绵城市水量、水质综合监测站网，对个别海绵型小区进行了超过 10 年的降雨径流连续监测，为海绵城市建设效果评估提供了有力支撑（表 3-15）。

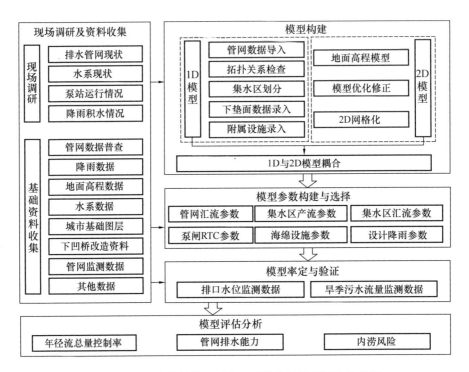

图 3-8　北京市海绵城市试点区建设效果模型评估技术图

北京市部分水位、水质监测点位数量一览表　　　　　　　　　表 3-15

监测位置	监测布置	启用时间
海淀京水小区	水位监测 4 处	2010 年
昌平未来科技城	水位监测 5 处、水质监测 5 处	2016 年
东城示范区	流量监测 5 处、水质监测 2 处	2019 年
城市副中心示范区	流量监测 1 处、地下水位监测 2 处、水质监测 2 处	2019 年
海淀双紫园小区	水位监测 3 处、水质监测 2 处	2019 年
阜石路砂石坑	土壤含水率、水位监测各 8 处、水质监测 10 处	2019 年
门头沟示范区	流量监测 6 处、水质监测 3 处	2019 年
海淀北坞村砂石坑	流量监测 2 处	2018 年

2. 重庆

1）相关标准及规范

2018—2020 年，重庆市陆续发布了《两江新区海绵城市建设模型应用技术导则（试行）》《建设工程海绵城市建设效果专项评估技术指南（试行）》《重庆市海绵城市监测技术导则（试行）》《重庆市海绵城市建设绩效评价细则（试行）》，以及《海绵城市建设项目评价标准》DBJ50/T 365—2020 等标准规范文件。标准规范从海绵城市建设模型的选型、构建、应用、率定及验证，至评价对象、评价目标、评价方法、海绵城市水质水量监测系统的建设及应用、监测内容、监测指标等均进行了相关规定。重庆市发布的海绵城市建设效果相关的标准及规范如表 3-16 所示。

重庆市发布的海绵城市建设效果相关的标准及规范一览表　　　　表 3-16

标准及规范名称	发布时间	适用范围	编制目的
《两江新区海绵城市建设模型应用技术导则（试行）》	2018 年 4 月	重庆市两江新区直管区	指导海绵城市建设模型的选型、构建、应用，率定及验证等
《海绵城市建设项目评价标准》DBJ50/T 365—2020	2020 年 10 月	新建海绵城市建设项目（建筑与小区、工业厂区、道路与广场、城市公园）	指导新建海绵城市建设项目的评价工作
《建设工程海绵城市建设效果专项评估技术指南（试行）》	2020 年 12 月	新建海绵城市建设项目（建筑与小区、工业厂区、道路与广场、城市公园）	指导新建海绵城市建设项目的评价工作，补充了评价说明，细化了评价方法
《重庆市海绵城市监测技术导则（试行）》	2020 年 12 月	城市建成区内海绵城市水质水量监测系统	指导重庆市城市建成区内海绵城市水质水量监测系统的建设及应用
《重庆市海绵城市建设绩效评价细则（试行）》	2020 年 12 月	各区县（自治县）城市建成区	对各区县（自治县）城市建成区的海绵城市建设绩效进行考评

2）评价内容与方法

《海绵城市建设项目评价标准》DBJ50/T 365—2020 中的评价对象为新建海绵城市建设项目，包括建筑与小区、工业厂区、道路与广场、城市公园；评价指标包括控制项、评分项和加分项；评价方式包括资料查阅、现场核实、验证测试；评价内容包括海绵城市建设项目总体控制指标确定的合理性、整体方案设计的安全性、LID 设施结构设计、材料选用的规范性、场地雨水径流控制的科学性、与场地景观的融合性及 LID 设施运行维护等方面（表 3-17）。

重庆市海绵城市建设效果评价指标及方法　　　　　　　表 3-17

评价对象	评价指标			评价方法
	控制项	评分项	加分项	
建筑与小区	（1）海绵指标满足相关要求 （2）场地内不产生内涝积水 （3）雨水入渗不影响结构安全 （4）雨水回用保证供水安全 （5）危险区域设置防护措施和警示标识 （6）种植屋面的防水材料满足要求 （7）LID 设施材料、工艺满足要求	场地与环境：（1）合理提高海绵指标 （2）单个容积式 LID 设施服务范围的年径流总量控制率合理 （3）合理设置源头绿色设施 （4）合理组织雨水径流 （5）引导不透水下垫面径流进入 LID 设施进行控制 （6）合理利用场地空间设置 LID 设施 （7）LID 设施与场地景观相适应 （8）LID 设施设置科普标识标牌	（1）绿地功能完善，LID 设施与场地景观融合性高，有效地改善了城市生态环境，提升人民生活品质 （2）评价对象在实施过程中采用通过鉴定的新技术、新工艺、新材料、新设备，并有实际效果 （3）在雨水管线的出口和典型设施的进出口安装在线流量计与在线水质监测仪，且设备能正常运行	资料查阅、现场核实、验证测试
		LID 设施：（1）利用雨水花园/绿色屋顶/透水铺装/雨水塘/雨水湿地/植草沟/雨水调蓄池进行径流控制 （2）合理设置生态停车场		
		运行维护：（1）设计和施工文件中提出 LID 设施运维相关要求 （2）现场检查 LID 设施安全措施 （3）现场核查 LID 设施相关情况		
工业厂区	（1）海绵指标满足相关要求 （2）场地内不产生内涝积水 （3）雨水入渗不影响结构安全 （4）地表径流污染严重场地的雨水独立控制 （5）雨水回用保证供水安全 （6）危险区域设置防护措施和警示标识 （7）种植屋面的防水材料满足要求 （8）LID 设施材料、工艺满足要求	场地与环境：（1）合理提高海绵指标 （2）单个容积式 LID 设施服务范围的年径流总量控制率合理 （3）清洁区防客水进入措施 （4）合理设置源头绿色设施 （5）合理组织雨水径流 （6）引导不透水下垫面径流进入 LID 设施进行控制 （7）合理利用场地空间设置 LID 设施 （8）对市政厂站雨水径流进行管控 （9）LID 设施与环境景观相适应 （10）LID 设施设置科普标识标牌		资料查阅、现场核实、验证测试
		LID 设施：（1）利用雨水花园/绿色屋顶/透水铺装/植草沟/雨水调蓄池进行径流控制 （2）合理设置生态停车场		
		运行维护：（1）设计和施工文件中提出 LID 设施运维相关要求 （2）现场检查 LID 设施安全措施 （3）现场核查 LID 设施相关情况		

续表

评价对象	评价指标			评价方法
	控制项	评分项		加分项
道路与广场	(1) 海绵指标满足相关要求 (2) 场地内不产生内涝积水 (3) 雨水入渗不影响结构安全 (4) 防止敏感水域事故时产生的地面径流污染 (5) 危险区域设置防护措施和警示标识 (6) LID 设施材料、工艺满足要求	场地与环境	(1) 合理提高海绵指标 (2) 单个容积式 LID 设施服务范围的年径流总量控制率合理 (3) 合理设置源头绿色设施 (4) 引导不透水下垫面径流进入 LID 设施进行控制 (5) 合理设置透水铺装 (6) LID 设施不影响市政设施使用维护 (7) 对立交范围雨水进行合理管控 (8) 对高架路面和桥面雨水进行合理管控 (9) LID 设施与场地景观相适应 (10) LID 设施设置科普标识标牌	(1) 新建的景观水体维持生态系统自我平衡,保持水体自我净化 (2) 建立信息化管理 LID 设施的系统 (3) 城市机动车道在满足道路安全的前提下,采用透水混凝土路面或透水沥青路面	资料查阅、现场核实、验证测试
		LID 设施	(1) 利用生物滞留带/雨水花园/透水铺装/植草沟/雨水调蓄池进行径流控制 (2) 合理设置生态停车场		
		运行维护	(1) 设计和施工文件中提出 LID 设施运维相关要求 (2) 现场检查 LID 设施安全措施 (3) 现场核查 LID 设施相关情况		
城市公园	(1) 海绵指标满足相关要求 (2) 场地内不产生内涝积水 (3) 雨水入渗不影响结构安全 (4) 危险区域设置防护措施和警示标识 (5) 种植屋面的绿色屋顶防水材料满足要求 (6) LID 设施材料、工艺满足要求	场地与环境	(1) 维持并优化公园开发前的自然水文特征 (2) 合理提高海绵指标 (3) 单个容积式 LID 设施服务范围的年径流总量控制率合理 (4) 合理设置源头绿色设施 (5) 合理组织雨水径流 (6) 引导不透水下垫面径流进入 LID 设施进行控制 (7) 公园水体设置完整的生态系统 (8) 公园绿地具有良好的滞水能力 (9) 合理利用场地空间设置 LID 设施 (10) LID 设施与场地景观相适应 (11) LID 设施设置科普标识标牌		资料查阅、现场核实、验证测试
		LID 设施	(1) 利用雨水花园/绿色屋顶/透水铺装/雨水塘/雨水湿地/植草沟/旱溪进行径流控制 (2) 合理设置生态停车场		
		运行维护	(1) 设计和施工文件中提出 LID 设施运维相关要求 (2) 现场检查 LID 设施安全措施 (3) 现场核查 LID 设施相关情况 (4) 做好 LID 设施应急管理		

重庆市出台的地方标准《海绵城市建设项目评价标准》DBJ50/T 365—2020 从评价对象、评价指标、评价方法等方面已基本脱离了《海绵城市建设评价标准》GB/T 51345—2018 的框架,建立了一套适用于本地且涵盖了设计、运行、维护等方面的评价标准。

与《海绵城市建设评价标准》GB/T 51345—2018 相比,在评价对象上,重庆市出台的地方标准的适用对象仅为建设项目,不包括排水分区、建成区。在评价指标上,重庆市进行了细化和优化,相较于国家发布的评价标准,重庆市对建设项目制定的评价指标涵盖面更广,包括了场地与环境、LID 设施设计、运行维护等方面,评价指标多体现在竖向设计是否合理,对雨水水质、水量的控制,海绵设施的运行维护、管养等方面,不再拘泥于年径流总量控制率、径流污染控制等具体指标的控制。在评价方法上,主张采用资料查阅、现场核实、验证测试等方法。

3)效果评价

(1)试点区域:

重庆市在试点区域两江新区悦来新城开展了海绵城市监测工作,并搭建了悦来新城海绵城市建设试点数字模型以评估海绵城市建设效果,具体工作为:对试点区域内的公建类、公园类、居住小区类、道路类等各类型的典型示范项目针对面源污染控制效果等指标进行了监测,并经模型模拟评估水安全提升效果;建成了悦来新城海绵城市智慧管控平台,平台以在线监测数据接收、海量存储交互、三维展示等功能为基础,开展"水生态、水环境、水资源和水安全"四个方面综合监测,新增自动监测数据存储与转发,实现海绵体运行的在线监测、实时展示,结合山城降雨强度大、水土易流失的特点,开发管理决策、规划评估、预测预警等智能决策功能(图 3-9)。

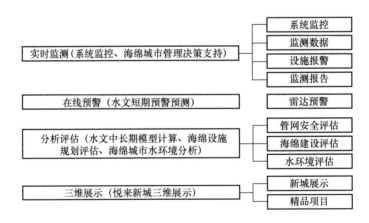

图 3-9 悦来新城海绵城市智慧平台功能展示图

(2)其他地区:

重庆市辖各区县海绵办对辖区范围内的新建海绵城市建设项目从场地与环境、LID

设施、运行维护等方面进行评价，由建设单位提供已完工且资料齐全的项目资料至建设主管部门，经评分组以资料查阅和现场核查方式按照《海绵城市建设项目评价标准》DBJ50/T 365—2020 进行评分，评分不合格的项目需责令限期整改。

重庆市住房和城乡建设委员会对各区县（自治县）海绵城市建设进行绩效评价，评价范围为各区县（自治县）城市建成区，具体流程为各区县自评、市级以资料查阅和现场查看的方式进行考评；在海绵城市建设实施效果评价方面，各区县（自治县）需对辖区范围内的典型项目及典型排水分区开展监测并提供监测数据。

3. 深圳

1）相关技术文件

2020 年 6 月，深圳市海绵城市建设工作领导小组办公室发布《深圳市海绵城市建设片区达标评价技术细则》，该文件对各区海绵城市建设总体实施情况评估、达标片区评估及海绵城市实施效果评估等内容进行了规定，提出了具体的评价指标、评价目标及评价方法。

2022 年 10 月，深圳市海绵城市建设工作领导小组办公室对《深圳市海绵城市建设片区达标评价技术细则》进行了修订，形成《深圳市海绵城市建设片区达标评估认定工作手册》，进一步规范了深圳市海绵城市建设达标片区评价的流程和技术要求（表 3-18）。

深圳市发布的海绵城市建设效果相关的标准及规范一览表　　表 3-18

标准、规范及文件名称	发布时间	适用范围	编制目的
《深圳市海绵城市建设片区达标评价技术细则》	2020 年 6 月	各区、达标片区及海绵城市建设项目	指导市域范围内海绵城市建设效果的评估工作
《深圳市海绵城市建设片区达标评估认定工作手册》	2022 年 10 月	达标片区、海绵城市建设项目	指导海绵城市建设达标片区的评估及认定工作

2）评价内容与方法

评价对象为市内各行政区、达标片区及典型项目。行政区的评价包括实施推进度、自然生态格局管控、水安全三个方面；达标片区的评价包括自然生态格局管控、水安全保障、水环境治理、雨水资源利用等；典型项目的评价指标包年径流总量控制率、SS削减率、径流峰值控制、可渗透地面面积比例。评价方法可采用资料查阅、监测、模型模拟法等。深圳市海绵城市建设效果评价如表 3-19 所示。

深圳市海绵城市建设效果评价　　表 3-19

评价对象	评价指标		评估方法
行政区	实施推进度	（1）达标片区占比（必评） （2）达标项目占比（达标片区外）（必评）	资料查阅、现场检查

续表

评价对象		评价指标		评估方法
行政区	自然生态格局管控	行政区天然水域面积变化情况（必评）		资料查阅、现场检查
	水安全	行政区内涝积水点消除比例（必评）		摄像监测资料查阅、现场观测与模型模拟
	水环境	行政区黑臭水体消除比例（必评）		水质监测
	污水再生利用	污水再生利用情况（选评）		资料查阅、现场检查
达标片区	新建片区	自然生态格局管控	（1）天然水域面积变化情况（必评） （2）城市水体生态岸线率（选评） （3）片区年径流总量控制率（必评）	资料查阅、现场检查、设施径流体积控制规模核算、监测、模型模拟与现场检查
		水安全保障	（1）内涝积水点消除比例（必评） （2）内涝防治标准达标情况（必评）	摄像监测资料查阅、现场观测与模型模拟
		水环境治理	片区水环境质量（必评）	资料查阅、监测
		水资源	雨水资源化率（量）（选评）	查看相应计量装置、计量统计数据和计算报告、现场检查
		源头典型项目实施效果	建筑与小区：（1）年径流总量控制率(%)（必评）（2）SS削减率(%)（选评）（3）径流峰值控制(%)（选评）（4）可渗透地面面积比例(%)（选评） 道路及广场：（1）年径流总量控制率(%)（必评）（2）SS削减率(%)（选评）（3）径流峰值控制(%)（选评） 公园绿地：年径流总量控制率(%)（必评）	设计施工资料查阅、现场检查、监测、模型模拟
	已建片区	自然生态格局管控	（1）天然水域面积变化情况（必评） （2）城市水体生态岸线率（选评） （3）片区年径流总量控制率（必评）	资料查阅、现场检查、设施径流体积控制规模核算、监测、模型模拟与现场检查
		水安全保障	（1）内涝积水点消除比例（必评） （2）内涝防治标准达标情况（必评）	摄像监测资料查阅、现场观测与模型模拟
		水环境治理	（1）片区水环境质量（必评） （2）排口溢流污染控制（选评）	资料查阅、监测、现场检查
典型项目	建筑与小区	（1）年径流总量控制率（%）（必评） （2）SS削减率（%）（选评） （3）径流峰值控制（%）（选评） （4）可渗透地面面积比例（%）（选评）		设计施工资料查阅、现场检查、监测、模型模拟
	道路及广场	（1）年径流总量控制率（%）（必评） （2）SS削减率（%）（选评） （3）径流峰值控制（%）（选评）		
	公园绿地	年径流总量控制率（%）（必评）		

深圳市海绵城市建设效果评价内容在《海绵城市建设评价标准》GB/T 51345—2018 基础上进行了深化补充。与《海绵城市建设评价标准》GB/T 51345—2018 相比，评价对象保持一致。在达标片区评价指标上，增加了内涝积水点消除比例、排口溢流污染控制、雨水资源化利用率三项指标，相较于评价标准，对片区的评价指标更加严格；在行政区评价指标上，增加了实施推进度、污水再生利用两项评价指标，取消了地下水埋深变化趋势、城市热岛效应缓解两项指标。除新增指标外，各项指标评价方法基本与《海绵城市建设评价标准》GB/T 51345—2018 一致。

3）效果评价

（1）试点区域：

深圳市光明区国家海绵城市试点区早在《海绵城市建设评价标准》GB/T 51345—2018 实施之前就对试点区内的海绵城市建设效果进行了监测评估，此阶段评估指标及内容主要依据《海绵城市建设绩效评价与考核办法（试行）》，评估方法主要采用在线监测及模型模拟评估等，利用 SWMM 和 MIKE 水力模型软件构建了光明区海绵城市建设试点区域的整体模型和单个海绵城市建设项目的评估模型以评价海绵城市建设效果。

光明区试点区海绵城市建设效果监测内容主要包括降雨量监测、河流水质水量监测、雨水管网排口水质水量监测、截留式管网溢流口水质水量监测、雨水管网关键节点和污水管网关键节点水质水量监测、易涝点液位监测、典型下垫面水质水量监测、典型设施水质水量监测、典型项目水质水量监测、雨水利用和再生水利用监测和土壤渗透性等。试点区监测为城市海绵绩效考核提供了真实的量化指标和数据、为绩效评估模型的应用提供了率定数据和验证数据、为智慧水务平台建设提供了基础数据（表 3-20）。

深圳市光明区海绵城市建设试点区监测内容一览表　　　　表 3-20

监测点类型	监测内容	监测目的
降雨量监测	降雨量	获得准确的雨量及模型输入数据
受纳水体监测	水质、水量监测	掌握市区整体的径流量削减水平和面源污染控制水平
管网监测（雨水管网排口、截留式管网溢流口、雨水管网关键节点和污水管网关键节点）	水质、水量监测	掌握典型区域（排水分区和地块）海绵设施整体运行效果
易涝点监测	液位监测	掌握易涝点积水情况
典型下垫面监测	水质、水量监测	掌握典型下垫面的产流规律和面源污染负荷水平及初期雨水污染规律
典型设施监测	水质、水量监测	掌握典型设施的径流水量和水质的控制效果
典型项目监测	水质、水量监测	掌握典型项目的径流水量和水质的控制效果
雨水利用和再生水利用监测	利用量监测	掌握试点区雨水及再生水利用情况
土壤监测	土壤渗透性	检测设施运行效果，获得模型输入数据

试点区还搭建了智慧海绵监测管控平台，实现"地块－排水分区－流域"三级监测评估，实时监测海绵城市设施及建设项目的运行效果（图 3-10）。

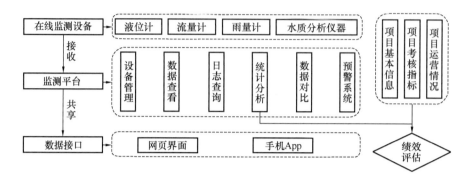

图 3-10　深圳市光明区国家海绵城市试点区智慧海绵监测管控平台运行示意图

（2）其他区域：

《海绵城市建设评价标准》GB/T 51345—2018 实施之后，深圳市各区的海绵城市监测评估工作陆续铺开，各区选取面积大于 2km² 的区域按照评价标准的要求开展监测评估工作，建设项目及排水分区需分别在关键点位进行水质、水量等监测，并结合模型模拟评估、现场调研、检查、资料查阅等方法对建设项目、达标片区进行评估。

4. 广州

1）相关技术文件

2020 年 12 月，广州市人民政府办公厅印发《广州市海绵城市建设管理办法》，对广州市行政区域内各类建设项目的海绵城市规划、设计、施工、运行维护及管理活动等进行了规定。

2021 年 3 月，广州市水务局印发《广州市城市开发建设项目海绵城市建设——洪涝安全评估技术指引（试行）》，规定城市开发建设项目洪涝安全评估是海绵城市建设的一部分，在城市开发建设项目的策划方案阶段、控制性详细规划阶段，均应开展相应深度的洪涝安全评估。

2021 年 11 月，广州市发布《关于开展我市建设工程项目海绵城市建设效果评估的通知》，要求各区、广州空港经济区对照《海绵城市建设评价标准》GB/T 51345—2018，开展建设工程项目海绵城市建设效果评估工作，编制海绵城市建设效果评估报告，并将海绵城市建设效果评估报告纳入建设项目验收的必审材料（表 3-21）。

广州市发布的海绵城市建设效果相关的标准及规范一览表　　　　表 3-21

标准、规范及文件名称	发布时间	适用范围	编制目的
《广州市海绵城市建设管理办法》	2020 年 12 月	各类建设项目	规范了各类建设项目的海绵城市规划、设计、施工、运行维护及管理活动

续表

标准、规范及文件名称	发布时间	适用范围	编制目的
《广州市城市开发建设项目海绵城市建设——洪涝安全评估技术指引》	2021 年 3 月	新建、改（扩）建及城市更新项目	指导新建、改（扩）建及城市更新项目的洪涝安全评估工作
《关于开展我市建设工程项目海绵城市建设效果评估的通知》	2020 年 11 月	规划条件有载明海绵城市建设要求（或雨水径流控制要求）的新建、改（扩）建工程	指导建设工程项目海绵城市建设效果评估工作

2）评价内容与方法

《关于开展我市建设工程项目海绵城市建设效果评估的通知》规定评价对象为规划条件有载明海绵城市建设要求（或雨水径流控制要求）的新建、改（扩）建工程，建设工程项目完工后，建设单位组织开展海绵城市建设效果评估。评估内容包括设计、施工、现场三方面。评价目标包括年径流总量控制率、污染削减率、室外可渗透地面率、雨水资源利用率、下沉绿地比例等。评估方法包括资料查阅、现场检查、监测（表 3-22）。

广州市海绵城市建设效果评价指标及方法　　　　表 3-22

评价对象	评价指标	效果评估		评估方法
规划条件有载明海绵城市建设要求（或雨水径流控制要求）的新建、改（扩）建工程	年径流总量控制率、污染削减率、室外可渗透地面率、雨水资源利用率、下沉绿地比例	新建项目需分析在实现低影响开发、控制径流污染方面达到哪些目标	设计评估	（1）施工图完整性评估（2）单项海绵设施评估（3）建设项目系统性评估	资料查阅、现场检查、监测
			施工评估	（1）竣工资料完整性（2）竣工图评估	资料查阅
		改造项目需分析在水生态、水环境、水安全、水资源等方面解决了哪些现状问题	现场评估	（1）海绵设施现状评估（2）容积式海绵设施汇水范围核查（3）现场测试	现场检查、监测

与《海绵城市建设评价标准》GB/T 51345—2018 相比，广州市对海绵城市建设效果评价进行了较大简化，并将海绵城市建设效果评估结论作为项目是否能通过验收的重要佐证材料。

在评价对象上，广州市主要对规划条件有载明海绵城市建设要求的建设项目进行评价，对排水分区、建成区不进行评价。在评价指标上，广州市做法与重庆市类似，不拘泥于对项目具体指标的评价，而是重点关注建设项目设计、施工及现场三个方面的效果评估。评估方法包括资料查阅、现场检查、监测等。

3）效果评价

广州市要求规划条件有载明海绵城市建设要求的新建、改（扩）建工程均需在建设工程完工后由建设单位组织开展海绵城市建设效果评估并编制评估报告，评估报告已纳入建设项目竣工联合验收的必审资料。广州市内房屋建筑和市政基础设施工程项目目前已按《关于开展我市建设工程项目海绵城市建设效果评估的通知》落实海绵城市建设评估要求，建设单位在申请竣工联合验收时，需将海绵城市建设效果评估报告上传至"广州市工程建设项目竣工联合验收系统"的"通用申请材料"栏目，竣工联合验收牵头部门在资料审核阶段，需检查建设单位是否上传结论为"评估通过"的海绵城市建设效果评估报告，缺少评估报告或评估结论为不通过的项目则不能通过验收。

建设单位可自行开展建设工程项目海绵城市建设效果评估或组织第三方机构开展评估，主要从设计、施工、现场情况三个方面进行评估。设计、施工主要评估海绵设施竖向设计是否合理、施工图、竣工资料完整性等，现场评估环节则需核实海绵设施是否按图施工、设施内植被生长情况、汇水范围核查等，并对海绵设施现场测定其土壤渗透系数，以判断是否满足相关标准规范要求，最后出具评估结论及建议。

5. 常德

1）相关技术文件

2018 年，常德市住房和城乡建设局印发《常德市海绵城市建设效果评估验收办法（试行）》，对常德市各区县市的海绵城市建设效果评估验收工作进行了规定。具体包括评估分级与标准、评估组织与程序、评估方法与措施、评估管理与监督四大方面。

2）评价内容与方法

评价对象为单项工程、排水或汇水分区及城市整体。单项工程的评价包括质量管理、雨水径流组织、运行效果三方面建设效果；排水或汇水分区的评价包括系统推进、年径流总量控制率、水体环境质量、水安全、分区内所有单项工程评估汇总等；整体建设效果的评价包括水生态、水环境、水资源、水安全、制度建设与执行情况、显示度、所有排水或汇水分区评估汇总等。评价方法主要包括资料查验、监测、调查统计、模型模拟评估、群众满意度调查等。

与《海绵城市建设评价标准》GB/T 51345—2018 相比，常德市规定的评价对象与国家发布的评价标准一致。在评价指标上，单项工程的评价指标涵盖验收、整体竖向设计、运行效果、群众满意度等方面，与广州市、重庆市做法类似，相较于国家发布的评价标准，对单项工程的评价指标进行了扩充，不仅关注运行效果上年径流总量控制率、径流污染物控制率等具体指标，还重点关注项目验收、安全功能、整体设计等方面；片区的评价指标增加了城市面源污染控制、污水再生利用率、雨水资源利用率、管网漏损控制、规划建设管控制度、连片示范效应等。在评价方法上增加了群众满意度调查的统计方法。

3）效果评价

常德市海绵城市建设效果评价主要分为单项工程、排水或汇水分区及整体建设效果三个层次。单项工程建设效果评估验收实行半年度评估，即工程竣工验收半年后可申请建设效果评估验收；排水或汇水分区建设效果评估实行年度建设效果评价，即排水或汇水分区建成一年内组织效果评估；整体建设效果评估在所有排水或汇水分区建成运行半年后可申请整体建设效果评估。

常德市住房和城乡建设局全面负责全市海绵城市建设效果评估与考核工作，其中单项工程建设效果评估验收由建设单位申请，各区、县、市建设行政主管部门进行评估验收；排水或汇水分区及城市整体建设效果评估验收由各区、县、市的建设行政主管部门申请，常德市住房和城乡建设局进行评估验收，市直区域海绵城市建设效果评估的申请和验收单位根据相关管理权限进行划分。

评估基本程序为：资料上报、资料审查、现场检查、专家评分、公示公布、通报。申请评估部门收集并上报海绵城市建设效果评估相关的材料；评估验收部门成立专家考核组，审核资料，对相关问题进行提问；专家考核组现场检查建设情况，并进行群众满意度测评；评估组汇总意见和评分结果；公示评价结果，公示期为一个月；公示期结束后，评估组通报评估意见，并将评估情况通报当地党委、政府，当地建设行政主管部门对存在的问题及时通知整改（图 3-11）。

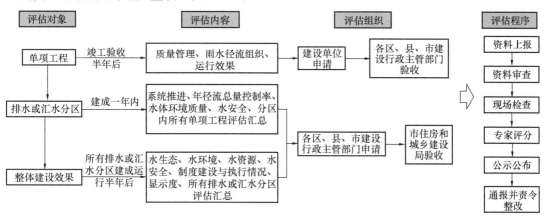

图 3-11　常德市海绵城市建设效果评价体系

具体评估方法中，单项工程年径流总量控制率、径流污染物控制率主要通过在线流量监测、水质监测等方法进行评估，其他指标则主要通过查阅资料、现场检查、调研等方法进行评价。排水或汇水分区年径流总量控制率也主要是通过对建设项目进行在线监测来评价，分区暴雨内涝灾害防治则需对分区内历史内涝积水点进行清查并开展监测，其他指标也主要是通过查验资料、调查统计等方法进行评价。对于整体建设效果的年径流总量控制率评估主要通过对试点区域进行在线监测及模型模拟评估的方式展开，城市热岛效应、水环境质量、城市面源污染控制、城市暴雨内涝灾害防治等指标需要制定监测方案、开展监测工作进行评估，其他指标则可通过资料查阅、调查统计等方法评估。

6. 其他

部分海绵城市建设试点城市如上海、厦门，主要针对海绵试点区开展了海绵城市监测评估工作。厦门主要对海绵试点区内的典型设施、地块、流域三个层次开展了监测工作。典型设施主要依据设施功能进行液位、流量、水质和土壤渗透性的跟踪监测；典型地块在地块的出水口及道路的典型断面流域的排出口，进行液位、流量、水质监测；典型流域则主要在各控制单元河/湖的排口处、排水管网关键节点进行液位、流量、水质在线监测，在河道关键断面进行流量、DO水质在线监测。

部分海绵城市示范城市如马鞍山市，2021年入选第一批海绵城市示范城市，2022年在中心城区范围（花山区、雨山区）内开展了海绵城市监测评价工作。评价对象包含设施、项目、片区、城市四个层次，评价指标及内容主要参照《海绵城市建设评价标准》GB/T 51345—2018执行，监测点位主要布设在项目管网关键节点、典型排水分区关键节点及水体。同为第一批海绵城市示范城市的汕头市，编制了海绵城市建设监测实施方案，要求各区县均开展海绵城市建设监测评价工作，但由于各区县财政紧张目前尚未开展具体的监测工作。中山市于2022年入选了第二批海绵城市示范城市，目前重点片区（市区及三乡镇、翠亨新区）正在开展海绵城市监测评价工作，监测对象包含设施、项目、下垫面、排水分区四个层次。

其他城市如东莞、佛山、清远、泉州等，主要是通过编制年度海绵城市建设自评估报告的方式来对辖区内的海绵城市建设效果进行评价，采用的方法主要是资料查阅、整合、卫星影像图分析等，而未开展海绵城市建设效果监测工作。

3.2.3　经验总结

经梳理，国内城市在《海绵城市建设评价标准》GB/T 51345—2018基础上对海绵城市建设效果评价均注入了各城市自己的思考，部分省市相继出台了海绵城市建设效果评价相关的地方标准或印发海绵城市建设效果评估手册或办法，如北京、重庆、浙江、陕西、深圳、广州、常德等。

在评价对象、指标及方法方面，经对比发现，大多数省市如北京、重庆、深圳、常德、浙江及陕西等的评价对象均包括项目、片区及城市三个层面，少数城市的评价对象还包括设施层面。在评价指标方面，北京、深圳、浙江对海绵城市建设评价指标多限于评价海绵城市建设效果的具体目标指标，而重庆、广州、常德、陕西等地区除了关注年径流总量控制率、年径流污染总量削减率等具体的规划目标指标外，还纳入了工程设计、施工、运维等评价指标，另外，重庆、常德和陕西还加入了海绵城市建设对居民生活的影响，新材料、新工艺、新设备的选用，信息化平台建设等指标，使得海绵城市建设效果评价更加亲民、创新且兼顾了智慧城市建设需求。在评价方法上，各城市的评价方法大同小异，普遍采用监测、资料查阅、现场检查、模型模拟法等（表 3-23）。

国内城市海绵城市建设效果评价指标及方法汇总表　　　　表 3-23

城市（省份）	地方标准出台情况		评价对象	评价指标		评价方法
	是否出台	地方标准名称				
北京	是	《海绵城市建设设计标准》DB11/T 1743—2020	源头减排设施、场地、片区、城市	年径流削减率、年均流量峰值削减率、年径流污染物（SS）总量削减率、综合渗透系数、服务面积比、渗透系数、田间持水量、有效调蓄深度、雨水收集利用率、雨水调蓄模数、绿地下凹率、透水铺装率、设施使用效率、雨水管网畅通率、内涝控制能力、雨水 SS 达标排放率、达到海绵城市建设目标的面积比例和辖区综合海绵指数等		摄像监测资料查阅、现场观测、监测、模型模拟、计算分级法
重庆	是	《海绵城市建设项目评价标准》DBJ50/T 365—2020	新建海绵城市建设项目（建筑与小区、工业厂区、道路与广场、城市公园）、排水分区、城市建成区	控制项	海绵指标、场地内涝、雨水入渗、警示和防护措施设置、LID 设施材料、工艺等	资料查阅、现场核实、监测
				评分项	场地与环境、LID 设施、运行维护	
				加分项	设施功能、与景观的融合性、对居民生活的影响、新材料、新工艺、新设备的选用、在线监测设备的安装、信息化管理平台的建设等	
浙江	是	《海绵城市建设区域评估标准》DBJ33/T 1287—2022	项目、排水分区、城市建成区	年径流总量控制率、年径流污染总量削减率、内涝防治达标率、内涝积水区段消除比例、可透水地面面积比例、生态性岸线比例、地下水位控制、热岛效应缓解、排水管网完善度、水体环境质量、防洪达标率、雨水资源化利用率、污水再生利用率、供水管网漏损率、水面率、公共绿地率、滞洪区达标率、海绵城市建设达标区域等		监测、模型模拟、核算法、现场检查

续表

城市（省份）	地方标准出台情况		评价对象	评价指标		评价方法
	是否出台	地方标准名称				
陕西	是	《海绵城市建设工程评价标准（征求意见稿）》	建设项目（建筑与小区、城市道路、绿地与广场、城市水系）	工程设计	规划目标、指标、对场地原来生态环境的评估、年径流总量、外排径流峰值、水体水质、竖向设计等控制项	目标评价、技术适宜性评价等评分项	监测、现场检查、资料查阅
				施工建设	施工记录、技术人员培训、施工制度制定、绿色施工、设备、材料验收等控制项	过程管理评价、环境保护评价等评分项	
				运维管理	设施运行维护制度制定、人员培训、日常维护、警示标识设置、宣传培训等控制项	设施维护、风控评价、效果评价、创新提高等评分项	
广州	—	—	规划条件有载明海绵城市建设要求（或雨水径流控制要求）的新建、改（扩）建工程	年径流总量控制率、污染削减率、室外可渗透地面率、雨水资源利用率、下沉绿地比例等	设计、施工、现场评估	资料查阅、现场检查、监测
深圳	—	—	各行政区、达标片区、典型项目	达标片区占比、达标项目占比、行政区天然水域面积变化情况、行政区内涝积水点消除比例、行政区黑臭水体消除比例、污水再生利用情况、天然水域面积变化情况、年径流总量控制率、内涝积水点消除比例、内涝防治标准达标情况、黑臭水体消除比例、雨污混接污染溢流情况、雨水资源化利用情况、SS削减率、径流峰值控制、可渗透地面面积比例等		资料查阅、监测、模型模拟、现场检查
常德	—	—	单项工程	质量管理（验收程序、验收材料、安全与工程）、雨水径流组织（整体布局情况、雨水口断接及溢流排放情况）、运行效果（年径流总量控制率、径流污染物控制率）、群众满意度		调查统计、资料审查、现场检查、监测、模型模拟
			排水或汇水分区	系统推进、年径流总量控制率、污水废水直排控制、合流制溢流污染控制、水体不黑臭、分区暴雨内涝灾害防治、建成效果总体情况		

续表

城市 （省份）	地方标准出台情况		评价对象	评价指标	评价方法
	是否 出台	地方标准名称			
常德	—	—	城市整体	年径流总量控制率、生态岸线恢复、城市热岛效应、水环境质量、城市面源污染控制、污水再生利用率、雨水资源利用率、管网漏损控制、城市暴雨内涝灾害防治、规划建设管控制度、蓝线、绿线划定与保护、技术规范与标准建设、投融资机制建设、绩效考核与奖励机制、产业化、连片示范效应、建设成果总体情况	调查统计、资料审查、现场检查、监测、模型模拟

在监测方面，开展现场监测工作的城市多为海绵城市建设试点、示范城市，监测区域多为海绵城市建设试点区、海绵城市建设重点片区或中心城区，监测内容主要包括液位、流量、水质、土壤渗透性、降雨等，而深圳市海绵城市监测工作覆盖面较广，全市各区均有进行监测评价。

3.3　国内外经验比较

在海绵城市建设模式方面，整体上国内外均强调对城市雨水的控制、收集与处理。国外在雨洪管理方面还强调了建设项目的舒适性、宜居性、美观性和环保，我国海绵城市建设起步较晚，目前对于海绵城市建设项目的管控重点还是在对雨水径流量及污染物的控制等方面，而对项目的景观、美观、舒适度等考虑较少。

在建设效果控制指标方面，国内外的差异不仅体现在指标数量及指标值的设定上，还体现在指标确定的方法和划分实施上。如我国与美国在径流控制指标的差异首先体现在方法上，美国计算径流控制指标的方法有三种，早期是径流总量计算法，后期分别是降雨场次百分点法和长时期连续数值模拟法。我国提出的计算方法介于美国的径流总量计算法和降雨场次百分点法之间，主要区别在于降雨场次是以日降水量划分，而不是以实际降雨场次划分，而且降水量没有乘以径流系数而转变为径流量，因而国内方法得到的指标属于年降水总量指标，相较于控制场次降雨，其控制的效果不太理想。在指标划分实施方面，美国径流控制指标又细化为入渗控制指标、面源污染控制指标和河流侵蚀控制指标，而我国径流控制指标则主要体现在径流量和径流污染的控制上。

在建设项目自身评价指标方面，相较于国内对建设项目重点考察的年径流总量控制率、径流污染控制、径流峰值控制等指标外，国外普遍更加注重项目的美学观感、舒适宜居度和生态价值等社会指标。例如采用绿色自然排水设施代替灰色排水设施、垂直绿化等增加设计美学性的措施，强调与周边水景、建筑物、景观环境的融合性，提供公共空间设施、对环境的提升、对周边自然资源的保护、群众满意度调查等社会价值，植物培育、对生物多样性的保护等。

在海绵设施施工、运维方面，国外大多未对此阶段设定评价指标或目标，而国内重庆、广州、陕西等地区（省份）针对海绵设施施工、运维方面还制定了评价指标，相较国外，评价内容更加全面。

在监测工作方面，国外多仅针对设施的运行效果开展监测评估，监测多用于支撑和佐证设施的运行效果，较少对项目整体、排水分区开展监测，监测也多限于研究层面。国内城市的监测对象多分为设施、项目、排水分区三个层次，监测数据不仅用于评估设施的运行效果，还常作为项目、排水分区海绵城市建设效果评估的佐证(表3-24)。

国内外海绵城市建设效果指标差异表　　　　　　　　　　表 3-24

控制指标	对比国家	指标差异	
		国内	国外
径流总量控制指标	中国、美国、德国	指标无具体划分	细化为非渗透性面积、入渗控制指标、面源污染控制指标和河流侵蚀控制指标
舒适性指标	中国、英国、德国、新加坡	无相关指标	舒适性指标包括健康、安全、视觉影响和设施效益
生态指标	中国、英国	包括蓝线、绿线划定与保护及生态岸线率	生态指标包括增强开发点生物多样性和建立绿色走廊促进野生动物的迁移
环境保护指标	中国、美国、澳大利亚	体现在对评价区域内的水体及岸线保护上	环境保护指标主要体现在对受纳水体、区域自然资源等的保护
能源指标	中国、澳大利亚	雨水资源化利用率	能源指标包括饮用水量较少及替代供水、项目产生的能源效益
社会效益指标	中国、新加坡、澳大利亚	重庆、常德、浙江提出了对居民生活影响，对周边地块影响等评分指标	社会效益指标主要包括公共空间的提供、教育价值、社会参与度等
海绵设施施工、运维	中国、美国、英国、德国、新加坡、澳大利亚	重庆、广州、常德等地制定了评价指标	无相关指标

第 2 篇

方法篇

　　海绵城市建设效果评价方法一般包括现场监测法、模型模拟法以及二者结合的方法。另有些指标可通过公式计算法及现场调查法进行评估。现场监测法评价结果直观可靠，但监测成本高，且耗时耗力，不易操作；模型模拟法通过建立模型进行相关指标的评价，该方法评价成本低，但其结果准确性与模型基础资料的准确性直接相关。实际工作中，一般是两种方法的结合，即选择典型项目、典型排水分区作为现场监测评价的对象，以获取现场监测数据；在排水分区、城市层面建立水文水力模型进行评价，现场监测数据可作为模型的率定数据，进而提高模型评估的准确性。该方法可操作性强、成本适中，且准确性高。

　　海绵城市建设效果一般包括三个尺度的评价：建设项目、排水分区和城市尺度。不同尺度海绵城市建设效果评估的指标各异，以反映不同尺度的评价需求。随着物联网、人工智能技术的进步，智慧化海绵理念已逐步实现。智慧海绵系统构建了海绵城市在规划建设、运行管理和绩效评价三个不同阶段的应用思路及流程，其绩效评估模块接入了在线监测数据，通过绩效评估计算引擎，可实现多层级海绵城市建设效果评估。

第4章　评价方法概述

根据国内外相关经验，海绵城市建设评价方法主要有四种，包括现场监测法、模型模拟法、公式计算法、现场调查法。各评价方法有其适用的评价指标和各自的方法框架，本章仅对上述四种评价方法进行概述，具体评价流程详见后续章节。

4.1　现场监测法

4.1.1　适用评价指标

现场监测法借助相关仪器、设备对降雨量、排水管网流量、积水水位、雨水径流水质、河道水质、地下水水位等指标进行监测，一般用于径流总量控制、径流峰值控制、径流污染控制、路面积水控制、内涝防治、雨污混接污染和合流制溢流污染控制、水体环境质量、地下水埋深变化情况、热岛效应缓解情况九项指标的评价。其中，径流污染控制、雨污混接污染和合流制溢流污染控制、水体环境质量、地下水埋深变化情况、热岛效应缓解情况五项指标可通过现场监测法直接评价；径流总量控制、径流峰值控制、路面积水控制、内涝防治四项指标需要在特定的降雨条件下（包括典型降雨、特定重现期下的降雨等）开展评价。由于实际降雨往往与设计降雨情形相差较大，因此现场监测法较难用于直接评价，一般起到为模型参数的率定、验证提供基础数据的作用。

但在以下两种情况下，现场监测法可用于直接评价径流总量控制、径流峰值控制、路面积水控制、内涝防治四项指标：

（1）实际降雨接近设计降雨。这种情况下，可直接根据监测数据判断海绵城市建设效果是否达到目标要求。

（2）实际降雨量超过设计降雨。这种情况下，若监测表明海绵城市建设效果达到预期（例如未出现路面积水、内涝等），也可直接认定相关指标达标。

4.1.2　监测指标及其作用

海绵城市建设效果评价需监测的指标一般包括降雨量、流量、水位、水质和气温，具体监测方法、设备在本书第8章详述，本节主要对各指标监测的作用进行介绍。

1. 降雨量

海绵城市建设效果评价指标多数与雨水径流相关，因此降雨量监测是海绵城市建设效果评价的基础。降雨量监测的作用有两点：一是直接参与建设效果评价，即本书第4.1.1 节所述两种可用于直接评价径流总量控制、径流峰值控制、路面积水控制、内涝防治指标的情况；二是作为模型参数率定和验证的基础数据之一。

2. 流量

流量监测对象主要包括建设项目雨水总排口和排水分区管网总排口。其中，建设项目雨水总排口流量监测结果一般用于建设项目层次模型的率定和验证，并反映监测期间建设项目的径流总量控制情况；排水分区管网总排口流量监测结果一般用于排水分区层次模型的率定和验证，并反映监测期间排水分区的径流总量控制情况及溢流污染情况（对于合流制排水管网）。

3. 水位

水位监测对象主要包括排水管网检查井、路面积水、地下水等。其中，排水管网检查井水位、路面积水水位的监测结果一般用于排水分区模型参数的率定和验证，并反映监测期间排水分区内涝积水情况；地下水水位监测结果直接反映地下水水位的变化情况，监测周期一般持续多年，并覆盖海绵城市建设前后。

4. 水质

水质监测对象主要包括下垫面雨水径流、建设项目雨水径流和水体。其中，下垫面雨水径流和建设项目雨水径流监测结果用于评价建设项目径流污染控制情况，具体监测要求流程详见本书第 5.1.2 节；水体水质监测用于评价水体环境质量，包括水体是否存在黑臭以及水体具体水质类别，具体监测的水质指标和采样要求详见本书第 6.5 节。

5. 气温

气温的监测一般依托气象观测站，通过对海绵城市建设前后评价区域的气温进行连续监测，以评价海绵城市建设后城市热岛效应的缓解情况。

现场监测法监测指标及作用如表 4-1 所示。

现场监测法监测指标及作用　　　　　　　　　　　　　表 4-1

序号	监测指标	监测对象	监测作用
1	降雨量	评价区域	(1) 直接参与建设效果评价 (2) 作为模型参数率定和验证的基础数据之一
2	流量	建设项目雨水总排口	(1) 用于建设项目层次模型的率定和验证 (2) 反映监测期间建设项目的径流总量控制情况
		排水分区管网总排口	(1) 用于排水分区层次模型的率定和验证 (2) 反映监测期间排水分区的径流总量控制情况及溢流污染情况（对于合流制排水管网）
3	水位	排水管网检查井	(1) 排水分区模型参数的率定和验证 (2) 反映监测期间排水分区内涝积水情况
		路面积水	
		地下水	直接反映地下水水位的变化情况

续表

序号	监测指标	监测对象	监测作用
4	水质	下垫面雨水径流	评价建设项目径流污染控制情况
		建设项目雨水径流	
		水体	评价水体环境质量
5	气温	评价区域	评价热岛效应缓解情况

4.2　模型模拟法

4.2.1　适用评价指标

模型模拟法适用于径流总量控制、径流峰值控制、路面积水控制、内涝防治、雨污混接污染和合流制溢流污染控制五项指标的评价。

4.2.2　模拟情境及降雨

不同指标的模拟情境及在模型中输入的降雨有所差别。

1. 径流总量控制

径流总量控制采用模型模拟法评价时，模拟情境为海绵城市建设后，一般采用至少连续 10 年的间隔 1h 或 5min 或 1min 的降雨进行模拟。

2. 径流峰值控制

径流峰值控制指标评价需对比海绵城市建设前后，因此涉及两种建设状态的模拟。对于新建项目，模拟情境包括开发前和开发后；对于改建项目，模拟情境包括更新改造前和更新改造后。模型输入的降雨方面，径流峰值控制指标的模拟一般采用长、短两种历时的设计降雨，分别为内涝防治设计重现期对应的设计降雨，以及雨水管渠设计重现期对应的设计降雨。

3. 路面积水控制

本项指标采用模型模拟法评价时，仅需模拟开展海绵城市建设后新建、改（扩）建雨水管网在设计重现期对应的降雨条件下是否存在检查井冒溢现象，输入的降雨为雨水管渠设计重现期对应的设计降雨。

4. 内涝防治

与路面积水控制的评价类似，内涝防治情况采用模型模拟法评价的情境为海绵城市建设后，输入的降雨为内涝防治设计重现期对应的设计降雨。

5. 雨污混接污染和合流制溢流污染控制

本项指标采用模型模拟法评价时，模拟情境包括海绵城市建设前和建设后，即通过模拟海绵城市建设前后的溢流情况来反映区域溢流污染控制成效。模型输入的降雨与径流总量控制的评价类似，一般采用至少连续 10 年的间隔 1h 或 5min 或 1min 的降雨数据（表 4-2）。

不同评价指标的模拟情境 表 4-2

序号	评价指标	模拟情境	输入降雨
1	径流总量控制	海绵城市建设后	至少连续 10 年的间隔 1h 或 5min 或 1min 的降雨
2	径流峰值控制	海绵城市建设前后	内涝防治设计重现期对应的设计降雨和雨水管渠设计重现期对应的设计降雨
3	路面积水控制	海绵城市建设后	雨水管渠设计重现期对应的设计降雨
4	内涝防治	海绵城市建设后	内涝防治设计重现期对应的设计降雨
5	雨污混接污染和合流制溢流污染控制	海绵城市建设前后	至少连续 10 年的间隔 1h 或 5min 或 1min 的降雨

4.3　公式计算法

4.3.1　适用评价指标

理论上，绝大部分指标的评价都会涉及计算公式，包括模型软件的计算原理也是由一系列水文、水力公式组成。其中，有部分指标可通过少量的水文公式计算得出，包括径流总量控制和径流污染控制。本节将通过水文公式计算径流总量控制和径流污染控制的方法统称为"公式计算法"，具体包括容积计算法和加权平均法。

4.3.2　计算方法

1. 容积计算法

容积计算法用于评价建设项目的径流总量控制情况，建设项目中海绵城市设施具有的调蓄容积一般应满足"单位面积控制容积"的指标要求。设计调蓄容积一般采用容积计算法进行计算，如公式（4-1）所示。

$$V = 10H\varphi F \tag{4-1}$$

式中：V——设计调蓄容积（m^3）；

　　　H——设计降雨量（mm）；

　　　φ——综合雨量径流系数；

　　　F——汇水面积（hm^2）。

具体评价流程及各类设施的滞蓄/调蓄容积的计算方法详见本书第 5.1.1 节。

2. 加权平均法

加权平均法可用于区域（排水分区或城市）径流总量控制的评价，以及建设项目径流污染控制的评价。

评价区域径流总量控制时，本方法通过对区域内各建设用地的年径流总量控制率以面积进行加权平均，从而计算得出整个区域的年径流总量控制率。具体计算方法及评价流程详见本书第 6.1.3 节。

评价建设项目的径流污染控制效果时，可根据不同设施的年径流污染削减率、设施服务范围的年径流总量控制率经设施服务面积加权平均计算得出。具体计算公式为：

$$P_W = A \times \Sigma P_i / \Sigma A_i \tag{4-2}$$

$$P_i = P_{Wi} \times P_{Ti} \tag{4-3}$$

式中：P_W ——建设项目年径流污染削减率；

A——建设项目总面积（m^2）；

P_i ——各海绵城市设施服务的汇水分区年径流污染削减率；

A_i ——各海绵城市设施服务的汇水分区面积（m^2）；

P_{Wi} ——各海绵城市设施的年径流污染削减率；

P_{Ti} ——各海绵城市设施服务的汇水分区年径流总量控制率。

具体计算方法及评价流程见本书第 5.1.2 节。

4.4　现场调查法

4.4.1　适用评价指标

现场调查法指通过人工或借助设备对评价区域进行现场调研、勘察的方法，适用于部分通过现场调查即可进行评价的指标，主要包括雨污混接污染和合流制溢流污染控制、天然水域面积变化率、水体生态性岸线保护三项。

4.4.2　具体调查方法

具体调查方法主要有目测法和实测法。

1. 目测法

目测法即通过人工目测结合人为判断进行评价，可用于判断评价区域是否存在雨污混接或合流制溢流污染，以及水体岸线的类型等。这种方法可进行定性判断，一般无法进行定量评价。

2. 实测法

实测法即借助工具对评价对象的尺寸、状态进行测量，可用于确定排水管网拓扑关系、水域面积、各类岸线的长度等，分别对应雨污混接污染和合流制溢流污染控制、天然水域面积变化率、水体生态性岸线保护三项指标的评价。

开展现场调查时，一般将目测法与实测法相结合。其中，评价雨污混接污染和合流制溢流污染控制指标时，可先采用目测法判断雨水排口是否存在旱天出流，并用实测法确定排水管网的具体混接点；评价天然水域面积变化率时，先用目测法判断哪些属于天然水域，再用实测法确定天然水域面积；评价水体生态性岸线保护情况时，先用目测法判断岸线类型，再用实测法测量生态岸线长度。

第5章 建设项目海绵城市建设效果评价方法

建设项目海绵城市建设效果评价指标一般包括年径流总量控制率、径流污染控制、径流峰值控制、可渗透地面面积比例四项。其中，建筑小区类建设项目一般应评价全部四项指标，道路、停车场及广场类建设项目一般应评价年径流总量控制率和径流污染控制两项指标，公园与防护绿地类建设项目一般应评价年径流总量控制率（表5-1）。

各类建设项目评价指标表 表 5-1

序号	项目类型	评价指标
1	建筑小区	年径流总量控制率
2		径流污染控制
3		径流峰值控制
4		可渗透地面面积比例
5	道路、停车场及广场	年径流总量控制率
6		径流污染控制
7	公园与防护绿地	年径流总量控制率

本章分别对建筑小区类，道路、停车场及广场类，公园与防护绿地类的海绵城市建设效果常用评价方法进行介绍，对评价方法流程进行说明，并提供应用案例，以期为相关从业人员提供参考。

5.1 建筑小区类

建筑小区类建设项目一般应评价年径流总量控制率、径流污染控制、径流峰值控制、可渗透地面面积比例四项指标。

5.1.1 年径流总量控制率

年径流总量控制率评价方法主要有容积计算法、水量监测法、模型模拟法三种。

1. 容积计算法

容积计算法是指通过核查建设项目中渗透、滞蓄、净化等海绵设施实际设置规模，计算各海绵设施可控制的径流体积、建设项目总可控制径流体积和实际年径流总量控制率，以评价实际径流总量控制效果。容积计算法评价建设项目年径流总量控制率采用查

阅设计施工资料、现场检查与海绵设施径流体积控制规模核算相结合的方法进行。容积
计算法评价流程主要包括以下七个步骤：

1）查阅设计施工资料

查阅建设项目海绵城市方案设计文件、初步设计文件、施工图设计文件（包括设计
变更文件）、施工图设计文件审查合格书、海绵设施质量验收记录表等设计和施工相关
资料等，明确建设项目年径流总量控制率设计目标、下垫面构成和各海绵设施的设计规
模、服务范围、设施构造参数等。

2）现场检查

结合设计施工资料，尺量各海绵设施自身面积、汇水面积，尺量下沉式绿地、雨水
花园等生物滞留设施的下沉深度、溢流口高度，核查雨水罐、蓄水池、湿塘、雨水湿地
等储存设施的有效存储容积，并现场检查海绵设施运行情况。

3）渗透系数相关测试

测试透水铺装的渗透系数、土壤的渗透系数等；如无条件开展测试工作，可采用建
设项目勘察设计文件、施工图设计文件、透水铺装进场验收报告中的相关数据。

4）各海绵设施径流体积控制规模核算

依据各海绵设施的汇水面积，采用容积计算法计算得到渗透、滞蓄、净化设施可控
制的径流体积。

核算径流体积控制规模时，应符合以下要求：①顶部和结构内部有蓄水空间的渗透
设施（如复杂型生物滞留设施、渗管/渠等）的渗透量应计入总调蓄容积。②转输型植
草沟、渗管/渠、初期雨水弃流、植被缓冲带、人工土壤渗滤等对径流总量削减贡献较
小的设施，其调蓄容积不应计入总调蓄容积。③透水铺装和绿色屋顶的结构层空隙虽有
一定的蓄水空间，但其蓄水能力受面层或基层渗透性能的影响很大。因此透水铺装和绿
色屋顶仅参与综合雨量径流系数的计算，其结构内的空隙容积一般不再计入总调蓄容
积。④受地形条件、汇水面大小等影响，调蓄容积无法发挥径流总量削减作用的设施
（如较大面积的下沉式绿地，往往受坡度和汇水面竖向条件限制，实际调蓄容积远远小
于其设计调蓄容积），以及无法有效收集汇水区降雨径流的设施具有的调蓄容积不计入
总调蓄容积。

具体计算方法上，渗透、渗滤及滞蓄设施的径流体积控制规模应按下列公式计算：

$$V_{in} = V_s + W_{in} \tag{5-1}$$

$$W_{in} = KJAt_s \tag{5-2}$$

式中：V_{in}——渗透、渗滤及滞蓄设施的径流体积控制规模（m^3）；

V_s——设施有效滞蓄容积（m^3）；

W_{in}——渗透与渗滤设施降雨过程中的入渗量（m^3）；

K——土壤或人工介质的饱和渗透系数（m/h）；根据设施滞蓄空间的有效蓄水

深度和设计排空时间计算确定，由土壤类型或人工介质构成决定，不同类型土壤的渗透系数可按现行国家标准《建筑与小区雨水控制及利用工程技术规范》GB 50400—2016 的规定取值；

J ——水力坡度，一般取 1；

A ——有效渗透面积（m^2）；

t_s ——降雨过程中的入渗历时（h），为当地多年平均降雨历时，资料缺乏时，可根据平均降雨历时特点取 2～12h。

延时调节设施的径流体积控制规模按下列公式计算：

$$V_{ed} = V_s + W_{ed} \tag{5-3}$$

$$W_{ed} = K V_s / T_d A t_p \tag{5-4}$$

式中：V_{ed} ——延时调节设施的径流体积控制规模（m^3）；

W_{ed} ——延时调节设施降雨过程中的排放量（m^3）；

T_d ——设计排空时间（h），根据设计 SS 去除率所需停留时间确定；

t_p ——降雨过程中的排放历时（h），为当地多年平均降雨历时，资料缺乏时，可根据平均降雨历时特点取 2～12h。

5）建设项目实际控制降雨量核算

根据步骤 4）得出的各项海绵设施实际的径流体积控制规模，按下式核算其对应控制的降雨量。

$$H = V/10\phi F \tag{5-5}$$

式中：H ——实际控制降雨量（mm）；

V ——实际径流体积控制规模（m^3）；

ϕ ——雨量径流系数，可参考表 5-2 进行加权平均计算；

F ——汇水面积（hm^2）；

径流系数   表 5-2

汇水面种类	雨量径流系数 ϕ	流量径流系数 ψ
绿色屋顶，基层厚度≥300mm	0.30～0.40	0.40
硬屋面、未铺石子的平屋面、沥青屋面	0.80～0.90	0.85～0.95
铺石子的平屋面	0.60～0.70	0.80
混凝土或沥青路面及广场	0.80～0.90	0.85～0.95
大块石等铺砌路面及广场	0.50～0.60	0.55～0.65
沥青表面处理的碎石路面及广场	0.45～0.55	0.55～0.65
级配碎石路面及广场	0.40	0.40～0.50
干砌砖石或碎石路面及广场	0.40	0.35～0.40
非铺砌的土路面	0.30	0.25～0.35

续表

汇水面种类	雨量径流系数 ψ	流量径流系数 ψ
绿地	0.15	0.10～0.20
水面	1.00	1.00
地下建筑覆土绿地（覆土厚度≥500mm）	0.15	0.25
地下建筑覆土绿地（覆土厚度＜500mm）	0.30～0.40	0.40
透水铺装地面	0.08～0.45	0.08～0.45
下沉广场（50 年及以上一遇）	—	0.85～1.00

资料来源：《海绵城市建设技术指南——低影响开发雨水系统构建（试行）》

6）各设施、无设施控制的下垫面的年径流总量控制率核算

通过查阅年径流总量控制率与设计降雨量关系曲线图得到实际的年径流总量控制率，进而评价实际年径流总量控制率是否达到设计要求。其中，对无设施控制的不透水下垫面，其年径流总量控制率应为 0；对无设施控制的透水下垫面，应按设计降雨量为其初损后损值（即植物截留、洼蓄量、降雨过程中入渗量之和）获取年径流总量控制率，或按下式估算其年径流总量控制率。

$$a = (1 - \psi) \times 100\% \qquad (5\text{-}6)$$

式中：a——年径流总量控制率（%）；

　　　ψ——流量径流系数。

7）建设项目实际年径流总量控制率核算

将各设施、无设施控制的下垫面的年径流总量控制率，按包括设施自身面积在内的设施汇水面积、无设施控制的下垫面的占地面积加权平均，得到建设项目实际年径流总量控制率。

容积计算法年径流总量控制率评价流程图如图 5-1 所示。

8）应用案例

A 建设项目位于深圳市坪山区，总占地面积约 3.32hm^2，属于新建建筑小区类项

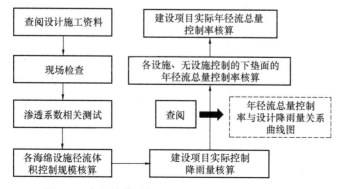

图 5-1　容积计算法年径流总量控制率评价流程图

目，年径流总量控制率设计目标为 60%。采用的海绵设施包括绿色屋顶、透水铺装、雨水花园等。A 建设项目下垫面构成如表 5-3 所示。

A 建设项目下垫面构成　　　　　　　　　　　　　　　　表 5-3

下垫面类型		面积（m²）
硬质屋面		12917
绿色屋顶		2018
硬质铺装		5303
透水铺装		8368
绿地	普通绿地	3972
	雨水花园	610
合计		33187

根据项目设计施工资料和现场检查结果，A 建设项目雨水花园径流体积控制规模为 230.2m³，径流控制面积即汇水面积为 11647.94m²，下垫面综合雨量径流系数为 0.67，对应的设计降雨量为 29.5mm；蓄水池径流体积控制规模为 228m³，径流控制面积即汇水面积为 9198.62m²，下垫面综合雨量径流系数为 0.85，对应的设计降雨量为 29.2mm。根据深圳市年径流总量控制率与设计降雨量关系曲线图，可得 A 建设项目雨水花园控制下垫面的年径流总量控制率为 68.0%，蓄水池控制下垫面的年径流总量控制率为 67.7%（图 5-2）。

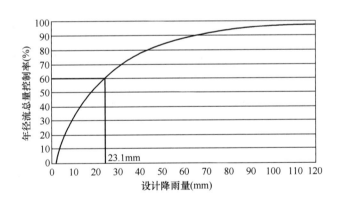

图 5-2　深圳市年径流总量控制率与设计降雨量关系曲线图

绿色屋顶、透水铺装、普通绿地等无设施控制的透水下垫面的年径流总量控制率，按公式（5-6）计算。其中绿色屋顶和透水铺装径流系数按 0.3 计，普通绿地径流系数按 0.15 计；则绿色屋顶和透水铺装的年径流总量控制率为 70%，普通绿地的年径流总量控制率为 85%。无设施控制的不透水下垫面的年径流总量控制率按 0 计算。

将各设施、无设施控制的下垫面年径流总量控制率，按包括设施自身面积在内的设施汇水面积、无设施控制的下垫面的占地面积加权平均，得到 A 建设项目实际年径流总量控制率为 68%，满足 60% 的设计目标。具体计算过程如表 5-4 所示。

A 建设项目年径流总量控制率计算表　　　　表 5-4

有设施控制的下垫面		
设施名称	雨水花园	蓄水池
设施调蓄容积（m³）	230.2	228
径流控制面积（m²）	11647.94	9198.62
下垫面综合雨量系数	0.67	0.85
控制降雨量（mm）	29.5	29.2
年径流总量控制率（%）	68.0	67.7

无设施控制的透水下垫面		
下垫面类型	绿色屋顶	透水铺装	绿地
雨量径流系数	0.3	0.3	0.15
面积（m²）	958.34	7368.1	3171.7
年径流总量控制率（%）	70	70	85

无设施控制的不透水下垫面	
面积（m²）	842.7
年径流总量控制率（%）	0

项目实际年径流总量控制率＝（68.0%×11647.94＋67.7%×9198.62＋70%×958.34＋70%×7368.1＋85%×3171.7＋0×842.7）/33187.4≈68%

2. 水量监测法

水量监测法是现场监测法的一种，指在建设项目接入市政管网的溢流排水口或检查井处安装流量自动监测设备，通过监测建设项目至少 1 个雨季的雨水外排量，以评价建设项目的实际径流总量控制效果。水量监测法评价建设项目年径流总量控制率的流程主要包括以下六个步骤：

1）查阅设计施工资料

查阅建设项目海绵城市方案设计文件、施工图设计文件（包括设计变更文件）等，明确建设项目年径流总量控制率设计目标、下垫面构成、雨水管网和各海绵设施的设计规模、服务范围等。

2）汇水分区划分

结合设计施工资料，梳理建设项目的雨水管网布局、走向、管径，划分汇水分区。一般来讲，汇水分区个数与建设项目接入市政管网的溢流排水口或检查井个数相等。

3）监测点位选择

监测点位一般选取建设项目接入市政管网的溢流排水口或检查井排口处。现场检查建设项目接入市政管网的溢流排水口或检查井处雨水管网情况，观测是否具备监测设备安装条件；如不具备安装条件，可就近选取上游或下游处的检查井作为监测点，并对汇水分区范围做出相应调整。

4）监测设备安装、运行及维护

在监测点位安装在线流量监测设备，实时监测建设项目排入市政管网的水量，流量监测频率至少1次/5min，连续自动监测1个雨季或1年，获取"时间—流量"序列监测数据，并定期对监测设备进行维护，以保持设备良好运行。

5）降雨数据获取

具备降雨监测条件的，可在建设项目场地空旷、无树木或建筑物遮挡处，安装在线雨量计，采集监测时段内的降雨数据。不具备条件的，可利用距建设项目最近的本地气象监测站点的降雨数据。

6）建设项目实际年径流总量控制率核算

根据获取的"时间—流量"序列监测数据和降雨数据，可按下式核算项目实际年径流总量控制率。

$$a = [1 - (1000 \times V_p)/(F \times h)] \times 100\% \tag{5-7}$$

式中：a——年径流总量控制率（%）；

V_p——监测期间监测范围的雨水总外排量（m³）；

F——监测范围面积（m²）；

h——监测期间监测范围内的总降雨量（mm）。

水量监测法年径流总量控制率评价流程如图5-3所示。

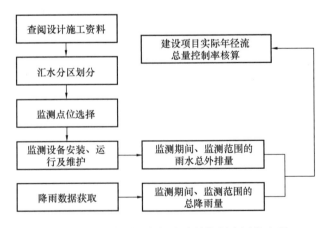

图5-3　水量监测法年径流总量控制率评价流程

7）应用案例

B 建设项目占地面积为 1.58hm²，建于 1997 年，为老旧小区海绵城市改造类项目。年径流总量控制率为 75％，对应的设计降雨量为 26mm。结合 B 建设项目的实际情况，在海绵城市改造中采用的设施主要包括雨水花园、线性排水沟、透水铺装、高位花坛、雨水调蓄池等。

为系统评价 B 建设项目的海绵城市改造效果，于 2017 年 12 月，在项目的南侧雨水管网总出口处和雨水调蓄池排水口处各安装 1 台流量计，对管道流量进行在线监测，雨量数据采用该市海绵城市建设监管平台中的监测数据，连续监测不少于 1 年（图 5-4）。

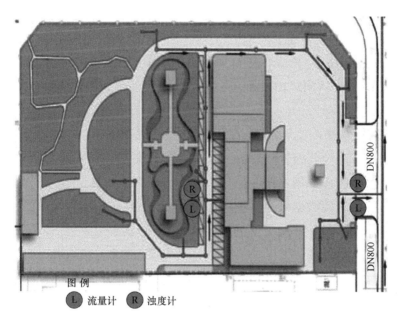

图 5-4　监测设施布置点位图

根据已有监测数据，2018 年 7 月 1 日至 2019 年 6 月 30 日的数据（间隔 5min）最为完整。因此，以该时段的降雨数据以及水量监测数据对 B 建设项目海绵城市建设效果进行评价。2018 年 7 月 1 日至 2019 年 6 月 30 日的降雨量为 673mm，折算后 B 建设项目的雨量为 10633.4m³，全年的外排流量总计为 1967.18m³，则 B 建设项目的实际年径流总量控制率为 81.5％，满足不低于 75％的设计目标。

3. 模型模拟法

模型模拟法是指通过核查建设项目中渗透、滞蓄、净化等海绵设施的实际设置规模，结合降雨数据，利用水文水力模型模拟评价建设项目的实际径流总量控制效果。模型模拟法评价建设项目年径流总量控制率采用设计施工资料查阅、现场检查与模型模拟相结合的方法进行评价。模型模拟法评价的流程主要包括以下五个步骤：

1）查阅设计施工资料

查阅建设项目海绵城市方案设计文件、施工图设计文件（包括设计变更文件）等，明确建设项目年径流总量控制率设计目标、下垫面构成、场地竖向、雨水管网和各海绵设施的设计规模、服务范围、设施构造参数等。

2）现场检查

结合设计施工资料，核查各海绵设施自身面积、汇水面积，下沉式绿地、雨水花园等生物滞留设施的下沉深度、溢流口高度，以及雨水罐、蓄水池、湿塘、雨水湿地等储存设施的有效存储容积是否与施工图设计文件相符，并现场检查海绵设施运行维护情况。

3）选取模型

模型应具有下垫面产汇流、管道汇流、源头减排设施等模拟功能，常用的有SWMM模型、InfoWorks ICM模型和MIKE URBAN模型。其中在建设项目的降水—径流模拟模型方面，SWMM模型最为常见。

4）构建模型

模型构建过程应输入部分基础数据，并确定模型参数。

基础数据包括降雨数据、蒸发数据、雨水管网数据、下垫面数据和海绵设施参数。其中，降雨数据应采用本地不少于1个完整雨季步长为1min或5min或1h的连续降雨监测数据；蒸发数据可采用本地月平均蒸发数据；雨水管网数据一般根据项目施工图设计资料和现场检查情况设定，其中雨水管道信息主要包括编码、尺寸、起始管底标高、末端管底标高、坡度、长度等，节点信息主要包括编码、内底标高、地面标高等；下垫面数据一般根据项目施工图设计资料和现场检查情况设定，主要包括各类下垫面布局和面积；海绵设施参数根据项目施工图设计资料和现场检查情况设定，主要包括海绵设施面积、汇水面积，生物滞留设施下沉深度、溢流口高度，透水铺装和土壤的渗透系数，储存调节设施有效容积等。

模型参数应根据建设项目施工图设计资料和本地海绵城市方面模型参数率定相关研究成果取值。如本地未开展过海绵城市方面模型参数率定工作的，应根据监测数据对模型进行率定；不具备模型参数率定条件的，可借鉴国内外相关研究成果及经验，结合所采用的模型用户手册，对模型参数赋值。

模型模拟法年径流总量控制率评价流程如图5-5所示。

5）模拟评价建设项目年径流总量控制率

利用本地不少于1个完整雨季的步长为1min或5min或1h的连续降雨数据，运行模型得出项目年径流总量控制率。

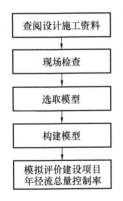

图5-5　模型模拟法年径流总量控制率评价流程

6）应用案例

C 建设项目位于深圳市南山区，项目总面积为 1.46hm²，年径流总量控制率目标为 60%，采用的海绵设施包括透水铺装、植草沟、雨水收集回用系统等。C 建设项目下垫面构成如表 5-5 所示。

C 建设项目下垫面构成 表 5-5

下垫面类型		面积（m²）
硬质屋面		5088
绿色屋面		0
硬质铺装		6313
透水铺装		263
绿地	雨水花园	789
	植草沟	483
	普通绿地	1664
合计		14600

根据 C 建设项目室外排水管网设计图纸资料，结合现场调研核查，项目场地分为三个汇水分区，项目场地内的雨水径流沿主要内部道路敷设的雨水管道收集，分别由场地南侧和东侧的排放口排出。结合资料和现场调研情况，选用 SWMM 模型对 C 建设项目的年径流总量控制率进行评价（图 5-6）；依据 C 建设项目施工图设计资料、《深圳市海绵城市应用 SWMM 及 MIKE 模型参数率定研究报告》和《雨水管理模型 SWMM 用户手册》确定主要模型参数，部分海绵设施选取参数如表 5-6 所示。

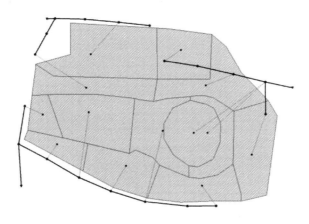

图 5-6 C 建设项目 SWMM 模型

部分海绵设施模型参数选取结果 表5-6

海绵设施	结构层	设计参数	推荐数值
雨水花园	表层	挡水护栏高度	150mm
		植被体积占比	0.1
		表层粗糙系数（曼宁系数）	0.24
		表面坡度（%）	5
	土层	厚度	600mm
		孔隙率	0.18
		土壤持水率	0.1
		枯水率	0.03
		导水率	18mm/hr
		导水率坡度	10
		吸水水头	90mm
	储水层	厚度	900mm
		孔隙率	0.5
		渗滤率	12.7mm/hr
		堵塞因子	0
	排水层	流量系数	0
		流动指数	0.5
		暗渠偏移高度	150mm
绿色屋顶	表层	挡水护栏高度	50mm
		植被体积占比	0
		表层粗糙系数（曼宁系数）	0.24
		表面坡度（%）	0.5
	土层	厚度	100mm
		孔隙率	0.18
		土壤持水率	0.1
		枯水率	0.03
		导水率	18mm/hr
		导水率坡度	10
		吸水水头	90mm
	排水层	厚度	25
		流动指数	0.5
		粗糙系数（曼宁系数）	0.012

采用 2020 年 5～11 月逐分钟降雨数据进行模拟分析，结果显示 C 建设项目的年径流总量控制率为 70.9%，满足 60% 的设计目标（表5-7）。

C 建设项目整个雨季径流总量控制模拟结果　　　　　　表 5-7

类别	模拟结果
总降雨量（mm）	1289
蒸发雨量（mm）	224
渗透雨量（mm）	690
外排雨量（mm）	375
年径流总量控制率（%）	70.9

4. 方法对比

三种建设项目年径流总量控制率评价方法各有其适用条件和优缺点，实际评价工作中应根据建设项目特征、评价工作周期要求、相关数据获取难易程度、工作经费等选择合适的方法。容积计算法、水量监测法和模型模拟法的适用情况及优缺点如表 5-8 所示。

方法对比　　　　　　表 5-8

方法	适用条件	优点	缺点
容积计算法	普遍适用	(1) 计算过程简单易懂，对专业性要求较低 (2) 工作周期较短 (3) 所需费用较低	(1) 评价结果准确度相对低于其他两种方法 (2) 对基础资料的准确度要求较高
水量监测法	完全实现雨污分流项目	(1) 方法较直观 (2) 评价结果准确度较高 (3) 形成的监测数据，可支撑智慧海绵城市建设，为类似项目提供数据支撑	(1) 工作周期较长 (2) 所需费用较高 (3) 监测期间降雨的典型性对评价结果的影响较大
模型模拟法	本地已有相关模型参数率定结果或已具备模型率定条件	可模拟评价各种降雨条件下海绵城市建设效果	(1) 专业性较强，需较好的模型使用经验和技术能力 (2) 对基础资料的准确度要求较高 (3) 部分模型为商业软件，需购买使用

5.1.2　径流污染控制

降雨径流污染主要与大气降尘、汽车尾气、下垫面特征等有关，成分较为复杂。其中，悬浮物（SS）往往与其他污染物指标具有一定关联性，故一般用悬浮物（SS）作为径流污染物控制指标。径流污染控制评价方法主要有水质监测法、加权平均法两种。

1. 水质监测法

水质监测法是现场监测法的一种，指在建设项目接入市政管网的溢流排水口或检查井处，通过监测降雨期间的雨水径流悬浮物（SS）含量，以评价建设项目海绵设施的径流污染控制效果。水质监测法评价建设项目径流污染控制采用设计施工资料查阅、现场检查与实地监测相结合的方法。水质监测法评价的流程主要包括以下六个步骤：

1）查阅设计施工资料和现场检查

通过查阅设计施工资料与现场检查，核查各海绵设施的布局、规模、设计构造、径流控制体积、设计排空时间、植物配置、运行工况等参数。

2）监测点位选择

监测点位选择方法与本书第5.1.1节中年径流总量控制率水量监测法的监测点位确定方法一致。

3）场降雨雨水水质监测

在监测点位安装在线水质监测仪器，对径流污染负荷（也即SS）进行在线监测。或采取人工采样法，在降雨期间对监测点位处雨水径流进行瞬时采样（瞬时采样是指在某一采样点随机采集的一个水样，可按某个时间间隔序列采集得到多个瞬时水样。单个瞬时水样仅表示相应时间点的雨水情况，不能代表场次径流的污染情况。可按照预先设定的不同时间间隔对径流、设施出流和溢流全过程进行瞬时水样采集，体现水质变化完整过程），并对采集雨水样品中的悬浮物（SS）含量开展检测。

4）场降雨平均浓度核算

结合建设项目排放口流量和水质监测数据，计算不同降雨量下建设项目排放径流的悬浮物（SS）场次降雨平均浓度，由此推算监测期内外排污染物负荷。

$$EMC = \frac{M}{V} = \frac{\sum C_i Q_i}{\sum Q_i} \tag{5-8}$$

式中：EMC——悬浮物（SS）场次降雨平均浓度（mg/L）；

M——某场降雨径流所排放的污染物总量（mg）；

V——某场降雨所形成的地表径流量（L）；

C_i——悬浮物（SS）瞬时浓度（mg/L）；

Q_i——地表径流瞬时流量（m³/s）。

5）常规开发模式下的径流污染负荷确定

借鉴本地或国内外相关研究所取得的不同下垫面径流场次平均浓度，得到项目在常规开发模式下的径流污染负荷。

6）计算建设项目径流污染削减率

利用通过监测得到的场次平均径流污染负荷和常规开发模式下的径流污染负荷，结合建设项目海绵城市建设前后多年平均降雨量条件下的年排放径流总量，计算径流污染削减率。

$$\omega = 1 - \frac{W_{海绵}}{W_{常规}} = 1 - \frac{EMC_{海绵}Q_{海绵}}{EMC_{常规}Q_{常规}} \quad (5\text{-}9)$$

式中：ω——径流污染负荷削减率；

$W_{常规}$——常规开发建设项目外排污染负荷（kg）；

$W_{海绵}$——海绵城市建设项目外排污染负荷（kg）；

$Q_{常规}$——常规开发建设项目多年平均外排径流量（m^3）；

$Q_{海绵}$——海绵城市建设项目多年平均外排径流量（m^3）。

径流污染控制评价流程如图 5-7 所示。

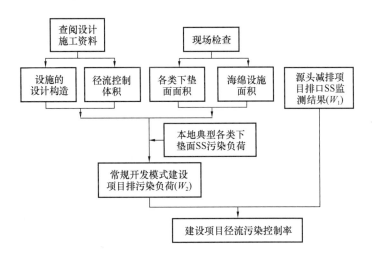

图 5-7　径流污染控制评价流程

7）应用案例

D 建设项目总面积为 2.89hm²，现状排水体制为雨污分流制，雨水管网管径 300～600mm，共有两个雨水总排口，即两个雨水汇水分区。汇水分区一面积为 1.65hm²，汇水分区二面积为 1.24hm²（图 5-8）。在两个雨水总排口处，通过人工采样方式监测降雨径流悬浮物（SS）含量。

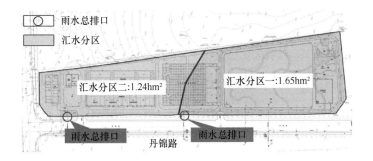

图 5-8　D 建设项目汇水分区图

为确保取得有效、合理的监测数据，每个监测点采集 6 次有效降雨的降雨径流，每场降雨的采样频率根据本书第 8.2.1 节所述开展。采样人员在降雨前抵达监测点，准备好监测过程中所需的手持监测设备、采样瓶、记录板等相关设施，样品采集后立即送至化学分析实验室，按国家标准中相关的水质分析法进行各种指标的浓度的测定。

选取 3 场典型降雨所检测的雨水径流污染物浓度及排口流量对场地内实际径流污染 EMC 进行计算，可得 D 建设项目实际径流污染 EMC 为 18.5mg/L（表 5-9）。

D 建设项目实际径流污染物 EMC 测算表　　　　　　　　　　表 5-9

监测日期	降雨径流污染物 EMC（mg/L）	项目实际径流污染物 EMC（mg/L）
4 月 28 日	17.52	
7 月 21 日	18.4	18.5
9 月 13 日	19.65	

根据深圳市相关研究所取得的不同下垫面径流平均浓度及 D 建设项目各类下垫面面积，计算可得 D 建设项目在常规开发模式下的径流污染物 EMC 为 68.9mg/L（表 5-10）。

D 建设项目实际径流污染物 EMC 测算表　　　　　　　　　　表 5-10

下垫面类型	径流污染 EMC（mg/L）	下垫面面积（m²）	常规开发模式下径流污染物 EMC（mg/L）
屋顶	49.0	4922.57	
道路和铺装	144.4	5538.04	68.9
绿地	51.5	18439.36	

根据公式（5-9），计算可得 D 建设项目项目径流污染削减率为 73.1%。

2. 加权平均法

加权平均法是指通过核查建设项目中渗透、滞蓄、净化等海绵设施实际设置规模和服务范围，将各类海绵设施对悬浮物（SS）去除率以面积进行加权平均计算，从而得出整个建设项目的径流污染削减率。加权平均法评价建设项目径流污染削减率采用设计施工资料查阅与现场检查相结合的方法。加权计算法评价流程主要包括以下三个步骤：

1）查阅资料

查阅建设项目海绵城市方案设计文件、初步设计文件、施工图设计文件（包括设计变更文件）、施工图设计文件审查合格书、海绵设施质量验收记录表等设计和施工相关资料等，明确建设项目下垫面构成和各海绵设施的设计规模、服务范围、设施构造参数等。

2）现场检查

结合设计施工资料，尺量各海绵设施自身面积、汇水面积，查看设施的设计构造、径流控制体积、排口时间、运行工况、植物配置能否保证悬浮物（SS）去除率达到设计要求。

3）径流污染控制率核算

依据各海绵设施的汇水面积，采用加权平均法计算得到建设项目径流污染控制率。如本地开展过海绵设施悬浮物（SS）去除率研究，可采用本地研究结论；如本地未开展相关研究，可参考表 5-11 计算。

海绵设施对悬浮物（SS）去除率一览表　　　　　　表 5-11

海绵设施	悬浮物（SS）去除率	海绵设施	悬浮物（SS）去除率
透水砖铺装	80%～90%	蓄水池	80%～90%
透水水泥混凝土	80%～90%	雨水罐	80%～90%
透水沥青混凝土	80%～90%	转输型植草沟	35%～90%
绿色屋顶	70%～80%	干式植草沟	35%～90%
下凹式绿地	—	湿式植草沟	—
简易型生物滞留设施	—	渗管/渠	35%～70%
复杂型生物滞留设施	70%～95%	植被缓冲带	50%～75%
湿塘	50%～80%	初期雨水弃流设施	40%～60%
人工土壤渗滤	75%～95%	—	—

3. 方法对比

水质监测法的优点是方法直观、准确度较高，形成的监测数据可为类似项目提供数据支撑。其缺点有工作周期较长、所需费用较高，且由于降雨初期效应时间较短，采样时部分样品可能已错过初期效应时间，评价结果可能比实际偏高等。

加权平均法的优点是适用性强、计算过程简单、所需费用较高。但由于我国降雨径流的悬浮物（SS）浓度普遍较高，且源头下垫面的初期冲刷现象往往较管网末端明显，初期雨水中携带的悬浮物（SS）可被源头减排设施有效处理，故源头减排设施对降雨径流的悬浮物（SS）总量削减率一般较高。而加权平均法未考虑初期冲刷等因素对悬浮物（SS）总量削减率的影响，计算结果较实际往往偏小。此外，加权平均法需要有本地化研究作为基础，计算结果才比较可靠。

5.1.3　径流峰值控制

1. 径流峰值控制目标及其标准

径流峰值流量控制主要是利用调节设施等控制较高瞬时流量的径流，将其较高的瞬时水流动能消解，减少对下游的侵蚀和破坏，同时可以延长径流的峰现时间。根据《海绵城市建设评价标准》GB/T 51345—2018，径流峰值控制标准为：在雨水管渠及内涝防治设计重现期下，新建项目外排径流峰值流量不宜超过开发建设前原有径流峰值流量；改（扩）建项目外排径流峰值流量不得超过更新改造前原有径流峰值流量。

2. 评价步骤

根据《海绵城市建设评价标准》GB/T 51345—2018，径流峰值控制效果应采用模型模拟法评价。评价流程主要包括以下四个步骤：

1）查阅设计施工资料

查阅建设项目海绵城市方案设计文件、初步设计文件、施工图设计文件（包括设计变更文件）等设计施工资料等，明确项目场地竖向、下垫面布局、室外雨水管网布局以及海绵设施设计参数。

2）现场检查

结合设计施工资料，核查各海绵设施自身面积、汇水面积，下沉式绿地、雨水花园等生物滞留设施的下沉深度、溢流口高度，以及雨水罐、蓄水池、湿塘、雨水湿地等储存设施的有效存储容积是否与施工图设计文件相符，并现场检查海绵设施运行情况。

3）模型搭建

利用 SWMM 模型，根据建设项目场地竖向、下垫面布局、室外雨水管网布局以及海绵设施设计，搭建建设项目的水力模型。模型搭建步骤详见本书第 5.1.1 节年径流总量控制率的模型模拟法中模型搭建流程。

4）模拟分析

基于现状和新建或改造前两种建设状态，分别模拟在雨水管渠设计重现期和内涝防治重现期下，建设项目雨水管道排放口的排放流量。对比开发建设或改造前后，径流峰值的变化情况。

径流峰值控制评价流程如图 5-9 所示。

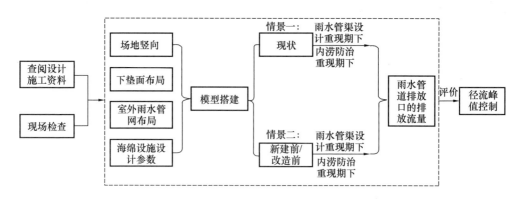

图 5-9　径流峰值控制评价流程

5）应用案例

E 建设项目总用地面积 1.12hm²，属新建建筑小区项目。采用的海绵设施包括停车位植草砖、下沉式绿地和雨水蓄水池等。项目排水体制为雨污分流制，雨水汇水分区 1 个，汇水面积 1.12hm²。E 建设项目下垫面构成如表 5-12 所示。

E 建设项目下垫面构成 　　　　　　　　　　　　　　　表 5-12

下垫面类型		面积（m²）
硬质屋面		2880
绿色屋面		1089
硬质铺装		2872
透水铺装		747
绿地	普通绿地	1371
	下沉绿地	2200
合计		11160

　　结合 E 建设项目下垫面、雨水管网、地形等相关基础数据，构建 SWMM 模型。分别选取当地 5 年一遇 2h 设计降雨和 50 年一遇 24h 设计降雨对改造前后的降雨径流情况进行模拟，模型模拟结果如图 5-10、图 5-11 和表 5-13 所示。

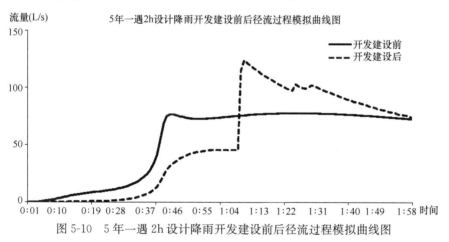

图 5-10　5 年一遇 2h 设计降雨开发建设前后径流过程模拟曲线图

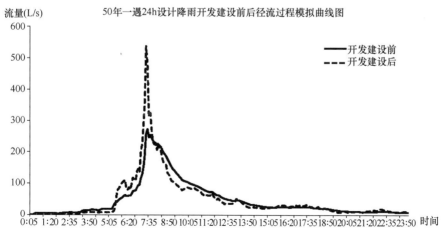

图 5-11　50 年一遇 24h 设计降雨开发建设前后径流过程模拟曲线图

E 建设项目开发建设前后径流峰值控制模拟结果一览表　　表 5-13

5 年一遇 2h 设计降雨情况下						
建设状态	不渗透比例（%）	总降雨量（mm）	总蒸发量（mm）	设施蓄存量（mm）	总入渗量（mm）	总径流量（mm）	径流峰值（L/s）
开发建设前	10	94.02	0.27	47.18	11.60	34.60	78.09
开发建设后	51.54		0.27	55.83	4.41	33.51	124.23
50 年一遇 24h 设计降雨情况下						
建设状态	不渗透比例（%）	总降雨量（mm）	总蒸发量（mm）	设施蓄存量（mm）	总入渗量（mm）	总径流量（mm）	径流峰值（L/s）
开发建设前	10	447.50	3.30	15.52	72.33	356.35	272.85
开发建设后	51.54		3.30	46.12	33.99	364.09	537.07

由此可以看出，在雨水管渠设计重现期和内涝防治设计重现期下，E 建设项目在开发建设后的径流峰值流量均大于开发建设前。经分析，主要是由于开发建设后，较多透水下垫面变为不透水下垫面所致。

5.1.4　可渗透地面面积比例

1. 定义及计算方法

在建设项目层面及城市层面均会进行评价，但两个层面对可渗透地面面积比例的定义不同。在建设项目层面，可渗透地面面积比例是指除屋面外，具有透水性能的地面面积（含水体）与地面总面积的比值，其计算对象不包括建筑基底面。建设项目的可渗透地面面积比例计算方法为：可渗透地面面积比例（%）＝（可渗透地面面积/室外地面面积）× 100%。在城市层面，可渗透地面面积比例是指城市内具有渗透能力的地表（含水域）面积占城市总面积的百分比，其计算对象包括所有下垫面，具体计算方法详见本书第 7.3 节。

2. 评价流程

可渗透地面面积比例采用施工图设计资料查阅与现场测量相结合的方法进行评价。评价流程主要包括以下三个步骤：

1）查阅设计施工资料

查阅建设项目海绵城市方案设计文件、初步设计文件、施工图设计文件（包括设计变更文件）等设计施工资料等，明确可渗透下垫面的构成、布局和规模。

2）现场检查

现场检查建设项目可渗透下垫面的构成、布局和规模是否和设计施工资料一致。如一致，则按照设计资料中各类下垫面的面积计算可渗透地面面积比例；如不一致，需尺量变更处的下垫面面积。

3）可渗透地面面积比例计算

根据资料查阅和现场检查结果，计算建设项目可渗透地面面积比例。

可渗透地面面积比例评价流程图如图 5-12 所示。

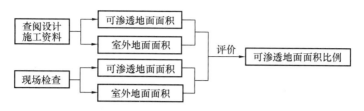

图 5-12 可渗透地面面积比例评价流程图

3. 应用案例

F 建设项目位于深圳市龙华区,建设用地面积约 26533m²。F 建设项目下垫面构成如表 5-14 所示。

F 建设项目下垫面构成 表 5-14

下垫面类型		面积（m²）
屋面	硬质屋面	8773
	绿色屋面	2392
硬质铺装		2930
透水铺装		7158
绿地	普通绿地	4504
	雨水花园	776
合计		26533

F 建设项目可渗透地面包括透水铺装和绿地。由表 5-14 可知,项目除屋面外地面总面积为 15368m²,可渗透地面总面积为 12438m²,可渗透地面面积比例为 80.9%。

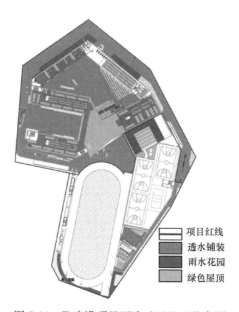

图 5-13 F 建设项目可渗透下垫面分布图

5.2 道路、停车场及广场类

由于道路、停车场及广场类建设项目硬质铺装较多，且其是快速形成降雨径流，进而导致排水集中、内涝和径流污染严重的重要区域，应通过海绵城市建设控制径流总量和径流污染。因此，道路、停车场及广场类建设项目一般需评价年径流总量控制率、径流污染控制，其评价方法同建筑小区类，详见本书第 5.1.1 节和第 5.1.2 节。

需要注意的是，由于市政雨水管网可能有上游区域及两侧地块的雨水径流汇入，当道路类建设项目年径流总量控制率和径流污染控制采取监测法评价时，需排除道路红线外雨水汇水的影响。下面以 G 道路项目为例，介绍道路类项目监测点位选取方法。

G 道路全长 719.6m，总面积为 1.17hm²。现状排水体制为雨污分流制，雨水管网管径 600~800mm，共有三个雨水总排口，因而分三个雨水汇水分区。三个汇水分区均存在两侧地块雨水管接入的情况（图 5-14）。

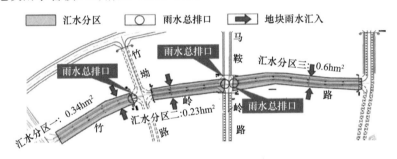

图 5-14 G 建设项目汇水分区图

为排除两侧地块及周边道路降雨径流影响，选取汇水分区一自设计起点起第四个雨水井作为监测点位。监测范围为完整汇水分区，汇水面积 0.23hm²，排口上游管道管径 600mm（图 5-15）。

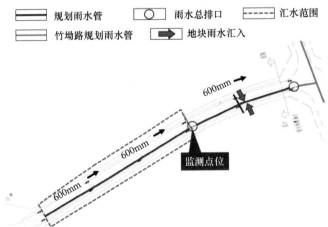

图 5-15 G 建设项目监测点位图

5.3　公园与防护绿地类

　　由于公园与防护绿地类建设项目透水下垫面占比较大，径流系数较小、径流污染轻，因此对于只消纳自身汇水范围降雨径流的公园与防护绿地类建设项目，一般只需评价年径流总量控制率即可，其评价方法同建筑小区类年径流总量控制率评价方法，详见本书第 5.1.1 节，此处不再赘述。

第 6 章 排水分区海绵城市建设效果评价方法

排水分区层次海绵城市建设效果评价指标一般包括径流总量控制、路面积水控制、内涝防治、雨污混接污染和合流制溢流污染控制、水体环境质量、天然水域面积变化率、水体生态性岸线保护七项，本章介绍各项评价指标的常见评价方法，并给出各种评价方法的应用案例，以期为相关从业人员提供参考。

6.1 径流总量控制

国内一般是采用"年径流总量控制率"指标评价海绵城市设施的径流总量控制效果，排水分区层次年径流总量控制率评价方法主要有现场监测法、模型模拟法和加权平均法。同时，国内还有人提出了"监测与模拟联合法"，但其实质是现场监测法与模型模拟法在不同特征区域的使用，并非一种独立的评价海绵城市设施径流控制效果的方法。以下对现场监测法、模型模拟法和加权平均法三种排水分区层次年径流总量控制率评价方法进行介绍。

6.1.1 现场监测法

1. 方法概述

排水分区层次年径流总量控制率采用现场监测法评价时，与建设项目层次的方法基本相同，只是将雨水径流监测对象由建设项目接入市政管网的溢流排水口或检查井排口换成排水分区的雨水管网总排口。当排水分区雨水管网总排口上游检查井无其他支管汇入时，也可将流量监测设备安装在雨水管网总排口上游检查井。如图 6-1 示意的排水管网末端，监测该排水分区的雨水径流总量时，可将监测设备安装在雨水管网总排口，也可安装在总排口上游的检查井 Y1。

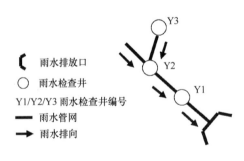

图 6-1 排水管网末端示意图

需要注意的是，当采用现场监测法时，排水分区需具备监测雨水总径流量的条件。当排水分区的雨水径流总量不易监测，如雨水管网末端受下游排放水体水位顶托影响等，则需选择其他方法评价排水分区的年径流总量控制率。

2. 评价流程

现场监测法评价排水分区层次年径流总量控制率的流程包括以下五个步骤（图 6-2）：

1）监测设备安装点位确定

进行现场踏勘，确定雨量计和雨水管网流量监测设备的安装点位。

2）监测设备安装及调试

安装雨量计和流量计，并进行调试，确保监测数据准确，数据存储和传输符合要求。

3）持续监测及设备维护

持续开展雨量和雨水管网流量监测，并及时进行设备维护，确保设备正常工作。一般需至少监测 1 年，即获取至少 1 年的雨量监测数据及市政管网排放口"时间—流量"或泵站前池"时间—水位"序列监测数据。

4）监测数据处理

对监测数据异常值和空缺值进行处理，具体处理方法详见本书第 8.4 节。对于有污水管网混接入雨水管网的情况，还应根据监测数据计算旱天各时段污水平均流量，在计算雨水管网雨天径流总量时进行扣除。

5）监测结果评价

根据监测的雨量和雨水径流量数据，结合排水分区面积计算得出排水分区的年径流总量控制率。

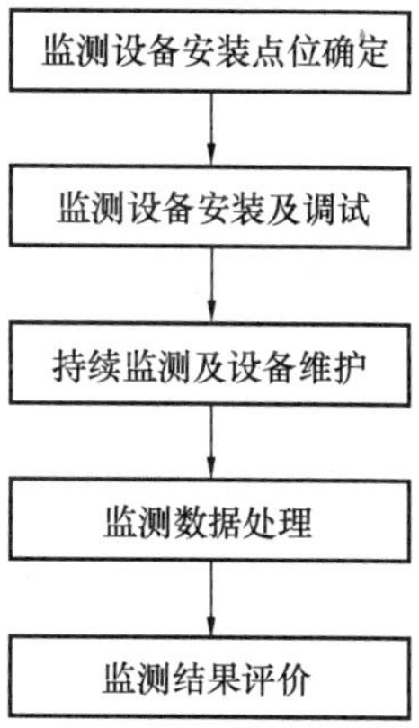

图 6-2　监测法评价排水分区层次年径流总量控制率流程

3. 应用案例

某排水分区总面积 5.14km^2，采用现场监测法评价区域的年径流总量控制率。于排水分区雨水管网总排口安装了在线流量监测设备，并在排水分区内安装了雨量计，持续监测 1 年。监测期间区域总降雨量 1423.4mm，实测雨水管网总排口累计外排雨水径流量 272.17 万 m^3。

该排水分区年径流总量控制率计算过程如下：

（1）排水分区总降雨体积：1423.4×5.14/10＝731.63 万 m^3；

（2）排水分区年径流总量控制率：[（731.63－272.17）/731.63]×100％＝62.8％。

6.1.2　模型模拟法

1. 方法概述

排水分区层次年径流总量控制率采用模型模拟法评价时，与建设项目层次的方法大致相同，只是排水分区层次的水文水力模型构建时还需对排水分区内的雨水管网相关参数进行率定。相关参数率定方法详见本书第 9 章，本节不展开论述。若评价区域周边有基础条件（包括降雨、下垫面、土地利用、土壤、地下水等）相似地区的水文水力模型参数已进行率定，可直接采用经率定的参数构建模型。

2. 评价流程

模型模拟法评价排水分区层次年径流总量控制率的流程包括以下四个步骤（图6-3）：

1）排水分区模型构建

收集排水分区内下垫面、海绵城市设施、排水管网等相关资料，构建排水分区模型。

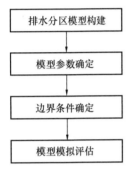

图 6-3　模型模拟法评价排水分区层次年径流总量控制率流程

2）模型参数确定

若评价区域周边有基础条件相似地区的水文水力模型参数已进行率定，可直接采用经率定的参数。若没有，则应在对典型项目、排水管网关键节点进行监测后，对排水分区相关模型参数进行率定。

3）边界条件确定

模型模拟排水分区年径流总量控制率时，模型下边界设置为自由出流，且无须设置模型上边界。

4）模型模拟评估

根据确定的模型参数及边界条件，输入降雨数据，开展模型的模拟评估，得出排水分区的年径流总量控制率。其中，根据《海绵城市建设评价标准》GB/T 51345—2018，降雨应采用至少近 10 年的步长为 1min 或 5min 或 1h 的连续降雨监测数据。

3. 应用案例

某排水分区总面积 4.13km²，采用 SWMM 模型评价片区年径流总量控制率，模型概化图如图 6-4 所示。

图例
▨ 汇水分区
■ 汇水分区符号
● 雨水检查井
▼ 雨水排放口

图 6-4　某排水分区 SWMM 模型概化图

经参数率定和验证后，输入连续 10 年的步长为 1h 的连续降雨数据，模拟得出排水分区年径流总量控制率为 61.1%。模拟结果如表 6-1 所示。

降雨量（mm）	蒸发量（mm）	入渗量（mm）	径流量（mm）	年径流总量控制率（%）
17964.8	3645.8	7326.5	6992.5	61.1

6.1.3　加权平均法

1. 方法概述

本方法通过对排水分区内各建设用地的年径流总量控制率以面积进行加权平均，从而计算得出整个排水分区的年径流总量控制率，具体计算公式如下：

$$\bar{\alpha} = \frac{\sum \alpha_i A_i}{\sum A_i} \tag{6-1}$$

式中：$\bar{\alpha}$——排水分区年径流总量控制率；

α_i——排水分区内各建设用地年径流总量控制率；

A_i——排水分区内各建设用地面积。

需要注意的是，当排水分区内有区域型调蓄设施（如雨水调蓄池或大面积雨水花园等）用于消纳多个建设项目的雨水径流时，应将相关建设项目当作一个整体进行考虑。

2. 评价流程

加权平均法的评价流程包括以下三个步骤（图 6-5）：

1）排水分区内各建设用地面积统计

对于有区域型调蓄设施的排水分区，应将区域型调蓄设施服务范围相关建设项目当作一个整体考虑。

2）排水分区内各建设用地年径流总量控制率计算

根据本书第 5 章所述方法，逐个计算各建设用地的年径流总量控制率。若建设项目的实际年径流总量控制率已经过海绵城市建设主管部门评估认定，则可直接采用经认定的数值。

3）排水分区整体年径流总量控制率计算

根据公式（6-1）对各建设用地的年径流总量控制率进行加权平均，得出排水分区整体的年径流总量控制率。

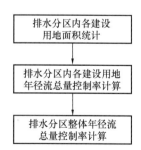

图 6-5　加权平均法评价排水分区层次年径流总量控制率流程

3. 应用案例

某排水分区总面积 1.22km²，建设用地以居住用地、村庄建设用地和行政办公用地为主，拟采用加权平均法评估区域年径流总量控制率。该排水分区内新建、改（扩）建项目的海绵城市相关设计方案和施工图通过了当地海绵城市建设主管部门的审查。因此，新建、改（扩）建项目的年径流总量控制率按海绵城市设计方案中核算的值确定。对于现状保留项目，采用模型模拟法计算出各类建设项目的年径流总量控制率。作者采用加权平均法评价该排水分区的径流控制效果，得出该排水分区年径流总量控制率为 55.1%。该排水分区年径流总量控制率计算过程如表 6-2 所示。

排水分区年径流总量控制率计算表（加权平均法）　　　　表 6-2

地块编号	用地性质	用地面积（m²）	年径流总量控制率（%）
01	中小学用地	92048	70
02	二类居住用地	12269	45
03	村庄建设用地	1887	35
04	村庄建设用地	29115	35
05	二类居住用地	18619	45
06	商业商务混合用地	15011	40
07	公园绿地	4247	85
......			
合计		1217623	55.1

6.1.4　方法对比

排水分区层次年径流总量控制率评价方法各有其适用条件和优缺点，实际评价工作中应根据排水分区特征、评价工作周期要求及相关数据获取的难易程度选择合适的方法。总体来讲，现场监测法采用监测实际降雨及雨水径流总量的方式计算年径流总量控制率，较为直观，且监测数据可支撑智慧海绵城市建设工作。但现场监测法工作周期较长，一般需要连续监测 1 年。此外，监测期间降雨的典型性对评价结果的影响较大。若监测期间降雨明显少于或明显多于典型年，则计算所得年径流总量控制率则会明显偏大或偏小。

模型模拟法可模拟长周期的径流总量控制情况，评价结果不会受短期实际降雨的影响，且模型参数经率定后可用于基础条件相似地区的模型模拟评价。但模型模拟法对评价人员的专业能力要求较高，且模型参数率定过程较为复杂，需要监测数据作为支撑，或周边基础条件相似地区的模型参数已通过率定。

加权平均法的适用性较强，计算过程较简单。但由其计算过程可知加权平均法的准确度完全取决于各个建设项目，因此对各个建设项目评价结果的准确度要求较高。

排水分区层次年径流总量控制率评价方法对比如表 6-3 所示。

排水分区层次年径流总量控制率评价方法对比　　　　表 6-3

方法	适用条件	优点	缺点
现场监测法	雨水管网末端具备监测条件的排水分区	（1）方法较直观 （2）可形成监测数据，支撑排水分区智慧海绵城市建设	（1）工作周期较长 （2）监测期间降雨的典型性对评价结果的影响较大
模型模拟法	模型参数已率定或具备率定条件	可模拟长周期的径流总量控制情况	专业性较强
加权平均法	普遍适用	计算过程较简单	对各个建设项目评价结果的准确度要求较高

6.2　路面积水控制

路面积水控制指标反映的是评价区域在排水管渠设计重现期下的内涝积水情况，评价方法主要有现场监测法和模型模拟法。

6.2.1　现场监测法

1. 方法概述

采用现场监测法评价排水分区的路面积水控制情况时，可在城市易涝点处设置实时摄像监测设备或在线液位计，分析特定降雨条件下易涝点的积水情况。根据《海绵城市建设评价标准》GB/T 51345—2018，应筛选最大 1h 降雨量不低于现行国家标准《室外排水设计标准》GB 50014—2021 规定的雨水管渠设计重现期标准的降雨，分析该降雨下的摄像监测资料，城市重要易涝点的道路边沟和低洼处的径流水深不应大于 15cm，且雨后退水时间不应大于 30min。

2. 评价流程

现场监测法评价排水分区路面积水控制情况的流程包括以下四个步骤（图 6-6）：

1）确定易涝点

根据行业主管部门提供的资料，确定排水分区内的易涝点。

2）设备安装，开展监测

在易涝点处安装摄像监测设备或在线液位计，持续开展 1 年的监测。条件允许时，也可利用交警、公安等部门已安装的摄像设备获取监测资料。

3）分析监测资料

对各场降雨时各易涝点的摄像监测资料进行分析，得出积水深度和积水时间数据。

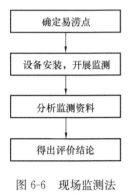

图 6-6　现场监测法
评价路面积
水控制情况流程

4）得出评价结论

根据摄像监测资料分析结果，结合气象部门提供的降雨数据，得出排水分区路面积水控制情况评价结论。

3. 应用案例

吴连丰采用现场监测法评价厦门市马銮湾片区路面积水控制情况，于区域内历史内涝点处市政道路截水边沟内安装在线液位计 1 台，监测长序列的地面积水情况，并确保安装点为周边地势的低洼点。易涝点全年累计降雨次数 51 场，其中大于 3 年一遇强度降雨 3 场，最大强度降雨为 50 年一遇。监测结果显示，各场实际降雨条件下，历史内涝点地面积水深度均控制在 15cm 以下，最大积水深度为 11.7cm，积水时间 23min，满足《室外排水设计标准》GB 50014—2021的要求。

6.2.2　模型模拟法

1. 方法概述

本方法通过构建排水分区层次水文水力模型，模拟雨水管网在设计重现期对应的降雨条件下是否存在检查井冒溢现象。若存在冒溢现象，则说明雨水管网达不到设计重现期要求，本项评价指标不达标；反之，则说明雨水管网可达到设计重现期要求，本项评价指标达标。采用模型模拟法评价排水分区路面积水控制情况时，需注意评价对象为开展海绵城市建设后的新建、改（扩）建雨水管渠，不包括开展海绵城市建设前已建雨水管渠。

2. 评价流程

模型模拟法评价排水分区路面积水控制情况的流程与年径流总量控制率评价模型基本相同，均包括模型构建、模型参数确定、边界条件确定、模型模拟评估四个步骤，但输入的降雨条件不同。模拟计算年径流总量控制率时，降雨应采用至少近 10 年的步长为 1min 或 5min 或 1h 的连续降雨监测数据；模拟路面积水控制情况时，降雨一般采用雨水管渠设计重现期对应的 2h 设计降雨。

3. 应用案例

王洁瑜等采用 MIKE FLOOD 模型对某海绵城市建设区域的路面积水控制情况进行模拟评估，模拟结果显示，设计降雨为 5 年一遇时，海绵建设前研究区域积水情况明显，积水点位较多；海绵建设后研究区域无明显积水，积水情况得到明显改善。

6.2.3　方法对比

与排水分区年径流总量控制率的评价类似，评价路面积水控制情况时，现场监测法较为直观，但工作周期较长。并且现场监测法要求应筛选最大 1h 降雨量不低于现行国家标准《室外排水设计标准》GB 50014—2021 规定的雨水管渠设计重现期标准的降雨，若评价工作开展周期内降雨较少，则可能不具备采用现场监测法开展评价的条件。

模型模拟法评价结果不会受评价工作开展时实际降雨的影响，且监测数据可支撑智慧海绵城市建设工作。但对评价人员的专业能力要求较高，且模型参数率定过程较为复杂，需以监测数据或周边基础条件相似地区已通过率定的模型参数作为支撑。

6.3　内涝防治

本项指标旨在评价排水分区的内涝防治标准达标情况，评价方法包括现场监测法和模型模拟法。

6.3.1　现场监测法

1. 方法概述

本方法主要采用摄像等手段对排水分区内易涝点进行监测，通过分析易涝点在暴雨时的积水情况评价排水分区内涝防治标准达标情况。对于设置了内涝监测预警系统的城市，可直接查阅已有监测预警系统监测资料。根据《海绵城市建设评价标准》GB/T 51345—2018，需查阅至少近 1 年的实际暴雨下的摄像监测资料，当实际暴雨的最大 1h 降雨量不低于内涝防治设计重现期标准时，分析重要易涝点的积水范围、积水深度、退水时间，应符合现行国家标准《室外排水设计标准》GB 50014—2021 与《城镇内涝防治技术规范》GB 51222—2017 的规定。

2. 评价流程

现场监测法评价内涝防治标准达标情况的流程与用现场监测法评价路面积水控制情况的流程相同，只是评价的情境有所区别。评价路面积水控制情况时，监测的是出现雨水管渠设计重现期标准下降雨的路面积水情况；评价内涝防治标准达标情况时，监测的是出现内涝防治设计重现期标准下降雨的路面积水情况。

3. 应用案例

深圳市龙华区于 2020 年打造了智慧水务综合系统，覆盖了易涝点监测等 10 大场景。作者在评价深圳市龙华区某排水分区内涝防治情况时，借助该系统对区域内易涝点积水情况进行了分析，结果显示该排水分区易涝点在监测时段内的积水范围、积水深度、退水时间均符合现行国家标准《室外排水设计标准》GB 50014—2021 与《城镇内涝防治技术规范》GB 51222—2017 的规定。

6.3.2 模型模拟法

1. 方法概述

本方法通过构建排水分区层次水文水力模型，模拟内涝防治设计重现期下排水分区的内涝积水情况。根据《室外排水设计标准》GB 50014—2021 与《城镇内涝防治技术规范》GB 51222—2017 的规定，内涝防治设计重现期下，排水分区内居民住宅和工业商业建筑的底层不应进水，道路中一条车道的积水深度不应大于 15cm，且雨后退水时间不应大于 30min。若模型结果显示区域积水情况满足上述标准，则说明可达到相应的内涝防治标准，反之则不能达到。

由于内涝防治标准达标情况需分析积水深度、积水范围、退水时间三个内涝相关因子，因此要求所采用的水文水力模型除了具备下垫面产汇流、管道汇流等模拟功能外，还需具有模拟地面漫流的功能。常用水文水力模型软件及其构建流程详见本书第 9 章。

2. 评价流程

模型模拟法评价排水分区内涝防治标准达标情况的流程与路面积水控制、年径流总量控制率评价模型基本相同，均包括模型构建、模型参数确定、边界条件确定、模型模拟评估等步骤，但输入的降雨条件不同。模拟内涝防治标准达标情况时，降雨应采用内涝防治设计重现期下的最小时间段为 5min 总历时为 24h 的设计雨型数据。

3. 应用案例

深圳市某排水分区总面积 4.13km²，内涝防治标准为 50 年一遇，作者采用模型模拟法评估其内涝防治情况。该排水分区上层次排水防涝规划规定，当积水深度超过 0.15m 且积水时间大于 30min 的积水范围大于 1000m² 时，积水构成内涝灾害。

模型模拟结果显示，在 50 年一遇设计重现期对应的设计暴雨情景下该排水分区积水情况未达到内涝灾害水平。该排水分区 50 年一遇设计降雨情景下模型模拟出的积水情况统计如表 6-4 所示。

深圳市某排水分区积水模拟结果统计表 表 6-4

序号	积水位置编号	轻微积水区范围（m²）	严重积水区范围（m²）
1	A	5730	760
2	B	1020	90
3	C	2180	560
4	D	4800	400
5	E	3400	610
6	F	1270	750
7	G	4440	740
8	H	1920	800
9	I	6390	730

注：轻微积水区指积水深度小于 15cm 或积水时间小于 30min 时的积水区域，严重积水区指积水深度超过 15cm 且积水时间大于 30min 的积水区域。

6.3.3　方法对比

与排水分区路面积水控制情况的评价类似，评价内涝防治情况时，现场监测法较为直观，但工作周期较长。监测法要求分析实际暴雨的最大 1h 降雨量不低于内涝防治设计重现期标准条件下的积水情况，若评价工作开展周期内降雨较少，则可能不具备采用现场监测法评价的条件。

模型模拟法评价结果不会受评价工作开展时实际降雨的影响，但对评价人员的专业能力要求较高。此外，本方法要求所采用的水文水力模型具有模拟地面漫流的功能，即具备二维模型的功能，而目前具备二维水文水力模型功能的基本为售价较高的商业软件，因此评价工作成本相对较高。

6.4　雨污混接污染和合流制溢流污染控制

《海绵城市建设评价标准》GB/T 51345—2018 将"雨污混接污染和合流制溢流污染控制"作为水体环境质量的一项指标进行评价，但它们体现的是不同层面的工作。雨污混接污染和合流制溢流污染控制是水环境治理的手段之一，而水体环境质量则是直接反映水环境治理的成效。因此，本书单独对雨污混接污染和合流制溢流污染控制指标的评价方法进行介绍。

根据《海绵城市建设评价标准》GB/T 51345—2018，应控制雨天分流制雨污混接污染和合流制溢流污染，并不得使所对应的受纳水体出现黑臭；或雨天分流制雨污混接排放口和合流制溢流排放口的年溢流体积控制率均不应小于 50%，且处理设施悬浮物（SS）排放浓度的月平均值不应大于 50mg/L。雨天分流制雨污混接排放口和合流制溢流排放口的年溢流体积控制率指多年通过混接改造、截流、调蓄、处理等措施削减或收集处理的雨天溢流雨污水体积与总溢流体积的比值。其中，调蓄设施包括生物滞留设施、雨水塘、调蓄池等；处理设施指末端污水处理厂和溢流处理站，处理工艺包括"一级处理＋消毒""一级处理＋过滤＋消毒""沉淀＋人工湿地"，以及污水处理厂全过程处理等。

雨污混接污染和合流制溢流污染控制的评价方法主要有现场调查法、现场监测法和模型模拟法。其中，现场调查法仅用于明确评价区域的排水管网拓扑关系，即判断排水管网是分流制还是合流制，以及分流制的排水管网是否存在混接。现场调查法不能用于直接评价雨污混接污染和合流制溢流污染控制情况，但考虑到明确排水管网拓扑关系是本项指标评价的基础，因此本节对现场调查法做简要介绍。现场监测法可用于判断分流制排水管网混接情况，也可用于评估雨污混接污染和合流制溢流污染控制情况。模型模拟法仅用于模拟污染控制情况，且需要现场监测法支撑模型参数的率定和验证。

6.4.1 现场调查法

1. 方法概述

现场调查法是采用现场检查的手段，对排水管网的拓扑情况进行明确，以判断排水管网是合流制还是分流制，以及分流制是否存在雨污混接的情况等。根据采用手段的不同，现场调查法又可分为人工排查法和管道检测法。人工排查法指通过人工观测的手段判断分流制排水系统混接情况的方法，观测对象包括雨水口、检查井、雨水立管、污水立管、明渠等，通过目测排水管网连接情况或旱天雨水口、雨水检查井水量情况进行判断；管道检测法借助检测技术对排水管道的串通状况进行评价，相关技术方法包括管道闭路电视（CCTV）、声呐成像、透地雷达（GPR）、红外线温度记录分析、管道扫描评估（SSET）、多重传感器（SAM）、潜望镜（QV）等。

2. 评价流程

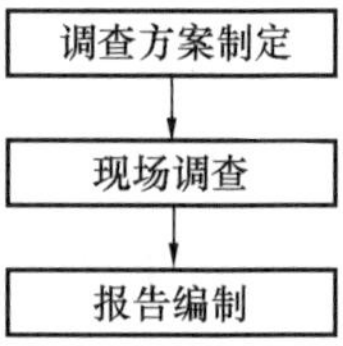

现场调查法评价流程较为简单，一般包括调查方案制定、现场调查、报告编制三个步骤（图6-7）。

1）调查方案制定

分析排水管网设计资料，确定现场调查方法、调查顺序、人员分工和所需携带工具等。其中，管道检测法一般需委托专业的检测公司开展相关工作。

图6-7 现场调查法评价雨污混接污染和合流制溢流污染控制情况流程

2）现场调查

根据制定的调查方案，开展现场调查工作。其中，分流制排水管网混接情况调查工作的重点是建筑小区的混接，市政管网混接情况次之。

3）报告编制

根据现场调查情况，编制调查报告，明确排水管网拓扑关系。

3. 应用案例

张厚强等分别采用人工排查法、管道检测法对上海市区莘庄地铁北广场、兰坪排水系统两个分流制地区排水管网混接情况进行了调查。结果显示，莘庄地铁北广场在碧泉路、众贤路和广通路上均有污水流入雨水管，同时莘庄地铁站附近的生活、生产污水流入雨水口情况也较严重；兰坪排水系统不存在雨污混接现象，但雨水管道存在较严重的渗漏、脱节、破损等问题（图6-8）。

6.4.2 现场监测法

1. 方法概述

现场监测法可分为水量监测和水质监测两种，水量监测用于评价年溢流污染体积控制率，水质监测用于评价溢流污染处理设施排放的污染物浓度。其中，溢流污染处理设

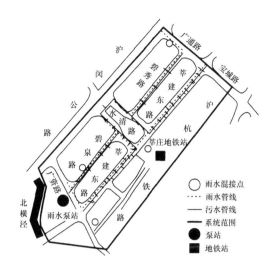

图 6-8　莘庄地铁北广场排水系统的雨污混接点

施出水一般需根据生态环境部门的要求进行水质监测，可直接查阅相关监测资料，无须开展专门的监测。

根据《海绵城市建设评价标准》GB/T 51345—2018，采用现场监测法评价年溢流污染体积控制率时，应连续监测至少近 10 年的各溢流排放口流量，时间、人力、物力等各方面的成本很高。溢流污染处理设施排放的污染物浓度的评价方面，《海绵城市建设评价标准》GB/T 51345—2018 要求溢流污染处理设施每次出水应至少取样 1 次，但并未规定监测周期。因此，若直接根据《海绵城市建设评价标准》GB/T 51345—2018 采用现场监测法评价雨污混接污染和合流制溢流污染控制情况，可操作性较差。行业相关学者采用监测法研究雨污混接污染和合流制溢流污染特征时，一般会连续监测 1 年的降雨，少数会进行连续几年的监测。

水量监测频次方面，《海绵城市建设评价标准》GB/T 51345—2018 未进行规定，一般是在监测点位安装在线监测设备，开展连续监测。水质监测指标方面，《海绵城市建设评价标准》GB/T 51345—2018 要求监测悬浮物（SS）指标，国内相关研究一般还会监测 COD、TN、TP 等指标。

2. 评价流程

现场监测法用于评价雨污混接污染和合流制溢流污染控制情况的流程包括以下四个步骤（图 6-9）：

1）设备安装及调试

在溢流排放口及溢流污染控制设施进、出水口安装流量计，并进行调试，确保监测数据准确，数据存储和传输符合要求。

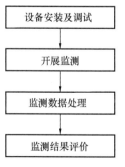

图 6-9　监测法评价排水分区雨污混接污染和合流制溢流污染控制流程

2) 开展监测

开展至少 1 年的水量、水质监测。

3) 监测数据处理

对监测数据异常值和空缺值进行处理，具体处理方法详见本书第 8.4 节。

4) 监测结果评价

根据水量、水质监测结果，对排水分区的雨污混接污染和合流制溢流污染控制情况进行评价。

3. 应用案例

美国金县（King County）部分老城区采用合流制排水系统，全县共有 92 个合流制溢流口，中、大雨时容易出现溢流，影响地表水质，危害公众健康。为控制合流制溢流污染，金县自 20 世纪 70 年代期开始建设合流制溢流污染控制措施，包括调蓄隧道、调蓄池、溢流污染处理设施等，并从 1988 年开始对溢流水量、水质进行监测，以 5 年为一个周期对合流制溢流污染控制项目进行评估。监测结果显示，截至 2006 年，合流制排水系统的年溢流体积从约 24 亿 m^3 减少到约 9 亿 m^3。

6.4.3 模型模拟法

1. 方法概述

本方法通过构建排水分区水文模型，模拟多年连续降雨条件下溢流排放口的溢流情况。其模型构建方法与排水分区层次年径流总量控制率模拟模型相同，一般采用至少连续 10 年的间隔 1h 或 5min 或 1min 的降雨进行模拟。模型模拟情境包括两个，一个是海绵城市建设前，另一个是海绵城市建设后，通过模拟海绵城市建设前后的溢流情况来反映区域溢流污染控制成效。

需要说明的是，本方法仅用于评价溢流排水口的溢流体积控制率，无法评价溢流污染控制设施排放浓度。

2. 评价流程

模型模拟法评价雨污混接污染和合流制溢流污染控制情况与模型模拟法评价排水分区层次年径流总量控制率的流程相同，包括排水分区模型构建、模型参数确定、边界条件确定、模型模拟评估四个步骤。

3. 应用案例

合肥市老城区杏花排水系统为合流制排水系统，系统内管道铺设年代较久，设计标准低，而且截流能力小，造成系统内涝与溢流污染问题严重。为改善周边水体水质，合肥市提出了对该系统进行改造的方案，包括新建排水管道、提升雨污水泵站设计流量等。张伟等采用模型模拟法评价改造方案效果，对三个典型水文年降雨条件下系统运行的效果进行了模拟评估，发现改造后排水系统的溢流次数较改造前可削减 34%～61%，溢流水量可削减 25%～31%。

6.4.4　方法对比

本节介绍了现场调查法、现场监测法和模型模拟法三种方法，但其中现场调查法仅用于判断是否存在雨污混接或合流制溢流，直接用于评价雨污混接污染和合流制溢流污染控制情况的方法为现场监测法和模型模拟法。与前述几个指标的评价类似，现场监测法较为直观，但评价工作周期较长；若开展短期监测，又无法反映控制措施的长期效果。

模型模拟法工作周期短，可模拟多年的溢流污染控制情况，且模型参数经率定后可用于基础条件相似地区的模型模拟评价，但对评价人员的专业能力要求较高。模型模拟法尤其适用于监测数据不足，无法支撑进行多年年均溢流频次、溢流体积分析的情况。在我国雨污混接污染和合流制溢流污染控制工程规划设计工作起步较晚，监测数据严重不足的现实条件下，该方法具有一定的优越性。

6.5　水体环境质量

水体环境质量一般要求采用实际监测数据进行评价，即采用现场监测法。虽然开展水环境整治时许多项目会采用模型模拟评估方案效果，但该种做法属于水环境治理效果的预评估，非治理效果的直接评价。由于本书的编制目的是为海绵城市建设后的效果评价提供借鉴，因此对水体环境质量的评价仅介绍现场监测法。

《海绵城市建设评价标准》GB/T 51345—2018 对达标排水分区的水体环境质量提出了三点要求：一是水体不黑臭；二是水环境质量不劣于海绵城市建设前；三是河流水系存在上游来水时，旱天下游断面水质不宜劣于上游来水水质。因此，对于海绵城市建设前存在黑臭现象的水体，需根据《海绵城市建设评价标准》GB/T 51345—2018、《城市黑臭水体整治工作指南》的要求开展黑臭相关指标的监测，包括透明度、溶解氧（DO）、氧化还原电位（ORP）和氨氮（NH_3-N）。对于海绵城市建设前不存在黑臭现象的水体，需根据《地表水环境质量标准》GB 3838—2002 要求开展水质监测，评价水体环境质量等级。

截至 2021 年底，我国地级及以上城市建成区黑臭水体基本消除。因此，对于地级及以上城市建成区水体一般对照《地表水环境质量标准》GB 3838—2002 要求开展水质监测。

6.5.1　黑臭水体评价方法

黑臭水体的评价主要根据《城市黑臭水体整治工作指南》和《海绵城市建设评价标准》GB/T 51345—2018 要求开展。

1. 监测点位

根据《城市黑臭水体整治工作指南》，应沿水体每 200～600m 间距设置监测点，且每个水体的监测点不应少于 3 个。取样点一般设置于水面下 0.5m 处，水深不足 0.5m 时，应设置在水深的 1/2 处。

《海绵城市建设评价标准》GB/T 51345—2018 除提出上述要求外，还规定：存在上游来水的河流水系，应在上游和下游断面设置监测点。

2. 监测指标和监测频率

监测指标方面，《城市黑臭水体整治工作指南》和《海绵城市建设评价标准》GB/T 51345—2018 均要求包括透明度、溶解氧（DO）、氧化还原电位（ORP）和氨氮（NH₃-N）。

监测频率方面，《城市黑臭水体整治工作指南》提出每 1～2 周取样 1 次，连续测定 6 个月。《海绵城市建设评价标准》GB/T 51345—2018 对监测频率的规定则考虑了雨天合流制溢流污染控制的评价，要求每 1～2 周取样应至少 1 次，且降雨量等级不低于中雨的降雨结束后 1d 内应至少取样 1 次，连续测定 1 年；或在枯水期、丰水期应各至少连续监测 40d，每天取样 1 次。若排水分区内不存在合流制溢流污染，建议按照《城市黑臭水体整治工作指南》要求的频率开展监测。

3. 水质指标测定方法

水质指标测定方法方面，《城市黑臭水体整治工作指南》中有明确要求，具体为：透明度应在现场采用黑白盘法或铅字法测定，溶解氧应在现场采用电化学法测定，氧化还原电位应在现场采用电极法测定，氨氮应在实验室采用纳氏试剂光度法或水杨酸－次氯酸盐光度法测定（水样应经过 0.45μm 滤膜过滤）。

《海绵城市建设评价标准》GB/T 51345—2018 则要求水质评价指标的检测方法应符合现行行业标准《城镇污水水质标准检验方法》CJ/T 51—2018 的规定，但《城镇污水水质标准检验方法》CJ/T 51—2018 仅适用于城镇污水水质的测定，可在检测溢流污染控制时采用，不能用于地表水环境质量的监测。因此，黑臭水体监测指标测定方法应根据《城市黑臭水体整治工作指南》选取。

4. 监测结果评价

取各监测点各指标的平均值进行评价。评价标准如表 6-5 所示。

黑臭水体评价标准　　　　　　　　　　表 6-5

特征指标	轻度黑臭	重度黑臭
透明度（cm）	25～10*	<10*
溶解氧（mg/L）	0.2～2.0	<0.2
氧化还原电位（mV）	－200～50	<－200
氨氮（mg/L）	8.0～15	>15

注：表中带 * 的表示水深不足 25cm 时，该指标按水深的 40% 取值。

资料来源：《城市黑臭水体整治工作指南》

6.5.2　水体环境质量等级评价方法

水体环境质量等级的评价主要根据《海绵城市建设评价标准》GB/T 51345—2018、《地表水环境质量标准》GB 3838—2002、《地表水环境质量监测技术规范》HJ 91.2—2022 和《地表水环境质量评价办法（试行）》开展。

1. 监测点位

《地表水环境质量监测技术规范》HJ 91.2—2022 规定了两种类型水体的监测断面布设要求：①河流；②湖泊和水库。其中，河流监测断面又根据断面设置位置和监测目的，分为背景断面、对照断面、控制断面、河口断面、入境断面、出境断面、交界断面和潮汐河流监测断面；湖泊和水库通常只设置监测垂线，设置在不同湖泊和水库的不同水域，如进水区、出水区、深水区、浅水区、湖心区、岸边区等。

《海绵城市建设评价标准》GB/T 51345—2018 未对监测断面进行分类，而是要求沿水体每 200～600m 间距设置监测点，且每个水体的监测点不应少于 3 个。

从海绵城市建设评估工作的出发点来看，监测水体水质的目的是要对海绵城市建设前后的水质变化进行对比，无须考虑背景调查和对照等要求。因此，建议根据《海绵城市建设评价标准》GB/T 51345—2018 要求进行监测点位的布设。若所评价水体有日常监测断面，可一并纳入评价。

2. 监测指标和监测频率

如前所述，《海绵城市建设评价标准》GB/T 51345—2018 要求监测的指标包括透明度、溶解氧（DO）、氧化还原电位（ORP）和氨氮（NH_3-N），每 1～2 周取样 1 次，连续测定 6 个月。但若要评价水体环境质量，监测黑臭水体的 4 项指标是不合适的，需要根据《地表水环境质量标准》GB 3838—2002 等地表水环境质量相关监测要求开展监测工作。

《地表水环境质量标准》GB 3838—2002 提出了 24 个基本检测项目，详见该标准表1，本书不展开介绍。监测频率方面，《地表水环境质量监测技术规范》HJ 91.2—2022 做出了相关规定，具体为：地表水环境质量例行监测可按月开展；若月度内断面所处河流因自然原因或人为干扰使其河流特征属性发生较大变化，可开展加密监测；上年度内每月均未检出的指标，可降低采样频次。

3. 水质指标测定方法

《地表水环境质量标准》GB 3838—2002 对各项监测指标的测定方法均提出了要求，详见该标准表 4～6，本书不展开介绍。

4. 监测结果评价

《海绵城市建设评价标准》GB/T 51345—2018 要求各监测点、各水质指标的月平均值应满足不黑不臭的要求，但未提出评价水体环境质量等级时监测结果如何应用。因此，当需要评价水体环境质量等级时，应根据《地表水环境质量评价办法（试行）》相关要求开展。《地表水环境质量评价办法（试行）》对河流、湖泊和水库分别提出了水质评价方法。其中，河流水质评价又包括断面水质类别评价和河流、流域（水系）水质评价。河流断面水质类别评价采用单因子评价法，即根据评价时段内该断面参评的指标中类别最高的一项来确定。描述断面的水质类别时，使用"符合"或"劣于"等词语。断面水质类别与水质定性评价分级的对应关系如表 6-6 所示。

断面水质定性评价 表 6-6

水质类别	水质状况	表征颜色	水质功能类别
Ⅰ～Ⅱ类水质	优	蓝色	饮用水源地一级保护区、珍稀水生生物栖息地、鱼虾类产卵场、仔稚幼鱼的索饵场等
Ⅲ类水质	良好	绿色	饮用水源地二级保护区、鱼虾类越冬场、洄游通道、水产养殖区、游泳区
Ⅳ类水质	轻度污染	黄色	一般工业用水和人体非直接接触的娱乐用水
Ⅴ类水质	中度污染	橙色	农业用水及一般景观用水
劣Ⅴ类水质	重度污染	红色	除调节局部气候外，使用功能较差

河流、流域（水系）水质评价指对整条河流或整个流域（水系）的水质进行评价。当河流、流域（水系）的断面总数少于 5 个时，应先计算河流、流域（水系）所有断面各评价指标浓度算术平均值，然后按照断面水质类别评价方法评价，并按表 6-6 指出每个断面的水质类别和水质状况。当河流、流域（水系）的断面总数在 5 个（含 5 个）以上时，采用断面水质类别比例法，即根据评价河流、流域（水系）中各水质类别的断面数占河流、流域（水系）所有评价断面总数的百分比来评价其水质状况。河流、流域（水系）的断面总数在 5 个（含 5 个）以上时不做平均水质类别的评价。

河流、流域（水系）水质类别比例与水质定性评价分级的对应关系见表 6-7。

河流、流域（水系）水质定性评价分级 表 6-7

水质类别比例	水质状况	表征颜色
Ⅰ～Ⅲ类水质比例≥90％	优	蓝色
75％≤Ⅰ～Ⅲ类水质比例<90％	良好	绿色
Ⅰ～Ⅲ类水质比例<75％，且劣Ⅴ类比例<20％	轻度污染	黄色
Ⅰ～Ⅲ类水质比例<75％，且20％≤劣Ⅴ类比例<40％	中度污染	橙色
Ⅰ～Ⅲ类水质比例<60％，且劣Ⅴ类比例≥40％	重度污染	红色

湖泊、水库水质的评价包括一次监测结果的评价和多次监测结果的评价。对于一次监测结果，当仅有 1 个监测点位时，按照河流断面水质类别评价方法进行评价；当有多个监测点位时，计算各个点位各评价指标浓度算术平均值，然后按照河流断面水质类别

评价方法评价。对于多次监测结果，先按时间序列计算各个点位各个评价指标浓度的算术平均值，再按空间序列计算所有点位各个评价指标浓度的算术平均值，然后按照河流断面水质类别评价方法评价。需要说明的是，大型湖泊、水库亦可分不同的湖（库）区进行水质评价，河流型水库则按照河流水质评价方法进行评价。

6.6　天然水域面积变化率

《海绵城市建设评价标准》GB/T 51345—2018 要求城市开发建设前后天然水域总面积不宜减少，该要求对于我国南方地区来说较为苛刻，且对城市开发建设时点的判断存在争议。目前，国内城市一般是对该指标进行优化，例如深圳等城市提出了"海绵城市建设前后天然水域总面积不宜减少"的目标。本项指标的评价需要分析海绵城市建设前后的天然水域范围及面积，一般采用资料查阅结合现场调查的方法开展评价。

6.6.1　方法概述

本方法通过查阅海绵城市建设前及开展评价工作时的卫星影像图来初步判断天然水域面积变化情况，并通过现场调查来核实开展评价工作时的实际天然水域范围、面积，从而计算排水分区的天然水域面积变化率。天然水域面积变化率可通过(海绵城市建设后天然水域面积－海绵城市建设前天然水域面积)×100%/海绵城市建设前天然水域面积进行计算。

6.6.2　评价流程

天然水域面积变化率评价流程包括以下三个步骤（图 6-10）：

（1）资料收集分析。收集海绵城市建设前及开展评价工作时排水分区的卫星影像图，初步分析海绵城市建设前及开展评价工作时的天然水域分布、范围和面积。

（2）现场调查。通过现场踏勘，复核、确定开展评价工作时排水分区的天然水域分区情况及面积。可采用人工调查法，也可借助无人机等技术进行小范围的航拍。

（3）计算评价。根据现场调查情况确定开展评价工作时的天然水域面积，结合海绵城市建设前卫星资料，计算得出排水分区海绵城市建设前后的天然水域面积变化率。

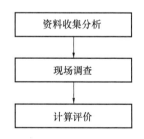

图 6-10　天然水域面积变化率评价流程

6.6.3　评价案例

某排水分区总面积 3.95km², 2016 年初所在城市正式开始海绵城市建设工作，作者于 2022 年 10 月对该排水分区的天然水域面积变化情况开展评价。由于区域海绵城市建设工作是从 2016 年初开始，因此以 2015 年为基准年进行评价。

收集的卫星资料显示，2015 年天然水域总面积为 5.07hm²，2022 年天然水域总面积为 5.08hm²。相比 2015 年，2022 年该排水分区内天然水域分布面积增加了 0.01hm²。通过现场调查，核实了卫星影像图与实际相符。通过计算，得出该排水分区海绵城市建设前后天然水域面积变化率为 0.2%。该排水分区 2015 年、2022 年天然水域分布情况分别如图 6-11 及图 6-12 所示。

图 6-11　某排水分区 2015 年天然水域分布图　图 6-12　某排水分区 2022 年天然水域分布图

6.7　水体生态性岸线保护

《海绵城市建设评价标准》GB/T 51345—2018 要求城市规划区内除码头等生产性岸线及必要的防洪岸线外，新建、改（扩）建城市水体的生态岸线率不宜小于 70%。本项指标的评价需要分析排水分区开始海绵城市建设后新建、改（扩）建城市水体的生态岸线率，一般采用资料查阅结合现场调查的方法开展评价。

6.7.1　方法概述

本方法通过查阅新建、改（扩）建城市水体的施工图来初步判断生态岸线建设情况，并经现场调查来核实生态岸线建设长度，从而计算新建、改（扩）建城市水体的生态岸线率。水体的生态岸线率可按（生态岸线长度÷岸线总长度）×100％进行计算。

其中，生态岸线的形式主要有植物护岸、土工材料复合种植基护岸、绿化混凝土护岸、格宾石笼护岸、机械化叠石护岸、生态浆砌石护岸、多孔预制混凝土块体护岸、自嵌式挡墙护岸、水保植生毯护岸等。主要生态岸线形式及案例照片如表 6-8 所示。

主要生态岸线形式及案例照片 表 6-8

序号	护岸材质	案例照片	
1	植物护岸		
2	土工材料复合种植基护岸	刚施工完成的状况	植被长成后的状况
3	绿化混凝土护岸	刚施工完成的状况	植被长成后的状况
4	格宾石笼护岸		
5	机械化叠石护岸		
6	生态浆砌石护岸		

序号	护岸材质	案例照片	
7	多孔预制混凝土块体护岸	刚施工完成的状况	植被长成后的状况
8	自嵌式挡墙护岸	刚施工完成的状况	植被长成后的状况
9	水保植生毯护岸	刚施工完成的状况	植被长成后的状况

资料来源：《广东万里碧道建设评价标准（试行）》

6.7.2　评价流程

水体生态岸线率评价流程与天然水域面积变化率的评价流程相同，包括资料收集分析、现场调查、计算评价三个步骤。其中，资料收集分析时应收集海绵城市建设后新建、改（扩）建城市水体的施工图，明确施工河段，判断水体是否为码头等生产性岸线或必要的防洪岸线，并初步分析水体岸线建设情况。

6.7.3　评价案例

某河段2017年开展整治工程，治理河道长度约3.4km，主要建设内容包括：河道防洪工程、沿河截流工程、景观绿化工程及范围内的其他配套工程（岩土支护、管线迁改、交通疏解等）。其中，河道防洪工程主要内容包括：河道堤防、驳岸改造、橡胶坝、巡河路、检修步道、下河车道、跌水汀步、穿堤涵管、生态排水沟及河道清表清障等。

该工程施工图设计说明显示，驳岸改造部分的要求为：本次改造通过堤防改造建设及河道清表清障使河道堤防达到设计防洪标准；河道平面走向基本保持现状，在顶冲河段及局部冲刷部位采用硬质防冲结构，其余扰动部位则采用可满足抗冲要求的生态型透水驳岸。可见，该河段具有防洪的功能，但施工图设计单位尽量采用生态岸线对驳岸进行设计。

后经现场调查，核实了该河段驳岸均按照施工图设计进行施工，水体的生态岸线率达到 98%。该河段部分驳岸照片如图 6-13 所示。

图 6-13　某河段驳岸照片

第 7 章　城市海绵城市建设效果评价方法

　　城市海绵城市建设效果评价，一般是基于排水分区评价的基础上进行，相关指标一般包括自然生态格局管控、年径流总量控制率、可渗透地面面积比例、内涝积水点消除比例、内涝防治标准达标情况、城市水环境质量、地下水埋深变化趋势、热岛效应缓解情况、海绵城市达标面积比例九项，本章对各项评价指标的常见评价方法进行介绍，对方法评价流程进行说明，其中与排水分区评价方法相同的部分本章不再赘述。

7.1　自然生态空间格局管控

　　自然生态空间是以提供生态服务或生态产品为主要功能的国土空间，包括具有自然属性、具有人工生态景观特征以及部分具有农林牧混合景观特征的空间等。结合已有研究，可以将自然生态空间定义为"具有自然属性、以提供生态产品或生态服务为主导功能的国土空间"。自然生态空间主要包括森林、草原、湿地、河流、湖泊、滩涂、岸线、海洋、荒地、荒漠、戈壁、冰川、高山冻原、无居民海岛等。

　　海绵城市建设层面，城市自然生态格局管控的主要目标包括城市开发建设前后天然水域总面积不宜减少，保护并最大限度恢复自然地形地貌和山水格局，不得侵占天然行洪通道洪泛区、湿地、林地、草地等生态敏感区，或应达到相关规划划定的蓝线、绿线等管控要求。在具体评估工作中，可以将以上内容概化为蓝线、绿线管控情况，天然水域面积变化率，生态岸线率三项内容或指标的评估。

7.1.1　蓝线、绿线管控情况

1. 指标概述

　　近年来，蓝线、绿线生态保护管控成效评估指标体系研究已受到国内外学者的广泛关注。已有研究从生态有效性和管理有效性两个方面开展自然保护区保护成效评估框架和指标体系构建，也有学者根据"生态恢复－生态系统结构－质量－服务－效益"级联式概念框架，构建了重点脆弱生态区生态恢复综合效益评估指标体系。

　　蓝线、绿线保护管控成效评估需重点围绕以下几方面开展：

　　一是功能不降低。蓝线、绿线生态空间保护的核心目标是有效维护与改善水源涵养、水土保持、防风固沙、生物多样性等生态功能。对于生态功能极重要区，确保其生态功能持续稳定发挥；对于生态敏感区和脆弱区，通过实施生态修复，不断改善其生态功能。

二是面积不减少。蓝线、绿线划定后，面积一般只能增加，不能减少，因国家重大基础设施、重大民生保障项目建设等需要调整的，需按法定程序调整。因此，应从对划定面积的保护以及调减、调增两个方面，开展蓝线、绿线面积保有度的评估。

三是性质不改变。对于维护蓝线、绿线的用地性质，一方面是要严格控制不符合主体功能定位的各类开发活动，严禁任意改变用途；另一方面是要重点保护森林、草地、河湖、湿地等自然生态用地总面积，以及质量为优良的自然生态用地比例。

四是管理不弱化。严格有效的管理是对蓝线、绿线实施有效保护的基础。生态保护红线制度的建立，需要有关部门做好生态保护线监管的技术、人力、经费和物力保障，强化生态保护红线刚性约束，形成一整套生态保护红线管控和激励措施。

2. 评估方法

具体到评估方法方面，应查阅城市国土空间规划与相关专项规划、城市蓝线和绿线保护办法等制度文件，以及城市开发建设前和开展评价时的高分辨率遥感影像图，并通过现场检查进行复核。现场检查内容主要包括自然山水格局、天然行洪通道、洪泛区和湿地、林地、草地等生态敏感区及蓝线和绿线管控范围等。

7.1.2　天然水域面积变化率

该指标主要是为了评价评估范围内水域空间保护工作的落实情况。现状水域包括河道、湖泊和水库等陆地水域，一般以蓝线为边界计算水域面积；水面率则为水域面积占评估范围面积的比例。若评估范围涉及多个排水分区，则应根据各个排水分区内对应的面积进行加权计算评估范围水面率指标。

（1）计算公式：天然水域面积变化率（%）＝（海绵城市建设后天然水域面积－海绵城市建设前天然水域面积）×100%/海绵城市建设前天然水域面积。

（2）目标要求：如本书第 6.6 节所述，《海绵城市建设评价标准》GB/T 51345—2018 要求城市开发建设前后天然水域总面积不宜减少，该要求对于我国南方地区来说较为苛刻，且对城市开发建设时点的判断存在争议。目前，国内城市一般是对该指标进行优化，例如深圳等城市提出了"海绵城市建设前后天然水域总面积不宜减少"的目标。

（3）评价方法：天然水域面积变化率采用资料查阅和现场检查相结合的方法进行评价。应查阅国土空间规划与相关专项规划，城市蓝线、绿线资料，城市水体相关新建、改（扩）建项目的设计施工资料，以及评价基准年及评估年的高分辨率遥感影像图，并通过现场检查进行复核。

7.1.3　生态岸线率

该指标是指新建、改（扩）建为生态性岸线的长度与除必要的生产性岸线及防洪岸线长度外的水体岸线总长度的比值;应以单边岸线计算,即若左岸为生态性岸线、右岸为非生态性岸线,则生态岸线率为50%,而非100%。生态性岸线长度、比例一般通过查阅城市水体项目的设计竣工资料,并结合地形图、卫星影像图资料和实地踏勘调查得出。城市生态岸线率主要参照本书第6.7节方法根据排水分区数据统计得出。

7.2 年径流总量控制率

城市年径流总量控制率评估方法包括现场监测法、模型模拟法、基于典型片区核算法、基于典型项目调查法等。其中现场监测法和模型模拟法与本书第6.1节中所述方法类似,将评估对象从排水分区尺度扩大到城市,具体评估方法本节不再赘述。以下对基于典型片区核算法进行介绍。

1. 方法概述

根据《海绵城市建设评价标准》GB/T 51345—2018相关规定,城市层面年径流总量控制率评价方法可通过将拟评价区域各排水或汇水分区的年径流总量控制率按相应控制范围单位面积控制降雨量进行加权平均,得到城市建成区拟评价区域的年径流总量控制率。该方法的应用需在已完成评价范围内各排水分区评价的基础上进行。

2. 评价步骤

(1)参照本书第6.1节方法,评估得出各排水分区或片区年径流总量控制率值。

(2)根据当地年径流总量控制率与设计降雨量对应曲线,查出各排水分区或片区径流总量控制率值对应的单位面积控制降雨量。

(3)对各排水分区或片区单位面积控制降雨量进行求和,除以评价范围总面积,算出评价范围平均单位面积控制降雨量。

(4)根据当地年径流总量控制率与设计降雨量对应曲线,查出平均控制降雨量对应的年径流总量控制率值。

3. 应用案例

以深圳市为例,根据海绵城市建设专项规划,全市共划分为9大流域25个海绵城市建设分区。按照本书第6.1节对每个分区年径流总量控制率进行评估,得出各分区年径流总量控制率值及对应的控制降雨量(表7-1)。

各片区年径流总量控制率核算   表7-1

序号	流域	片区	面积(hm²)	片区年径流总量控制率(%)	片区单位面积控制降雨量(mm)
1	深圳河流域	福田河片区	4035.3	64.7	26.7
2		布吉河片区	5312.8	57.2	21.0
3		深圳水库片区	7923.9	72.5	33.8

续表

序号	流域	片区	面积（hm²）	片区年径流总量控制率（%）	片区单位面积控制降雨量（mm）
4	深圳湾流域	新洲河片区	3896.3	67.4	28.9
5		大沙河片区	10361.7	70.8	32.1
6		蛇口片区	2207.7	61.5	24.2
7	珠江口流域	前海片区	5536.2	63.1	25.4
8		铁岗西乡片区	14604.0	70.0	31.4
9		大空港片区	9613.5	67.3	28.8
10	茅洲河流域	石岩河片区	10615.3	69.9	31.2
11		茅洲河南部片区	10935.1	70.8	32.1
12		茅洲河北部片区	8608.8	70.1	31.4
13	观澜河流域	观澜河上游片区	4823.7	69.3	30.6
14		观澜河西部片区	10032.1	71.2	32.4
15		观澜河东部片区	9844.2	68.8	30.2
16	龙岗河流域	龙岗河上游片区	6081.3	72.2	33.5
17		龙岗河中游片区	14524.2	72.0	33.2
18		龙岗河下游片区	9186.3	73.4	33.7
19	坪山河流域	坪山河上游片区	6966.0	75.9	37.6
20		坪山河下游片区	6337.5	71.5	32.8
21	大鹏湾流域	盐田河片区	4734.0	77.3	39.5
22		梅沙片区	3934.4	74.0	35.4
23		大鹏东片区	9534.8	76.4	38.3
24	大亚湾流域	大亚湾北片区	9008.7	74.7	36.2
25		大亚湾南片区	8613.5	77.2	39.3

将各片区控制容积按流域加和，算出评价范围平均控制降雨量，查出平均控制降雨量对应的年径流总量控制率值，即为全市年径流总量控制率值（表 7-2）。

城市年径流总量控制率核算　　　　　　　　　　　　　　　表 7-2

序号	流域	流域年径流总量控制率（%）	流域单位面积控制降雨量（mm）	流域面积（hm²）	流域控制量（m³）	城市单位面积控制降雨量（mm）	城市年径流总量控制率（%）
1	深圳河流域	66.1	27.8	17272	4806823.4		
2	深圳湾流域	68.9	30.2	16465.7	4986410.3		
3	珠江口流域	67.9	29.4	29753.7	8760545.4		
4	茅洲河流域	70.3	31.6	30159.3	8087652.5		
5	观澜河流域	69.9	31.1	24700	7699411.1	32.5	71.3
6	龙岗河流域	73.3	34.6	29791.8	10319135.7		
7	坪山河流域	73.9	35.1	13303.5	4697908.1		
8	大鹏湾流域	74.1	35.8	18203.2	6516736.9		
9	大亚湾流域	76	38.2	17622.2	6731685.3		
	合计	—	—	197271.4	62606308.6		

7.3 可渗透地面面积比例

7.3.1 可渗透地面面积比例的相关要求

2013 年 4 月，国务院办公厅在《关于做好城市排水防涝设施建设工作的通知》中首次提出可渗透地面面积比例指标，并明确要求在新建城区硬化地面中，可渗透地面面积比例不宜低于 40％。此后，2021 年国务院办公厅《关于加强城市内涝治理的实施意见》、住房和城乡建设部 2021 城市体检等相关文件中进一步明确了对于该指标的控制要求。

7.3.2 评估方法

1. 可渗透地面面积比例定义

如本书第 5.1.4 节所述，城市层面可渗透地面面积比例的定义与建设项目有所不同，建设项目可渗透地面面积比例的计算对象不包括屋面，而城市可渗透地面面积比例计算对象包括所有下垫面。在城市层面，可渗透地面面积比例指可渗透地面面积与总面积的比值，其中可渗透地面面积（Pervious Area，PA）是指促进雨水渗入地面的表面，如水面、草坪、林地、工程渗透区、透水铺路材料等面积。

2. 可渗透地面面积比例计算

城市层面可渗透地面面积比例计算公式如下：

$$PSC = PA/TA \qquad (7-1)$$

式中：PSC——可渗透地面面积比例；

PA——可渗透地面面积；

TA——评价区域总面积。

3. 评估方法

通常采用高精度卫星图像和当地的地理信息系统（GIS）矢量图进行数据化分析，作为可渗透地面面积计算的数据源（图 7-1）。通过 GIS 软件影像分类功能和矢量图的面积统计功能，可计算出各类型地面的面积及平均可渗透地面面积比例。

对于流域的宏观层面，可通过一般精度的卫星遥感影像解译，得出水域、城市建设用地、农林用地、草地等不同的用地类型，对不同用地类型进行赋值，即可估算流域的可渗透地面面积比例。

对于城市、地块的中微观层面，可通过国土调查数据，结合高精度遥感分析，解译出道路、水体、建筑、铺装、绿地等类型，对不同用地类型进行赋值，即可估算城市、地块的可渗透地面面积比例。

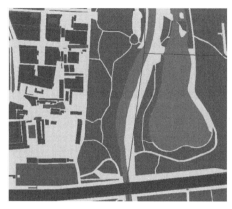

图 7-1 下垫面解析结果（左）与卫星影像对比图（右）

资料来源：《深圳市排水（雨水）防涝综合规划》

7.4 内涝积水点消除比例

内涝积水点消除比例指标与路面积水控制指标反映的都是内涝积水情况，但两者又有所差别。路面积水控制用于反映当年度（开展评价工作的当年）是否存在内涝积水点，而内涝积水点消除比例用于反映历史内涝点的消除情况。其中，内涝积水判定标准及监测评价方法可参照本书第 6.2 节相关内容。内涝积水点消除比例可按下式进行计算：

$$P_{nl} = (N_q - N_h)/N_q \times 100\%$$ 　(7-2)

式中：P_{nl}——内涝积水点消除比例（%）；

N_q——海绵城市建设前内涝积水点个数；

N_h——建设后内涝积水点个数。

内涝积水点消除比例的评价一般采用资料调查和部门走访的方式进行。资料调查主要对水务部门（三防办）等管理单位有关内涝情况信息统计资料进行收集分析。部门走访对象主要为水务部门（三防办）、排水设施运营管理单位等。

7.5 内涝防治标准达标情况

城市层面内涝防治标准达标情况一般包括两种评判模式：一种是全面达标评判法，另一种是达标比例评判法。全面达标评判法采用"短板理论"，将各排水分区所能达到的内涝防治标准的最低值作为整个城市的内涝防治标准。例如某城市有一个排水分区的内涝防治标准达到 50 年一遇，即使其余排水分区的内涝防治标准均超过 50 年一遇，也判定该城市的内涝防治标准仅达到 50 年一遇。达标比例评判法则是按照达标面积占比来衡量，即按"（达到内涝防治标准的面积/建成区总面积）×100%"确定。从现实情况来看，在建成区内也可能存在部分空地、荒地，即使有内涝风险，影响也有限，若采用全面达标评判法评判城市整体内涝防治水平不够客观。

海绵城市建设达标区域的内涝防治达标率应按下式计算：

$$P_{fl} = S_{db}/S_{jc} \times 100\% \qquad\qquad (7\text{-}3)$$

式中：P_{fl}——内涝防治达标率；

　　　S_{db}——达到内涝防治标准的面积；

　　　S_{jc}——城市建成区面积。

内涝防治标准达标情况的评价方法主要有模型评估法和调查评估法，分述如下。

7.5.1　模型评估法

模型评估法可参照本书第 6.3 节方法构建全市模型，或以排水分区为单位构建模型，按照公式（7-3）可计算得出全市层面内涝防治标准达标面积比例。

7.5.2　调查评估法

当不具备数学模型模拟条件时，可查阅至少近 1 年的实际暴雨下的水位或摄像监测资料，当实际暴雨的最大 1h 降雨量不低于内涝防治设计重现期标准时，采用重要易涝点的积水范围、积水深度、退水时间等因素进行内涝风险评估。

1. 关键点位的识别

以城市二级或三级排水分区为基本单位，根据城市规划或排水防涝规划筛选排水分区内竖向较低的区域、地下交通通道、下沉式广场等容易发生内涝的区域，或行政中心、交通枢纽、学校、商业中心、高铁站等重要的区域作为调查对象。在排水分区尺度的选择方面，排水分区划分越精细、面积越小，则评估结果越精确，同时工作量也会越大。相反，排水分区尺度越大，工作量越小，评估可能出现的误差也越大。

2. 调查方式

调查方式主要为查看实际暴雨下的水位或摄像监测资料。可在易发生内涝积水的关键位置设置水位标尺（图 7-2），并设置监测摄像头或利用现状已有的监控摄像设备进行监测。

3. 评估标准

应选择接近或不低于规划内涝防治重现期的降雨进行评估。以排水分区为单位进行评估分析，当排水分区内有一处及以上区域在规划内涝防治重现期降雨条件先出现内涝积水时，则判定该分区未达到规划内涝防治标准。根据各排水分区的评估分析结果，按照公式（7-3）可计算得出全市层面内涝防治标准达标面积比例。

图 7-2　下穿立交水位标尺示意图

资料来源：https://zjj.mas.gov.cn/xxfb/gzdt/2004164351.html

7.6　城市水环境质量

城市层面水环境质量的指标主要为黑臭水体消除比例，随着城市水环境治理工作的不断推进，大部分城市水环境质量明显好转，基本可以实现旱天不黑不臭，但雨季尚存在溢流污染的问题，导致雨季河流水质无法稳定达标。因此，还可将雨季河流水质稳定达标情况作为城市层面水环境质量指标。

7.6.1　黑臭水体消除比例评价

黑臭水体消除比例是评价海绵城市建设前后黑臭水体消除情况的指标，可通过黑臭水体消除比例(%)＝(海绵城市建设前的黑臭水体长度或条数－海绵城市建设后的黑臭水体长度或条数)/海绵城市建设前黑臭水体长度或条数×100%进行计算。

其中海绵城市建设前黑臭水体长度或条数以实际黑臭水体数量或纳入国家黑臭水体名录、城市黑臭水体名录清单的数量计，海绵城市建设后黑臭水体治理成效或判定标准参照本书第 6.5 节所述方法进行评价。

7.6.2　雨季河流水质稳定达标效果评价

随着水环境治理工作的不断推进，在城市水体基本消除黑臭以后，如何做好水污染治理成效巩固提升，推动治水从"旱季达标"向"全天候达标"、从"治污"向"提质"转变，是下一步水污染治理工作的重要努力方向。

目前，针对黑臭水体治理成效评价工作，在国家及地方层面已有相对完善的政策、标准，在技术应用和工程案例方面也已有相对成熟的方法和实践，但针对雨季河流水质稳定达标的评价，目前仍缺乏统一的标准和方法，可参考本书第 6.5 节水环境质量监测方法，重点加强雨水溢流排水及河道水质的监测。

下面以深圳市为例，探讨研究雨季河流水质稳定达标效果监测评价的相关经验。

1. 监测评估对象

雨季河流水质稳定达标效果评估的对象应为近期消除黑臭水体的河流，或据调查存在降雨期间、降雨后出现返黑、返臭的河流。以深圳市为例，开展雨季河流水质稳定达标效果评估的对象，结合市生态环境局"一周一测"监测数据及汛期巡查数据，将重点关注的河流分为四类：一是五大干流；二是上一年度"一周一测"全年平均水质为劣 V 类或通报为返黑返臭的河流；三是近半年降雨期河流断面氨氮浓度大于 5mg/L 的河流；四是降雨期间氨氮浓度大于 5mg/L 的溢流排口对应的河流。重点关注的排口为影响重点关注河流稳定达标的溢流排口，重点关注的系统关键点位主要包括截流箱涵、截污泵站、总口等（图 7-3）。

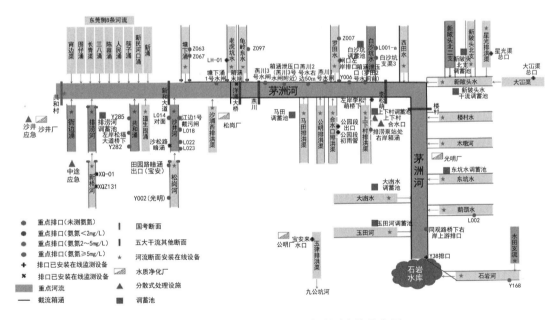

图 7-3　某流域系统概化及重点监测点位分布图

2. 评估监测类型

监测工作分为日常巡检和降雨期专项监测两种类型。

日常巡检由各区（新区）水务局、市水务集团、各区排水公司负责，各单位充分利用智慧水务水环境管理一网统管平台开展工作。针对日常巡检过程中发现的河流断面、溢流排口、系统关键点位等异常问题要及时通过智慧水务平台上传，并形成工单及时处理。

降雨期专项监测由各区（新区）水务局组织辖区排水公司、市水务集团各分公司负责，各单位在降雨期间确保安全的条件下，对暂未安装在线监测设备的重点关注河流断面、重点关注排口以及系统关键点位的水质和水量，通过人工取样开展监测。

3. 监测频次及指标

已安装在线监测设备的站点要及时接入市智慧水务平台并通过人工采样进行数据校核，其监测频次和指标可根据自动站设置情况，自动间隔 20min 或 1h 进行取样。

采用人工监测的，应覆盖小雨、中雨、大雨不同降雨场景及雨前、雨中和雨后不同时段。降雨历时在当日下午 18：00 至次日 7：00 时，可停止人工采样。此外，重点关注河流断面需在预报降雨前一日（雨前）监测 1 次，在降雨期间（雨中）每日快检 1 次，在降雨结束后（雨后）每日快检 1 次，直至水质恢复达标为止；监测指标为现场氨氮快检。重点关注溢流排口需在预报降雨前一日（雨前）对出现溢流的排口监测 1 次；在溢流初期（溢流开始 1h 内）和连续降雨时每日对排口进行现场氨氮快检 1 次，记录每轮降雨溢流时长（开始溢流和结束溢流时间），粗略测算溢流总量。在预报降雨前一日（雨前），对辖区内的截流箱涵、截污泵站、总口等系统关键节点的水质（氨氮）、液位、流量等指标监测 1 次；在降雨期间每日对水质（氨氮）、液位、流量等指标监测 1 次（雨中），记录系统出现满负荷运行或开始溢流时的时长；在降雨结束后（雨后），系统恢复至雨前运行工况时对水质（氨氮）、液位、流量等指标监测 1 次，并记录从满负荷运行或开始溢流时至恢复的时长。

7.7　地下水埋深变化趋势

7.7.1　作用机理及研究进展

传统的城市建设改变了自然下垫面条件，大量的不透水路面和设施使得雨水很难入渗到地下，减少了雨水对地下水的补给，导致地面径流量增加，城市内涝频发，水环境恶化等一系列问题。实现雨水就地入渗是海绵城市建设的核心目标之一。通过雨水入渗设施等海绵城市设施的建设，可实现雨水径流回补地下水，有效缓解地下水位下降、地面沉降、水资源枯竭和海水倒灌等问题。

目前，国内针对雨水入渗回补地下水的研究较少，雨水回补地下水的机理尚不明确，雨水回补地下水的模型模拟也未形成成熟的体系，这些都是当前海绵城市效果评估中急需解决的问题。同时，城市地表水和地下水的相互作用也因人类对下垫面的改造而变得复杂。目前地下水埋深变化趋势的评估方法主要包括现场监测法和模型模拟法，其中现场监测法包括地下水位监测法、示踪剂方法、地表径流法等。

7.7.2 现场监测法

1. 地下水位监测法

地下水位监测法是评估地下水位变化最直接、最准确的方法，也是《海绵城市建设评价标准》GB/T 51345—2018 推荐使用的方法。地下水（潜水）水位监测应符合现行国家标准《地下水监测工程技术规范》GB/T 51040—2014 的规定。根据《海绵城市建设评价标准》GB/T 51345—2018 规定，地下水位监测法是指将海绵城市建设前建成区地下水（潜水）水位的年平均降幅 Δh_1 与建设后建成区地下水（潜水）水位的年平均降幅 Δh_2 进行比较，要求 Δh_2 应小于 Δh_1；或要求海绵城市建设后建成区地下水（潜水）水位应上升。

监测数据覆盖的时间跨度上，海绵城市建设前的监测数据应至少为近 5 年的地下水（潜水）水位，海绵城市建设后的监测数据应至少为 1 年的地下水（潜水）水位。当海绵城市建设后监测资料年数只有 1 年时，获取该年前 1 年与该年地下水（潜水）水位的差值 Δh_3，与 Δh_1 比较，Δh_3 应小于 Δh_1，或海绵城市建设后建成区地下水（潜水）水位应上升。

2. 示踪剂方法

示踪剂方法是基于示踪剂质量守恒的方法，并假设示踪剂能够随水自由移动，不被土壤或植物吸收，且无其他示踪剂源。示踪剂方法不仅可以得出补给量，还可以得到补给来源、地下水流速、优先流动路径和水动力扩散信息，其原理是通过挖沟槽采样或钻孔测试化学示踪剂的渗透量来确定待测信息。示踪剂包含温度示踪剂、历史示踪剂、环境示踪剂。

3. 地表径流法

地表径流法是以地表径流监测为依据，通过简单的地表径流量与地下水补给量之间的水量平衡关系来计算地下水补给量。计算公式为：

$$P = R + I + E \tag{7-4}$$

式中：P——降雨量（m^3）；

R——地表径流量（m^3）；

I——渗透量（m^3）；

E——蒸发量（m^3）。

地表径流量在小范围区域可以使用测量装置测量，大范围区域使用美国农业部开发的计算地表径流量的经验模型——径流曲线系数法（SCS-CN）。径流曲线系数法在海绵城市系统中广泛用于地表径流量计算。该模型使用简便、有效，特别适用于地下水资料缺失的地区。

7.7.3 模型模拟法

地下水数值模型的原理就是通过数值法来描述地下水各种状态的偏微分定解问题，建立地下水的流动数学模型和污染物的溶质运移数学模型，可以较好地评估地下水水位的动态变化。目前使用较多的几个地下水数值模型平台有 Visual MODFLOW、FEFlow、GMS、ArcWFD、Visual Groundwater 等，上述软件对于模拟地下水的水位和水质都具有良好效果（表7-3）。

部分地下水评估模型   表7-3

序号	模型名称	开发单位	功能及特点
1	Visual MODFLOW	加拿大 Waterloo 水文地质公司	以 MODFLOW 模型为基础，拥有 MODPATH、MT3D、RT3D 和 WinPEST 等模块，可模拟三维地下水水流模型
2	FEFlow	德国 Wasy 水资源研究所	模拟二维和三维稳定、非稳定流和污染物运移，是目前为止功能最齐全的地下水水量及水质模拟软件
3	GMS	美国 Brigham Yung University 环境实验室	使用有限差分和有限元模型，综合了 MODFLOW、MODPATH、MT3D 等地下水模型
4	ArcWFD 水资源管理系统	德国 Wasy 公司	基于 ArcGIS 平台而开发，可用于流域的管理和规划、可持续发展控制以及地表水的生态环境控制
5	Visual Groundwater	加拿大 Waterloo 水文地质公司	地下水数据分析和地下水三维可视化模拟

7.8 热岛效应缓解情况

7.8.1 海绵城市缓解热岛效应机理

城市热岛效应是指城市建设区受大量的人工发热、建筑物和道路等高蓄热体及绿地减少等因素影响，产生气温明显高于外围郊区的现象。在近地面温度图上，城区相对郊区是一个高温区，就像突出海面的岛屿，所以这种现象就被形象地称为城市热岛。城市热岛（Urban Heat Island，UHI）是城市化气候效应的主要特征之一，是城市化对气候影响的最典型表现。热岛效应会引发城市气温升高，室内降温能耗增大；降雨集中，加大城市内涝风险；空气污染，提高流行性疾病发病率等问题（图7-4）。

城市热岛效应形成的主要因素包括城市硬化下垫面的增加与自然植被的减少、机动车尾气排放等人类活动产生的热排放、区域气候变化的影响等。海绵城市建设的一项重要内容是低影响开发，具体的途径包括优化城市布局、控制建设强度、增加蓝绿空间，同时以透水铺装、下凹式绿地、绿色屋顶等软化措施减小建设用地内下垫面的硬化比

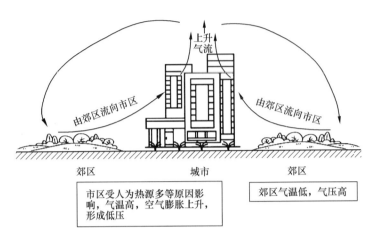

图 7-4　城市热岛效应原理示意图

例。以上措施都能不同程度地缓解城市热岛效应，特别是水体、绿地的增加（包括绿色屋顶），对于缓解热岛效应具有直接作用。

　　根据《海绵城市建设评价标准》GB/T 51345—2018，城市热岛效应缓解是海绵城市建设前建成区与郊区日平均气温的差值 ΔT_1 和建成后建成区与郊区日平均气温的差值 ΔT_2 进行比较，ΔT_2 应小于 ΔT_1。$\Delta T = \Delta T_2 - \Delta T_1$，当 ΔT 小于零时，则说明城市热岛效应有缓解；当 ΔT 大于零时，则说明城市热岛效应没有缓解。

　　目前，城市热岛强度的计算主要有两种方法：一是基于气象观测站气温资料的统计计算，即气象数据观测法；二是基于卫星遥感资料反演城市地表温度法，具体可参考《城市热岛效应评估技术指南》（2014 年版）。这两种方法所采用的资料不同，其计算结果的适用范围也不一样。第一种方法是采用气象观测站的气温资料直接计算出热岛强度，其表现的是城区和郊区两个点的实际气温差值。如果要反映热岛强度的空间分布，需在各个点之间进行插值，其误差取决于测点密度和下垫面的性质。一般情况，这种方法难以反映小气候复杂的城区热岛强度空间分布。第二种方法是利用 MODIS 卫星遥感数据反演城市不同时间尺度的地表温度，并用自动气象站数据对卫星遥感反演的地表温度进行订正和比较，从地表温度空间差异获得城市热岛强度连续分布。这种方法也很直接，技术方法也比较成熟，但资料的连续获取有困难，取决于当地天气状况。因此，在做城市热岛强度评估时，建议尽可能把两种方法结合起来，以起到互补和互校验的作用。

7.8.2　气象数据观测法

　　根据《海绵城市建设评价标准》GB/T 51345—2018 规定，采用气象数据观测法评估海绵城市建设对热岛效应的缓解效果，需要对海绵城市建设前评估区域的热岛效应与海绵城市建设后的热岛效应进行对比。数据要求方面，气温监测应符合现行国家标准

《地面气象观测规范　空气温度和湿度》GB/T 35226—2017 的规定，海绵城市建设前热岛效应计算需要城市建成区和郊区不少于最近五年 6～9 月日平均气温数据，海绵城市建设后的气温数据需要城市建成区和郊区不少于最近一年 6～9 月日平均气温数据。

　　采用气象数据观测法评估海绵城市建设对热岛效应的缓解效果具有方法简单、准确度相对较高的优点。但由于多数海绵城市建设区域缺乏可供前后对比的气象数据，使该方法的使用受到一定限制。

　　由于城市的发展，基础设施建设及改造，人口数量、车流量、供暖制冷设备等均会发生变化，导致未经海绵改造区域的气温变化影响因素十分复杂，无法确定温度变化是否完全由海绵改造形成，直接基于某处未进行海绵改造区域作为参照区进行评估存在一定的误差。因此，当评估区域范围面积较大时，还需考虑气象监测点位分布密度及分布合理性等方面的问题；并需选择合适的参照区，去除由于多种不同因素差异导致温度变化的影响。

7.8.3　卫星遥感资料反演城市地表温度法

　　利用遥感技术研究城市热岛效应已有较多应用。遥感监测法具有观测范围广、全面、动态、快速、成本低等特点，相较气象数据观测法而言，在获取连续的地表温度信息和空间分布状况方面具有较大的优势。

　　目前在热岛效应解译结果评价时常采用的指标有热岛强度和热岛比例指数（Urban-heat-island Ratio Index，URI）。热岛强度可用城市地表温度与郊区地表温度之差表示，其虽能有效反映不同时间尺度的热岛强弱，但难点在于如何客观选取有代表性的郊区温度点。热岛比例指数则是在城市建成区内，给各等级热岛区赋予不同的权重值，利用各等级热岛面积与建成区面积的比例，来表征热岛的发育程度，其可比较同一时期不同空间尺度区域的热岛强弱，还可以比较同一地区在不同时期的热岛强度大小。

7.9　海绵城市达标面积比例

　　海绵城市达标面积比例是衡量城市海绵城市建设成效的重要指标。2015 年 10 月，国务院办公厅印发《关于推进海绵城市建设的指导意见》，要求到 2020 年 20％的城市建成区要满足海绵城市要求，到 2030 年 80％的城市建成区要满足海绵城市要求。《海绵城市建设评价标准》GB/T 51345—2018 规定了海绵城市建设单项指标的评价方法，但对于城市层面海绵城市建设达标比例指标未明确具体评估方法。

1. 方法概述

　　海绵城市达标面积比例是指已达到海绵城市建设要求的排水分区和项目的面积占城市建成区面积的比例。其中，已达到海绵城市建设要求的排水分区是指按照《海绵城市建设评价标准》GB/T 51345—2018 规定的指标和方法开展评价，且达到相应要求的排水分区。本节所述达标项目是指达标排水分区外落实了海绵城市建设要求，经评估达到上位规划指标要求或满足《海绵城市建设评价标准》GB/T 51345—2018 关于源头项目实施有效性要求的建设项目。

海绵城市达标面积比例计算公式如下：

$$P_d = (A_p + A_x)/A_j \times 100\% \qquad (7\text{-}5)$$

式中：P_d——海绵城市达标面积比例（%）；

A_p——达标排水分区面积（km^2）；

A_x——达标项目面积（km^2）；

A_j——城市建成区面积（km^2）。

2. 评估方法

达标项目、达标排水分区评估指标和方法分别见本书第 5 章、第 6 章。

第 8 章　海绵城市建设效果监测方法

海绵城市建设效果评价是对规划设计、建设实施、运行验收的全流程评价，其中，客观准确的监测数据是评价工作的重要支撑。在评价过程中，一般需要开展降雨量、流量、水质等的综合监测，根据评价要求在海绵设施、市政管网和受纳水体等处布设相应监测点位，以评价典型区域内海绵设施运行效果、径流量削减水平及面源污染控制水平等多项评价指标。

海绵城市监测按尺度差异可进一步分为海绵设施层次、建设项目层次和排水分区层次。常见的海绵设施包括透水铺装、下沉式绿地、绿色屋顶、生物滞留设施、雨水调蓄池等，其中以径流控制为主的海绵设施（如下沉式绿地、植草沟等）应重点关注流量监测，而以水质净化为主的海绵设施（如雨水花园、人工湿地等）则应重点关注水质监测。在建设项目层次，需要对建筑小区、道路、广场、公园等进行效果监测，分析计算年径流总量控制率、年径流污染削减率及雨水收集利用率等指标。排水分区内包括绿地、道路、居住用地和工业用地等多种用地类型，应同步开展流量和水质监测。

8.1　流量监测

地表径流量是衡量海绵城市建设效果的重要指标，流量数据能够反映海绵设施对降雨的控制作用，间接反映下垫面的雨水入渗能力，因此流量监测是监测工作中的重要一环。随着海绵城市建设的深入推进，海绵城市建设效果评估工作现已从建设项目达标向排水分区整体达标转变。结合当前达标片区效果监测具体实施情况，以下主要阐述排水分区和建设项目两个层次的流量监测内容。

8.1.1　排水分区流量监测

通过排水分区流量监测能够计算得出相关区域年径流总量控制率及径流体积控制等关键评价指标。一般情况下，确定监测片区后，其监测范围为区域内的排水分区或子排水分区。根据《海绵城市建设评价标准》GB/T 51345—2018，排水分区的年径流总量控制率应采用模型模拟法进行评价。为实现模型参数的率定与验证，应在监测片区内布设监测点位获取至少 1 年的市政管网排放口"时间—流量"或泵站前池"时间—水位"序列监测数据。

1. 监测片区选取原则

选取监测片区时应考虑区域的典型性和代表性，选取原则通常包括以下几点：

（1）应参照雨型分区、密度分区、海绵城市建设功能分区，选择能够代表海绵城市建设现状的区域。

（2）选择海绵城市建设完成度高、代表性强、海绵设施运行稳定的区域开展监测，根据《海绵城市建设监测标准》（征求意见稿），所选监测范围内的绿色设施汇水面积占监测范围总面积的比例不宜小于 40％。

（3）监测片区的市政排水管网应属于一个独立的排水分区，并尽可能涵盖不同项目类型（建筑小区、道路、停车场、广场、公园与防护绿地等）。

（4）监测片区应具备良好的监测条件，便于安装监测设备和水样采集。

2. 监测方法

1）监测点位布设

监测点位一般布设在所选排水分区的下游市政排水管渠交汇节点或排放口处，有上游雨水径流汇入的子排水分区应同时监测上游入流点。当排水分区的汇流范围较大时，还应在市政管网的上游关键节点处增加监测点。

对于合流制排水分区，宜在所有合流制排放口或污水截流井、污水溢流泵站等长期保留的设施处布设监测点。合流制管道内环境复杂，泥沙、垃圾含量较多，并且部分地区可能夹杂酸碱性工业废水，因此应选择耐冲击、耐酸碱的监测设备进行流量监测。

2）监测时间及频次

根据《海绵城市建设评价标准》GB/T 51345—2018，应对片区雨水排口进行不少于 1 年的降雨径流量和水质同步监测，其中有径流的降雨场次不少于 4 场。《海绵城市建设监测标准》（征求意见稿）同时要求数据自动采集与通信时间间隔不宜大于 15min。

3）监测技术

排水管道内环境恶劣，结构复杂，不利于人工采样，可通过自动监测设备进行流量监测。管渠流量一般采用多普勒超声流量计、堰槽流量计等进行自动监测，流量较小时一般采用堰槽流量计，流量较大时一般采用多普勒超声流量计；管渠水位则可通过超声波水位计、雷达水位计、压力式水位计、浮力式水位计等进行自动监测。

在安装监测设备时应尽可能选择直通井，减少支井来水对监测方向的扰动。当排水通道为圆管或暗涵时，监测点宜设置在圆管或暗涵的顺直段，且在观测井或检查井的上游位置，避免水流受检查井处跌水紊动的影响；当排水通道为明渠时，监测点宜设置在明渠顺直段的中下游且无下游回水影响的位置。此外，采样深度一般在水面以下 50～150mm，或是旱天水流深度的 120％～220％。由于管道内的水流深度时常发生变化，采样装置宜设置成可随水流涨落而上下移动的形式。

3. 典型案例

深圳市某区在开展海绵城市监测及自评价工作中选取的典型排水分区如表 8-1 和图 8-1 所示，该排水分区占地面积为 0.86km²。由于排水分区雨水排放口不具备安装监测设备的条件，将监测点位定在排放口上游第一个检查井。之后，在选定的监测点位处安装自动监测设备，通过连续自动监测获得一个雨季实际降雨情景下的"时间—流量"变化序列，为该排水分区模型参数的率定提供基础数据。

典型排水分区监测情况一览表　　　　　　　　　　表 8-1

服务面积	0.86km²	监测点位置	雨水排放口上游第一个检查井
监测点上游管径	DN1200	监测设备	多普勒在线流量计
设备安装情况		流量计安装高度为 7cm，流量监测处无淤积情况	

图 8-1　排水分区监测点位布置图

8.1.2　建设项目流量监测

通过对典型建设项目开展连续自动监测，获取"时间—流量"序列监测数据，可计算该项目的年径流总量控制率，同时还可用于对模型参数的率定，从而实现对建设项目年径流总量控制率、径流峰值等指标的评价。

1. 典型建设项目选取原则

建设项目的海绵城市建设效果按照场地尺度进行监测和评估，具备排水监测条件的建筑小区、道路、停车场及广场、公园与防护绿地，应同步监测其排放口降雨径流量和水质。监测项目的选择应满足下列要求：

（1）所选监测项目宜位于片区范围内，且对解决排水分区内的积水、径流污染等问题具有显著效果。

（2）可选择工业、商业、居住、公共管理与服务、道路、广场、停车场、公园绿地等项目进行监测，项目采用的技术措施和规模具有代表性。

（3）项目内排水管渠的汇水范围、运行情况等基本条件清晰明确，管网资料齐全。

（4）根据《海绵城市建设监测标准》（征求意见稿），对项目绿色设施实施效果进行监测时，监测项目选择应符合下列规定：

① 项目内绿色设施汇水面积占项目总面积的比例不宜小于60%；

② 项目的年径流总量控制率设计值不宜低于"我国年径流总量控制率分区图"中规定的下限值。

2. 监测方法

1）监测点位布设

建设项目监测范围为接入市政管渠的接户井或接入受纳水体的排放口所服务的汇水范围，并应在接户井或排放口处布设监测点。当接户井或排放口较多时，可根据汇水范围内下垫面构成和径流污染源类型选择代表性监测点。

2）监测时间及频次

根据《海绵城市建设评价标准》GB/T 51345—2018，典型项目流量监测频率至少1次/5min，连续自动监测至少1个雨季或1年，获取"时间—流量"序列监测数据。

3）监测技术

参照本书第8.1.1节片区流量监测。

3. 典型案例

深圳市某区结合项目及周边区域建设情况，选取片区内监测条件较好的典型源头减排项目开展监测工作，项目类型涵盖建筑与小区、道路与广场、公园与绿地等。其中，典型建筑与小区类项目的基本情况如表8-2和图8-2所示。

典型建筑与小区类项目情况一览表　　　　　　　　　　　　表 8-2

项目类型	居住小区	占地面积	3.13hm²	监测点上游管径	DN800
下垫面	硬质屋面：7325.89m² 绿地：5651.42m² 硬质铺装：17951.28m² 水面：348.70m²	海绵设施		雨水花园：183.00m² 雨水调蓄池：640m³	

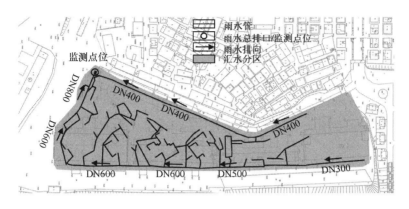

图 8-2 项目监测点位布置图

8.2 水质监测

水质指标能够有效反映水中污染物的种类和数量，是判断水污染程度的重要依据，也是揭示水质现状和发展趋势的主要手段。海绵城市水质监测能够用于分析下垫面径流污染特征、评估污染物控制效果、了解受纳水体水质污染成因等，按监测对象的不同，可分为径流水质监测和水体水质监测两类。

8.2.1 径流水质监测

部分径流污染能够通过海绵设施的沉淀、吸附、过滤作用等被去除，通过对典型下垫面的雨水径流进行水质监测，能够评估海绵设施对径流污染的削减效果。

1. 监测点位的布设原则

应选择片区内的典型下垫面进行监测，包括道路、广场、建筑小区等。一般情况下，每种下垫面应设置4～5处采样点，市政道路可在雨水口附近的最低点采样，城市广场可在进出口的最低点采样，建筑小区可分别对屋面雨水立管排水点处和小区道路排水点处进行采样。

2. 监测指标的选取

水质监测指标应根据监测对象、污染源类型进行确定，常规监测指标一般为悬浮物（SS）。当下垫面类型不同时，污染物种类和含量差异较大，因此除常规监测指标外，还可增加对化学需氧量（COD）、氨氮、总氮、总磷等指标的监测。根据美国国家雨水质量数据库（NSQD），雨水径流的主要监测指标包括悬浮物、五日生化需氧量（BOD_5）、化学需氧量、总磷、凯氏氮、硝酸盐氮、亚硝酸盐氮、总铜、总铅、总锌等。对城市道路雨水径流进行水质监测时，还应补充石油烃、多环芳烃、金属物质、总有机碳等指标。

3. 径流水质采样方法

1）采样类型

采样类型可分为瞬时采样和混合采样。

瞬时采样：指在某一采集点随机采集一个水样，可按某个时间序列采集得到多个瞬时水样。单个瞬时水样仅表示相应时间点的雨水情况，不能反映场次降雨的污染情况，因此，可按照设定时间间隔对雨水径流全过程进行瞬时采样，体现水质变化的完整过程。

混合采样：混合采样分为等时混合采样和流量加权混合采样。等时混合采样按等时间间隔采集等体积水样，不考虑流量变化，不适用于雨水采样。雨水径流混合采样应选择流量加权混合采样法，该方法可进一步分为随流量或随体积成比例采集的两种方式。

事件平均浓度是评估径流污染的一项代表性指标，可将各瞬时样浓度按流量或体积加权平均获得该指标值，也可以将整场降雨事件的混合样平均浓度作为事件平均浓度。瞬时样获得的事件平均浓度更加精准，但由于瞬时采样样本数量较多，实验室分析成本高，因此相较而言混合采样是一种更具效益的计算污染物浓度的方法。

2）采样时间及频次

径流水质监测应从产生径流的最初时刻开始采样，遵循"前密后疏"的原则，前30min内采样间隔宜为5min，之后可适当延长采样间隔，宜于第5min、10min、15min、30min、60min、90min、120min进行采样，直至径流过程结束，前2h的采样数量不少于8个。采样时间点可根据实际降雨情况进行灵活调整，以反映真实的径流水质变化过程。若降雨历时较长，2h以后的采样间隔可适当增大。

3）采样技术

采样技术可分为人工采样和自动采样（表8-3）。人工采样适用于采集所有污染物，具有操作简单、灵活性强、成本低等优点，适用于资金有限或监测要求不高、监测数量少的情况。自动采样通过自动采样器进行样品采集，可在指定的时间间隔内收集多个样本，且可以设置采集瞬时水样或混合水样。

自动采样器的主要功能应包括：具有设定、校对和显示时间功能；断电后能恢复掉电前的工作状态，且设定的参数不发生改变；具有通信接口，能够实现远程启动、远程设置功能；具有定时、与时间成比例、与流量成比例、与液位成比例等采样模式；具有保存采样记录、故障信息和样品保存温度超标报警等功能，且能够输出存储的信息；具有空气反吹、自动清洗和自动排空功能；当样品达到预设次数时，具有自动终止采样功能以防止样品溢出。

一般来说，满足监测条件的典型下垫面面积不会很大，降雨径流的产流量相对较小，难以满足自动采样的监测条件，因此海绵城市典型下垫面的水质监测宜采用人工采样与实验室检测相结合的方式。

人工采样和自动采样优缺点一览表　　　　　　　　　　　　表 8-3

采样技术	优点	缺点
人工采样	(1) 适用于采集所有污染物 (2) 设备需求简单 (3) 灵活性强、成本低	(1) 人员培训要求高 (2) 实验室检测成本高 (3) 无法保证降雨初期人员和设备到达采样点 (4) 存在人工误差
自动采样	(1) 实验室工作量小 (2) 能够实现在线连续采样、采样时间方便控制 (3) 减少人员置于危险采样环境的情况	(1) 无法准确监测部分代表性指标，如可挥发性有机物、细菌、油脂等 (2) 设备成本较高 (3) 设备需要定期巡查与维护，设备故障时会导致样本无效

4. 水质指标分析方法

采集的水样应及时送至有 CMA 认证的检测机构进行水质检测，常见的水质指标检测分析方法如表 8-4 所示。

常见的水质指标检测分析方法　　　　　　　　　　　　表 8-4

水质指标	分析方法	方法依据
SS	重量法	《水质　悬浮物的测定　重量法》GB 11901—1989
COD	重铬酸盐法	《水质　化学需氧量的测定　重铬酸盐法》 HJ 828—2017
总氮	碱性过硫酸钾消解紫外分光光度法	《水质　总氮的测定　碱性过 硫酸钾消解紫外分光光度法》HJ 636—2012
总磷	钼酸铵分光光度法	《水质　总磷的测定　钼酸铵分光光度法》 GB 11893—1989
氨氮	纳氏试剂分光光度法	《水质　氨氮的测定　纳氏试剂分光光度法》 HJ 535—2009
铅	电感耦合等离子体发射光谱	《水质　32 种元素的测定　电感耦合等离子体发射光谱法》 HJ 776—2015
铬	电感耦合等离子体发射光谱	《水质　32 种元素的测定　电感耦合等离子体发射光谱法》 HJ 776—2015

8.2.2　水体水质监测

水体水质监测能够反映水环境质量，用于评价受纳水体的水质达标情况。根据《海绵城市建设评价标准》GB/T 51345—2018，在对城市水环境质量进行评价时，应选取典型监测断面进行水质采样，根据相关指标判断水体是否黑臭以及水质变化趋势。

1. 监测点位的布设原则

水体监测点位应能在宏观层面反映水系或所在区域水环境质量状况和污染特征，一般选择水体的上游和下游断面，可优先选择在支流汇入口、主要排放口和排水分区边界等重要节点的上下游布设监测断面。进行水体水质监测时还应满足下列要求：

（1）应沿水体每200～600m间距设置监测点，且每个水体的监测点不应少于3个。

（2）应避开死水区、回水区，选择河段较为顺直、河床稳定、水流平稳、无浅滩位置设置监测断面。

（3）应统筹区域与流域监测、城市监测已设置的河湖水系监测断面，以及现有国控、省控监测断面进行布设。

（4）监测点位受水平和垂直变化的影响时，可在同一监测断面设置采样垂线，取垂线不同深度的样品混合后测定。采样垂线及其上的采样点的设置应符合下列规定：

① 水面宽度小于50m时，应在中泓和污染带处分别设置采样垂线；水面宽为50～100m时，应在左岸、右岸有明显水流处和污染带处分别设置采样垂线；大于100m时，应在左岸、右岸、中泓及污染带处分别设置采样垂线；采样断面水质均匀时，可仅设中泓垂线。

② 水深不足1m时，采样垂线上采样点应在水深1/2处；水深小于5m时，采样点应在水面下0.5m处；水深为5～10m时，采样点应在水面下0.5m、水底上0.5m处；水深大于10m时，采样点应在水面下0.5m、水底上0.5m、中层1/2水深处；潮汐河段应分层设置采样点。

	水质监测点
	河道明渠段
	河道暗渠段

图8-3　河道监测点位布置案例

（5）监测点的设置还可参照《地表水环境质量监测技术规范》HJ 91.2—2022的相关要求进行确定（图8-3）。

2. 监测指标的选取

水体水质监测指标一般根据《地表水环境质量标准》GB 3838—2002进行选取，其中基本指标共24项。针对不同的监测目的和要求，选取的监测指标往往不同，可根据实际情况增减。中国环境监测总站对全国主要流域重点断面的水质监测指标主要是

pH、溶解氧、化学需氧量、氨氮等。对黑臭水体进行评价时，需要监测透明度、溶解氧、氧化还原电位、氨氮等指标；在对合流制溢流污染进行评价时，一般需要监测pH、总固体悬浮物、BOD_5、溶解氧等指标（表 8-5）。

受纳水体水质监测指标一览表　　　　　　　　　表 8-5

指标来源	具体监测指标	备注
《地表水环境质量标准》GB 3838—2002	pH、温度、溶解氧、电导率和浊度等 24 项基本指标	—
中国环境监测总站	pH、溶解氧、化学需氧量、氨氮等	—
《海绵城市建设评价标准》GB/T 51345—2018	透明度、溶解氧、氧化还原电位、氨氮等	评价水体是否黑臭
《合流制溢流监测和模型指南》	pH、总固体悬浮物、BOD_5、溶解氧、锌、铅、铜、砷、肠球菌、大肠杆菌等	评价合流制溢流污染情况

3. 水体水质采样方法

1）采样类型

采样类型可分为瞬时采样和混合采样，水体水质监测一般采用瞬时采样。

2）采样时间及频次

根据《海绵城市建设评价标准》GB/T 51345—2018，每 1～2 周应至少取样 1 次，且降雨量等级不低于中雨的降雨结束后 1d 内应至少取样 1 次，连续测定 1 年；或在枯水期、丰水期应各至少连续监测 40d，每天取样 1 次。根据《海绵城市建设监测标准》（征求意见稿），当对合流制溢流排放口影响范围内的受纳水体水质进行监测时，各监测断面、各采样点应每 4h 采样一次，降雨开始前应至少采集 2 个背景水样，降雨开始后样品采集时长不应少于 48h，直至水体水质恢复至雨前背景值水平。

3）采样技术

与径流采样方法一样，水体采样技术可分为人工采样和自动采样，参照径流水质采样方法。水体水质监测较常采用在线监测设备进行采集分析，当径流污染严重且易干扰在线监测设备导致测量误差较大时，应采用人工采样方法。

4. 水质指标分析方法

根据《海绵城市建设监测标准》（征求意见稿），可通过水质在线监测设备实现对常规水质指标的检测和分析，也可送至有 CMA 认证的检测机构进行水质检测。常见的水质指标检测分析方法如表 8-4 所示。

8.3　监测设备安装与维护

8.3.1　监测设备安装

目前海绵城市监测主要包括流量监测和水质监测两大类，其中流量监测设备主要有压力式水位计、超声波水位计、多普勒超声流量计等，水质监测主要借助实验室检测仪器、便携式水质检测仪和在线水质监测仪等。

1. 常见的流量监测设备及安装

（1）压力式水位计：根据压力与水深成正比的静水压力原理，运用压敏元件作传感器的水位计。

（2）超声波水位计：传感器安装在被测介质上方，通电后向介质发射超声波脉冲，穿过空气到达介质表面后部分反射的回波被同一传感器接收，并转换成电信号。从脉冲发射到接收的时间，即脉冲传输时间，与传感器到介质表面的距离成正比，可根据脉冲传输时间和脉冲速度（340m/s）计算传感器到介质表面的距离。

值得注意的是，由于传感器的减幅振荡特性，从其下方一定距离内反射的回波传感器无法接收，这一距离称为盲区距离。传感器到介质表面的最小测量距离取决于传感器的设计参数，最大测量距离取决于空气对超声波的衰减以及脉冲从介质表面反射的强度。

（3）雷达水位计：由传感器发射雷达脉冲并接收从介质表面反射的回波，根据传输时间和电磁波的传输速度计算传感器到介质表面的距离，与超声波水位计的工作原理类似。

（4）多普勒超声流量计：利用超声多普勒效应，通过测量回波与发射波的频率差进行流速测定。该设备适合测量含固体颗粒或气泡的流体，能支持满管、非满管、明渠等的流量测量。

一般而言，压力式水位计和多普勒超声流量计的测量值相对准确，压力式水位计配薄壁三角堰适合在环境较好的地面上安装，多普勒超声流量计更加适宜在环境复杂、断面不规则的管渠内安装。在流量较小的情况下，超声波水位计配薄壁三角堰安装时的测量精度有限，这是因为通过堰顶水头换算的流量值误差较大，建议在流量值大于 $50m^3/h$ 时采用该方法。常用流量监测设备的优缺点及适用条件如表 8-6 所示，压力式水位计和超声波水位计的测量参数如表 8-7 所示。

常用流量监测设备的优缺点及适用条件　　　　　　　　　　　　　　表 8-6

设备类型	压力式水位计	超声波水位计	雷达水位计
优点	无测量盲区；不受容器结构影响；不受电磁波、气泡和悬浮物的干扰；功耗低、安装方便	与介质无直接接触，耐腐蚀性强；测量精度较高；安装方便	与介质无直接接触，耐腐蚀性强；量程大，测量精度较高；安装方便
缺点	与介质接触需考虑防腐要求；测量精度可能随时间的推移而降低；部分地区在冬季存在冻害问题	有测量盲区；受容器几何结构影响较大；不适用于有气泡、旋流或悬浮物的介质；容易受电磁波干扰；功耗较高	有测量盲区；不适用于有气泡、旋流或悬浮物的介质；容易受电磁波干扰；功耗较高

续表

设备类型	压力式水位计	超声波水位计	雷达水位计
适用条件	适用于各种条件的水位监测，但小量程条件下精度不高，需要固定探头	适用于水位变化较平稳、水位不会满管或溢流、悬浮物和气泡少、不产生旋流、井室尺寸较大的监测	适用于水位变化较平稳、水位不会满管或溢流、悬浮物和气泡少、不产生旋流、井室尺寸较大的监测

流量监测设备测量参数　　　　　　　　　　　　　　　　表 8-7

设备类型	压力式水位计	超声波水位计
设备量程	1m、5m、10m、20m、40m	5m、10m、20m、40m
测量精度	0.05%FS	0.25%～0.5%FS
分辨率	1mm	1mm

注：FS（Full Scale）指全量程，%FS指全量程的百分数。0.05%FS表示当使用的水位计量程为10m时，测量精度为5mm。

当配薄壁堰进行流量监测时，设备安装应满足下列要求：①安装时堰箱应水平放置，并尽量使堰中心线与水流中线重合；②堰上游应采取消能稳流措施，尽量减小水流波动造成的水位测量误差；③堰下游最高水位应确保在堰口以下不小于50mm。

此外，监测设备的选取和安装还应参考下列要求：

（1）对于圆管或暗涵，应选择多普勒超声流量计（图8-4）。直径500mm及以下圆管或宽度≤800mm的暗涵可采用单探头，其他尺寸宜采用多探头分布式布设，探头数量应根据管道和暗涵的大小确定。传感器的安装位置应尽可能满足稳态推流的水力条件，避免安装于有涡流或有拐角的管道中。若管道或暗涵的最大过水达不到满管状态，

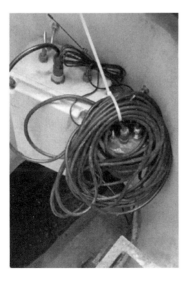

图 8-4　多普勒超声流量计安装现场照片

还可采用超声波水位计。

（2）对于明渠，应选择多普勒超声流量计、电波流速仪，或设置巴歇尔槽，明渠的水位监测宜选用雷达水位计。流量计应符合《明渠堰槽流量计计量检定规程》JJG 004—2015 的要求。采用多普勒超声流量计时，宜采用多探头分布式布设的方式，探头数量和安装位置应根据渠道大小和水流可能达到的水位量级进行确定，且应符合《环境保护产品技术要求 超声波管道流量计》HJ/T 366—2007 的相关要求。采用电波流速仪时，断面位置应无回水影响，监测点设置在断面中泓位置，并设置合理的表面系数。采用巴歇尔槽时，应配合水位计使用，利用自动水位计采集的数据通过水力学公式进行计算。

（3）水下或有可能在水下部分的测量仪表防护等级为 IP68，水上部分的测量仪表防护等级为 IP65，防护等级可参照《外壳防护等级（IP 代码）》GB/T 4208—2017。

（4）应采用电池供电，避免现场供电带来的不便。

（5）应配有安装支架及附件，可配套立杆进行安装，其主要功能是为供电和传输设备提供安装载体。立杆不宜与传感器的安装点位距离过远，当超过 20m 时需要单独定制传输线缆。立杆应安装在不影响行车和行人的地点，宜设置在绿化带内，采用太阳能供电时应注意立杆附近是否有建筑或植物遮挡，每天应至少保证 2h 的光照时间，以避免供电不足。

（6）应配备无线中继器，便于现场安装及数据传输。

2. 常见的水质监测设备及安装

（1）悬浮物（SS）在线监测仪：SS 是造成水质浑浊的主要原因，也是衡量水污染程度的指标之一。悬浮物传感器基于红外散射光技术，即光源发出的红外光在传输过程中经被测样品发生散射，其散射光强度与悬浮物浓度成正比。

（2）溶解氧（DO）在线监测仪：采用荧光法测量溶解氧，溶解氧传感器的顶端覆盖了一层荧光物质。当传感器发出的蓝光照射到荧光物质上时会激发出红光，根据猝灭效应氧分子可以带走能量，因此激发的红光强度与氧分子浓度成反比，由此可计算出水中溶解氧的浓度。

（3）电导率（TDS）在线监测仪：通过测量溶液的电导能力反映电解质浓度，电导率传感器有两个设有特定距离的电极，当利用外部电源通电产生电流时，电流通过被测样品会发生变化，信号处理器能够根据电流的变化情况计算获得溶液的电导率。

（4）浊度在线监测仪：基于红外光散射技术，与悬浮物的检测原理类似。

（5）化学需氧量（COD）在线监测仪：多数采用分光光度法、电化学法和 UV 法进行检测。

（6）氨氮在线监测仪：当 pH 值大于 11 时，铵根离子向氨转变，氨通过氨敏电极的疏水膜转移造成电极的电动势发生变化，通过电动势的变化情况可计算获得氨氮浓度。

常见水质监测设备测量参数如表 8-8 所示。

常见水质监测设备测量参数　　　　　　　　表 8-8

设备类型	浊度计	SS 传感器	DO 传感器	COD 传感器	氨氮传感器
设备量程	0～4000NTU	0～2000mg/L	0～20ppm	0～100mg/L、0～300mg/L	0.2～1000mg/L
测量精度	3%～5%FS	2%FS	2%FS	±3%FS	±5%FS 或 0.2mg/L
分辨率	0.001NTU	1mg/L	0.01ppm	0.1mg/L	0.2mg/L

注：FS（Full Scale）指全量程，%FS 指全量程的百分数。

水质监测设备的正确安装是监测结果准确性的重要保证，仪器在测量过程中易受到光照、温度、氧含量等外界条件的干扰，因此应选择精度高、抗干扰能力强的设备。监测设备的安装高度宜距离水面 1m 左右，并应尽可能远离道路、水渠等，以防止振动干扰。具体的安装步骤包括：

（1）将设备固定在安装位置，确保其牢固可靠。

（2）连接电源，检查设备是否存在损坏或故障，确保其能够正常运行。

（3）对设备进行校准；校准是水质监测过程中非常重要的环节，是确保监测数据准确性的关键步骤。

（4）在设备使用过程中定期进行维护和保养，使其能长期稳定工作。

水质监测设备的性能测试和校准应满足下列要求：

（1）应至少每半年进行一次准确度、精密度、检出限、零点漂移、量程漂移、标准曲线和加标回收率的测试。

（2）更新检测器后，应进行一次标准曲线和精密度测试。

（3）更新仪器后，应对准确度、精密度、检出限、零点漂移、量程漂移、标准曲线、加标回收率、实际水样比对等仪器性能指标进行测试。

（4）应至少每月进行 1 次仪器测试、校准，应分别采用接近和超过实际水样浓度两种标准样品进行测试，每种样品至少测定 2 次，相对误差不应大于标准值的 ±10%。

8.3.2　监测设备维护

1. 设备供电

海绵监测设备多采用低压直流供电，现场监测时，仅有少数监测地点具备接入市政用电的条件，且需要将 220V 电压转换为低压电。在不具备用电条件时，一般采用蓄电池或蓄电池＋太阳能光电板的形式解决供电问题。若监测设备仅采用蓄电池供电，需每两个月充电一次，在监测点位数量较多时设备维护工作量较大；采用蓄电池＋太阳能光电板则能够长期连续为监测设备供电，但由于各地区气候条件存在差异，因此可能存在电源不稳定的情况。

2. 现场巡查

监测设备一般安装在检查井、排水管网和排水口内，安装环境复杂，为保证监测数据的准确性和有效性，需对监测设备定期进行巡查与维护，以保障其长期稳定可靠的运行。此外，尽管水质监测设备能够现场连续监测温度、浊度等物理指标和 pH、电导率、溶解氧等化学指标，但油脂、细菌和藻类等的附着会导致仪器的精度损失，也需要进行频繁的检查和维护。

现场维护内容主要包括：

（1）检查设备、探头是否完好。

（2）及时发现并清理设备周边的落叶、垃圾以及粘附在设备周边的泥沙等，及时对传感器进行清洗，避免污物对设备的监测精度造成影响。

（3）对设备的运行状态、电源量、主要技术参数等开展日常检查，及时导出监测数据以开展数据分析工作。

（4）对监测数据进行日常跟踪，及时发现异常值和报警、故障等情况，有效排除导致监测数据上传异常的潜在问题，使监测数据实时、准确、稳定地上传。

8.4　监测数据质量控制

8.4.1　研究进展

随着科学技术的迅速发展，现阶段的监测手段、监测方法和分析技术等都得到了不断改善和提高。我国的环境监测工作起步于 20 世纪 70 年代，经过几十年的发展，已逐步实现组织结构网络化和分析技术体系化的目标。当前，传感器、通信技术和数据处理技术的应用是我国监测领域的研究重点。

监测平台的数据处理技术是监测系统的核心组成部分，负责数据处理的硬件主要有单片机和嵌入式芯片。单片机能够嵌入各种仪器设备中，嵌入式芯片则主要用于计算机控制，具有功耗低、实时性强等特点。提升硬件质量不仅能够实现对数据全面高效的采集，同时能够进一步增强数据的准确性和可靠性。此外，根据采集的数据特性应用不同的分析处理方法能够有效降低离群值、空缺值等对监测结果的影响。空缺值的处理方法伴随着监测工作同步兴起，Dempster 等人于 20 世纪 70 年代首先提出了一种有效处理缺失数据的最大期望算法（EM 算法），该算法为处理缺失数据带来了新革命；基于这一算法，Rubin 在 20 世纪 80 年代末提出了多重填补法；Robins 等人在 20 世纪 90 年代中期提出了以缺失概率为基础的加权估计法。与此同时，人工智能和机器学习的深度发展，使数据的质量控制过程朝着更加精细化和高效化的方向发展。

在海绵城市建设过程中，可基于各类监测数据搭建海绵城市大数据中心，并通过通信系统、计算机网络系统和决策支持系统等的建设，建立海绵城市综合监控系统。相关的数据能够自动用于模型率定、验证和建设效果评估，从而有助于进一步提升海绵城市建设成效。

8.4.2　数据离群值处理

1. 离群值的分类

监测数据的离群值可根据《数据的统计处理和解释 正态样本离群值的判断和处理》GB/T 4883—2008 的规定进行判别和处理。离群值按产生原因可分为以下两类：

（1）第一类是总体固有变异性的极端表现，这类离群值与样本中的其余观测值属于同一总体。

（2）第二类是由于试验条件和试验方法的偶然偏离所产生的结果，或产生于观测、记录、计算中的失误，这类离群值与样本中的其余观测值不属于同一总体。

离群值同时还可分为上侧情形、下侧情形和双侧情形。上侧情形即根据实际情况或以往经验，离群值都为高端值；下侧情形表示离群值都为低端值；双侧情形则表示离群值可为高端值，也可为低端值。在实际监测过程中，应规定样本中离群值的上限值，当离群值个数超过这个上限值时，应对样本做慎重的研究和处理。

2. 离群值的检验

对于单个离群值：应根据实际情况和以往经验，选择适宜的离群值检验规则并确定显著性水平，根据显著性水平和样本量，确定检验的临界值，最后由观测值计算相应统计量的值，根据所得统计量的值与临界值进行比较做出判断。

对于多个离群值：在允许检出离群值大于1的情况下，重复使用上述单个离群值的检验原则进行检验。若没有检出离群值，则整个检验停止；若检出离群值，当其个数超过规定的上限值时，检验停止，应对此样本进行慎重处理。

3. 离群值的判定

以下介绍已知标准差时离群值的判断规则。当已知标准差时，使用奈尔（Nair）检验法，奈尔检验法的样本量为 $3 \leqslant n \leqslant 100$。不同离群情形的判定规则如下：

1）上侧情形

（1）计算出统计量 R_n 的值：

$$R_n = [x_{(n)} - \bar{x}]/\sigma \tag{8-1}$$

式中：σ——已知的样本的标准差；

$\bar{x}$——样本均值。

（2）确定检出水平 α，并通过查奈尔（Nair）检验的临界值表得出临界值 $R_{1-\alpha}(n)$。

（3）当 $R_n > R_{1-\alpha}(n)$ 时，判定 $x_{(n)}$ 为离群值，否则未发现离群值。

（4）对于检出的离群值 $x_{(n)}$，确定剔除水平 α^*，在奈尔（Nair）检验的临界值表中查出 $R_{1-\alpha^*}(n)$，当 $R_n > R_{1-\alpha^*}(n)$ 时，判定 $x_{(n)}$ 为统计离群值，否则未发现 $x_{(n)}$ 为统计离群值，此时 $x_{(n)}$ 为歧离值。

2）下侧情形

（1）计算出统计量 R'_n 的值：

$$R'_n = [\bar{x} - x_{(1)}]/\sigma \qquad (8\text{-}2)$$

式中：σ——已知的样本的标准差；

$\bar{x}$——样本均值。

（2）确定检出水平 α，并通过查奈尔（Nair）检验的临界值表得出临界值 $R_{1-\alpha}(n)$。

（3）当 $R'_n > R_{1-\alpha}(n)$ 时，判定 $x_{(1)}$ 为离群值，否则未发现离群值。

（4）对于检出的离群值 $x_{(1)}$，确定剔除水平 α^*，在奈尔（Nair）检验的临界值表中查出 $R_{1-\alpha^*}(n)$，当 $R'_n > R_{1-\alpha^*}(n)$ 时，判定 $x_{(1)}$ 为统计离群值，否则未发现 $x_{(1)}$ 为统计离群值，此时 $x_{(1)}$ 为歧离值。

3）双侧情形

（1）计算出统计量 R_n 和 R'_n 的值。

（2）确定检出水平 α，并通过查奈尔（Nair）检验的临界值表得出临界值 $R_{1-\alpha/2}(n)$。

（3）当 $R_n > R'_n$，且 $R_n > R_{1-\alpha/2}(n)$ 时，判定最大值 $x_{(n)}$ 为离群值；当 $R'_n > R_n$，且 $R'_n > R_{1-\alpha/2}(n)$ 时，判定最小值 $x_{(1)}$ 为离群值；否则未发现离群值；当 $R_n = R'_n$ 时，同时对最大值和最小值进行检验。

（4）对于检出的离群值 $x_{(1)}$ 或 $x_{(n)}$，确定剔除水平 α^*，在奈尔（Nair）检验的临界值表中查出 $R_{1-\alpha^*/2}(n)$，当 $R'_n > R_{1-\alpha^*/2}(n)$ 时，判定 $x_{(1)}$ 为统计离群值，否则未发现 $x_{(1)}$ 为统计离群值，此时 $x_{(1)}$ 为歧离值；当 $R_n > R_{1-\alpha^*/2}(n)$ 时，判定 $x_{(n)}$ 为统计离群值，否则未发现 $x_{(n)}$ 为统计离群值，此时 $x_{(n)}$ 为歧离值。

4. 离群值的处理

处理离群值的方式有以下几种：

（1）保留离群值并用于后续数据处理。

（2）在找到实际原因后修正离群值，并予以保留。

（3）剔除离群值，且不追加观测值。

（4）剔除离群值，并追加新的观测值或用适宜的插补值替代。

对检出的离群值，应尽可能弄清楚其产生原因，作为后续的处理依据。同时应在权衡寻找和判定产生离群值的原因所需代价、正确判定离群值的得益和错误剔除正常观测值的风险后，采取下列实施原则：

（1）若在技术上或物理上找到了产生离群值的原因，则应剔除或修正。

（2）若未找到原因，则应保留歧离值，剔除或修正统计离群值；当使用同一检验规则检验多个离群值时，每次检出离群值后，都应再检验它是否为统计离群值，若某次检出的离群值为统计离群值，则该离群值及在它前面检出的离群值（含歧离值）都应被剔除或修正。

8.4.3　数据空缺值填补

1. 空缺值的类型

在监测的数据集中，一般将不含空缺值的变量称为完全变量，将含有空缺值的变量称为不完全变量。空缺值可分为随机丢失、完全随机丢失和非随机丢失三种类型。

1）随机丢失

随机丢失意味着数据丢失的概率与丢失数据本身无关，而仅与部分已观测到的数据有关，即该类数据的缺失依赖于其他完全变量，并不是完全随机的。

2）完全随机丢失

数据的丢失是完全随机的，不依赖于任何不完全变量或完全变量，即数据丢失的概率与其假设值及其他变量值均无关。

3）非随机丢失

数据的丢失与不完全变量自身的取值有关，可能取决于丢失数据的假设值或取决于其他不完全变量。

当空缺值为随机丢失或完全随机丢失时，可根据其出现情况删除空缺值，或在随机丢失的情况下根据已知变量对空缺值进行估计；当空缺值为非随机丢失时，删除空缺值可能使分析结果出现偏差，此时应对空缺值的填补进行慎重处理。

2. 空缺值的产生原因

出现空缺值的原因主要包括以下几点：

（1）受部分条件限制使相关数据暂时无法获取。

（2）数据因人为因素没被记录、遗漏或丢失。

（3）数据采集设备、存储介质或传输通道出现故障导致数据丢失。

（4）对数据的实时性要求较高，即在取得数据前需做出决策或判断。

3. 空缺值的处理方法

对空缺值的处理方法主要包括删除、插补和不处理三类。以下主要介绍空缺值的插补方法，包括平均值填充、热卡填充（就近补齐）、K 近邻算法、回归方程法和多重插补法。

1）平均值填充

数值型的空缺值可根据数据集中所有已知数据的平均值进行确定，或采用条件平均值填充，该方法不用计算所有已知数据的平均值，而是选出与空缺值具有相同决策属性的已知数据，通过计算它们的平均值进行确定。

2）热卡填充（就近补齐）

该方法通过在完整数据中找到一个与空缺值最相似的对象进行确定，该方法在概念上很简单，且利用了数据间的关系进行空值估计，但突出的缺点在于难以定义相似的标准，主观因素较多。

3）K 近邻算法

该方法需要确定距离空缺值所在样本最近的 K 个样本，将 K 个样本进行加权平均以估计该样本中的空缺值。在确定 K 个样本时，需要根据数据类型选择不同的距离度量，此处不展开介绍。

4）回归方程法

基于完整的数据集建立回归方程，对于包含空缺值的样本，将已知属性带入回归方程估计未知属性，从而确定空缺值。该方法的缺点是当变量之间不是线性相关时，可能导致估计存在偏差。

5）多重插补法

该方法通过模型模拟出空缺值的可能性分布，然后模拟多组缺失数据集进行估计，最后将这些空缺值进行合并从而获得最终结果。在实际应用中，需要针对不同的数据特性和缺失情况选择合适的模型和算法进行多重插补，并在插补之后对模型进行检验和评估。

第 9 章　海绵城市建设效果评价模型构建

9.1　概述

数学模型是海绵城市建设效果评价的重要辅助工具。应用数学模型，可以有效支撑海绵城市规划、设计、运行维护、设施效果评价等不同阶段的工作。其中，在海绵城市规划设计应用方面，数学模型可应用于规划范围现状评价，包括现状水文状况评价以及现状问题与风险评价；规划设计方案的评价与优化应用方面，包括辅助排水防涝规划方案制定、年径流总量控制率等指标分解与优化，海绵城市设计方案的评价与优化等；运行维护方面，个别城市建立了内涝预测预警系统，在系统上嵌入了水文水力模型，可根据降雨预报数据快速预测内涝情况，从而指导排水、排涝设施的运行调度；海绵城市建设效果评价方面，可以排水分区、建设项目为研究单位，评价排水分区、建设项目目标的可达性。

目前，海绵城市的效果评价方法主要包括现场监测法、模型模拟法、公式计算法、现场调查法等，其中部分指标常用现场监测与模型模拟相结合的方法进行评价，如路面积水控制、内涝防治等。海绵城市监测工作为模型参数率定与验证提供数据支撑。根据基础研究的结果，选择条件成熟的片区、建设项目或海绵设施作为监测对象，并制定相应的监测方案，在雨季收集监测数据；通过搭建不同分区、分类的数学模型，对模型中灵敏度高、参数取值不明确的参数进行率定，根据率定结果给出监测区域海绵城市排水模型分区分类模型参数值。

9.2　常用模型软件及其原理

目前，国内外应用最广泛的海绵城市模型软件主要有美国的 EPA-SWMM（即 SWMM）、SUSTAIN 和英国的 InfoWorks ICM、澳大利亚的 Xp-SWMM、丹麦的 DHI MIKE 等。其中除 EPA-SWMM、SUSTAIN 为免费开源软件外，其余均为商业化软件。

9.2.1　EPA-SWMM 模型

20 世纪 70 年代，在美国环保局（EPA）的资助下，EPA-SWMM 模型由梅特卡夫有限公司、水资源工程师有限公司和佛罗里达大学三家单位组成的联合体开发而来。其他类似的商业模型软件均基于 EPA-SWMM 模型的源代码进行二次开发。

EPA-SWMM 模型可用于规划、设计等工作，是大型的 Fortran 程序（图 9-1）。它可以模拟完整的城市降雨径流，包括地表径流和排水管网中水流、管路中串联或非串联的蓄水池、地表污染物的积聚与冲刷、暴雨径流的处理设施、合流污水溢流过程等。根据降雨输入和系统特性（流域、泄水、蓄水和处理等）模拟暴雨的径流水质过程，还可以输出排水系统任何断面的流量过程线和污染过程线。同时，它既可进行单事件模拟，也可进行连续模拟。

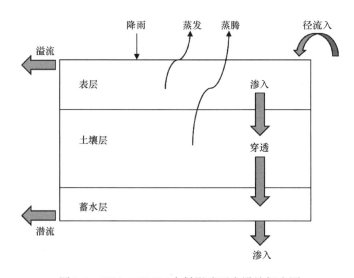

图 9-1　EPA-SWMM 中低影响开发设施概念图

经过不断的升级和完善，截至 2023 年 9 月，EPA-SWMM 模型已经升级至 5.2.4 版本。最新版本的模型能够直接模拟海绵城市设施的水文效应。根据海绵城市设施垂直方向的不同结构，模型中低影响开发模块提供了生物滞留单元、雨水花园、绿色屋顶、透水铺装、渗渠、雨水桶、植草沟七种类型的海绵城市设施（表 9-1）。下沉式绿地、植被过滤带、渗透井（管）等典型的海绵城市设施均可直接进行模拟或通过参数的变换进行模拟。根据汇水区垂直方向上不同土层性质，通过降雨、蒸发、滞留、下渗、过滤等水文过程模拟海绵城市设施的水文效应，结合 EPA-SWMM 模型的水力与水质模块，实现海绵城市设施对汇水区域径流量、径流峰值流量、汇流时间以及径流污染削减效果的模拟。该模型的开发，已成为其他模型软件进行低影响开发模拟的核心。

不同类型海绵城市设施层次结构　　　　　　　　　　　　表 9-1

海绵城市设施	存水层	路面层	土壤层	蓄水层	排水层
生物滞留单元	√		√	√	×
雨水花园	√		√		

续表

海绵城市设施	存水层	路面层	土壤层	蓄水层	排水层
绿色屋顶	✓		✓		✓
透水铺装	✓	✓		✓	×
渗渠	✓			✓	×
雨水桶				✓	✓
植草沟	✓				

注：✓为必选，×为可选。

9.2.2　SUSTAIN 模型

SUSTAIN 是美国环保局（EPA）为暴雨管理进行最佳管理实践（Best Management Practices，BMPs）规划而开发的一个决策支持系统，其基于 ArcGIS 平台，从费用和效率两方面，针对不同尺度的流域进行 BMPs 的开发、评估、选择和设置，从经济、环境和工程角度为管理措施提供了全面实用的工具（图 9-2）。SUSTAIN 在 ArcGIS 的平台下，整合了框架管理、BMPs 布局、土地模拟、BMPs 模拟、传输模拟、优化和后处理程序七大模块，SUSTAIN 的地表水文计算、水动力学计算和水质计算方法大部分采用 EPA-SWMM 5.0 版本模型的计算方法，部分采用水文模拟程序（Hydrological Simulation Program-Fortran，HSPF）的计算方法。降雨、蒸发蒸腾、渗透、地下水、地表径流、径流传输与输送、污染物的累积冲刷和街道清扫方式的模拟来自 EPA-SWMM 5.0 版本模型，土壤流失和泥沙迁移算法来自 HPSF。

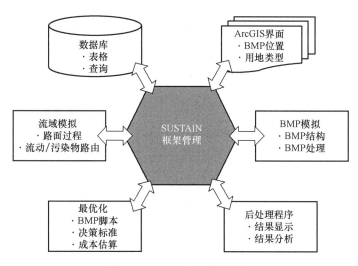

图 9-2　SUSTAIN 总体框架

SUSTAIN 中内置了 BMPs 界面，通过串联式或并联式的 BMPs 控制措施得到所在流域的降雨—径流数据和其他特征，预测所选区域的水质水量，评估 BMPs（包括低影响开发设施）的综合效益。SUSTAIN 通过评估低影响开发设施的影响和负荷削减潜力，预测出低影响开发设施的负荷削减量和费用，做出最优实施计划并评估各个阶段的效率和费用。

9.2.3　InfoWorks ICM 模型

InfoWorks ICM 是由英国 Innovyze 公司开发的城市水务模型系统中的一个系列——城市综合流域模型系统（图 9-3）。InfoWorks ICM 可以完整模拟城市雨水循环系统，它在一个独立模拟引擎内，完整地将城市排水管网及河道的一维水力模型，同城市/流域二维洪涝淹没模型，海绵城市的低影响开发系统（包括雨水资源的利用）的模拟，洪水风险等的评估等整合于一个平台中。它将自然环境和人工构筑环境下的水力水文特征融合到了一个完整的模型中，利用 InfoWorks ICM 可以模拟污水系统、雨水系统、合流制排水系统以及地表漫流系统，低影响开发系统，河道系统等。

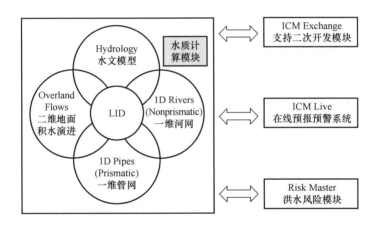

图 9-3　InfoWorks ICM 计算模块图

InfoWorks ICM 具有最完备的计算模块，针对低影响开发系统或海绵城市设施的模拟，包含两类方法。一类是水文学的模型方法（Hydrology），另一类是水动力学的模型方法（Hydraulic）。而水动力学的方法，又分为一维和二维水动力学的模拟方法，能够模拟各种海绵城市设施，如绿色屋顶、雨水花园、生物滞留池等。这些不同的方式在 InfoWorks ICM 中都有各自的方法进行模拟，如图 9-4 所示。

InfoWorks ICM 除用于低影响开发模拟外，还常用于河流及雨污水排放系统规划研究、地表水体管理规划、可持续性排水系统（SUDS/BMPs）应用规划、城市降雨径流控制与截流设计、洪涝解决方案开发、人口增长和气候变化下流域发展评估、城市排水系统同河流相互作用下的洪涝及污染预报、洪涝规划与管理、溢流排放对河流环境的影响、污水处理厂的水力状态分析、入流与入渗评估及控制、截流设计与分析等。

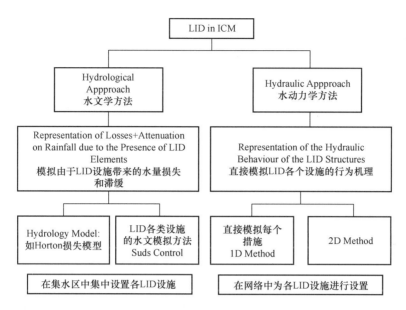

图 9-4 InfoWorks ICM 在低影响开发中的模拟方法

9. 2. 4 MIKE URBAN 模型

MIKE URBAN 是丹麦 DHI 开发的城市排水管网模拟商业软件。该模型引进了 ESRI 地理信息数据库技术，整合了城市地理信息系统与管网建模技术。该软件包含了 DHI 自主研发的 MOUSE 模型和 EPA-SWMM 模型。两个模型均配置了先进而完整的前后处理编辑工具，并且与 ArcGIS 界面做到了完全的整合，使得该模型具备了良好数据管理功能。MIKE URBAN 主要包含了三大模块，分别是降雨径流模块、水动力学模块和实时监控模块。

降雨径流模块提供了四种不同层次的城市水文模型用于城市地表径流的计算 (图 9-5)，分别为：时间—面积模型（类似于推理公式法）、非线性水库模型、线性水库模型、单位水文过程线模型。

水动力学模块通过求解一维圣维南方程组计算管段中的非恒定流。该模块可以准确描述各种水流现象和管网元素，包括不同横断面形状管段、检查井、蓄水区、堰、泵站、排放口边界条件、水流水头损失等。同时，还能够详细地预报整个管网系统的水动力学情况，包括管网溢流、蓄水情况、泵站工作情况等。

实时监控模块是对现实中控制策略的模拟，可以实现城市排水管网先进的实时控制模拟。该模块能够以透明和有效的方式设置不同的控制设备，为各台不同控制设备定义复杂的逻辑控制规则。通过该模块的使用，用户可以控制水泵、堰、孔口和闸门。

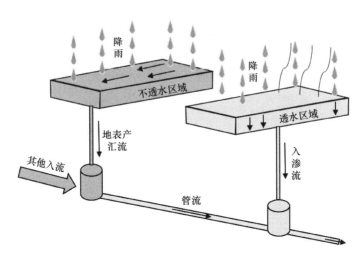

图 9-5　MIKE URBAN 降雨径流模拟

由于 MIKE URBAN 中包含了 EPA-SWMM 模型,其低影响开发设施的模拟主要通过 EPA-SWMM 5.0 版本模型内嵌低影响开发模块实现。

9.2.5　模型软件的对比

各种数学模型软件的对比如表 9-2 所示。

常见海绵城市模型软件的对比　　　　　　　　　　　　　表 9-2

模型	EPA-SWMM	SUSTAIN	InfoWorks ICM	MIKE URBAN
水力学	动力波模型——求解圣维南方程组,分析管网中水流状态,用于系统的设计与优化	动力波模型——求解圣维南方程组,分析管网中水流状态,用于系统的设计与优化		
水文模拟	提供了 Horton、Green-Ampt 和 Curve Number 三种下渗模型来对透水地表的产流进行计算;地表径流模拟采用非线性水库模型	使用地下水渗透模型模拟地下水层对渗透流的影响,使用非线性水库模型模拟坡面漫流	包括多种产汇流模型,即包括但不限于固定径流系数、Horton、Green-Ampt、SCS 等产流(径流量)模型,以及 Wallingford、Large Catch 等汇流模型	能够最为接近真实物理过程地模拟入流和渗透过程,能评价任何基础设施
低影响开发	已开发并升级低影响开发模块,能够模拟各种类型低影响开发设施	内嵌 EPA-SWMM 5.0 模型中的低影响开发模块	包括水文学和水动力学的模拟方法,可以在集水区中批量设置,也可以详细模拟单个低影响开发设施,进行辅助设计	内嵌 EPA-SWMM 5.0 版本模型低影响开发模块

续表

模型	EPA-SWMM	SUSTAIN	InfoWorks ICM	MIKE URBAN
计算能力	可进行单场降雨和连续性降雨模拟,模型计算稳定,运行速度较快	考虑了计算复杂性和实用性的平衡,综合运用了 EPA-SWMM、HSPF 的运算法则,并集成了乔治王子郡的 BMP 模型	使用可变步长的稳定的计算引擎,许多附带的图形和报告组件,包括提示和数据管理工具 能够并行计算,利用独立显卡,支持多任务,多电脑,远程计算,可以利用硬件提升计算速度	具有 Mouse 和 EPA-SWMM 两个计算引擎,无法进行连续性降雨模拟,运行时间较长且不稳定
校核能力	提供模拟和监测数据导入和导出功能,方便模型参数率定和校核	长期的校核和丰富数据有助于提高模型的精度和准确度	流量和流速通过预测和观测曲线被调整匹配	长期的校核和丰富数据有助于提高模型的精度和准确度
使用容易度	模型界面简单,且提供详细的操作手册以及案例,便于技术人员使用	需要在良好掌握 Arc-GIS 基础上才能使用该软件	需要在良好掌握 Arc-GIS 基础上才能使用该软件,软件模块众多,需要培训	界面较为复杂,需要在良好掌握 ArcGIS 基础上才能使用该软件,需要接受软件培训
推广难易程度	开源软件,方便推广使用	开源软件,方便推广使用	商业软件,需要购买使用	商业软件,需要购买使用

由上述比较可知,这几种常用模型中,EPA-SWMM 模型为其他模型的核心。其中 MIKE URBAN、InfoWorks ICM 为商业化软件,价格较为昂贵;EPA-SWMM 和 SUSTAIN 均为美国 EPA 资助研发软件,为开源软件。除 EPA-SWMM 模型外,其余模型软件均与 ArcGIS 整合,需要熟练掌握 ArcGIS 的技术人员方能使用。

虽然 EPA-SWMM 与 ArcGIS 数据库结合差,但因其界面简单,操作方便,并且经过 40 多年的升级优化,其计算引擎、模拟计算能力、模型稳定性和模型准确性等已经得到世界各地的广泛认同,推广性较强,故目前海绵城市(包括低影响开发系统)项目中多选用 EPA-SWMM 模型。在海绵城市建设效果评价领域,常用 EPA-SWMM 及 InfoWorks ICM 模型对片区的水文、水动力过程进行模拟,其中 EPA-SWMM 模型常用于评价年径流总量控制率、径流峰值控制和内涝积水点消除情况等相关内容,InfoWorks ICM 模型用于评价内涝防治标准达标情况。

9.3 模型构建

通常情况下,在构建模型之前需要开展大量的准备工作,如收集基础数据、确定模型初始化参数,以及明确评价区域的边界条件等,在完成上述资料的收集后,再按建模步骤实施建模工作。

9.3.1　基础数据

1. 资料需求

数据是模型构建的基础，模型的质量和准确性取决于数据的质量和完整性。通常情况下，大部分海绵城市模型软件所需主要数据包括气象数据、下垫面数据、排水防涝设施数据、河道数据、水量水质监测数据以及其他相关数据（表 9-3）。此外，还可参考《城市排水防涝设施数据采集与维护技术规范》GB/T 51187—2016 及相应模型软件数据要求开展数据的收集工作。

表 9-3

基础资料需求表

类别	数据名称	数据要求
气象数据	降雨数据	多年逐分钟降雨量，暴雨强度公式
	蒸发数据	蒸发量、蒸发数据
下垫面数据	地形数据	地形图
	土壤数据	土壤类型，渗透系数
	现状下垫面	现状土地利用情况
	土地利用规划	土地利用规划图
	竖向规划	竖向规划图
排水防涝设施数据	排水管网	节点（检查井、雨水排放口、调蓄池）数据，管道（排水管、排水渠）数据
	排水设施	泵站、泵性能曲线、调蓄设施及蓄水曲线等
	海绵设施	设施类型、位置、构造、尺寸、汇水范围、污染物去除效率等
河湖水系数据	河道	断面形态
	水工构筑物	涵洞、闸、坝、闸站数据
监测数据	流量监测数据	管网、河道流量监测
	水质监测数据	河湖、管网、排放口水质监测（COD、SS、TP、TN、重金属等）
其他相关数据	边界条件	水位、水量、水质边界
	其他	规划、设计文件等各类相关数据

1）气象数据

降雨数据及蒸发数据是模型模拟的重要输入条件。降雨情景可分为短历时和长历时，短历时可使用 2h 或 24h 等不同降雨时长，长历时一般使用典型年真实降雨资料，该降雨资料可通过气象局获得。雨型的选择，应根据历史多年监测的分钟级降雨数据统计分析得出的当地雨型，当资料缺乏时可选择芝加哥雨型。降雨强度可使用历史某场真实降雨的强度，或者根据历史数据统计分析得出的 N 年一遇降雨强度，或者利用当地暴雨强度公式计算得出降雨强度。根据降雨资料进行分析后设计模型降雨情景，进行模拟计算。

月均蒸发量或者年蒸发量数据可通过评价片区内的气象站获取。

2）下垫面数据

城市下垫面数据是分析城市降雨产汇流机制、构建海绵城市模型的基础。可利用高分影像图进行解译分析评价片区下垫面，用于设定评价片区内每个汇水区透水率与不透水率；如有土壤墒情监测数据，则根据监测数据设定土壤初始含水率，如无则使用默认值。

3）排水防涝设施数据

排水管网数据：包括检查井的编号、形状、尺寸、井底标高，管道的编号、上下游检查井编号、上下游管底标高、管径、宽度、糙率和检查井局部损失等。

附属构建物信息：如果评价片区内有附属构建物，需要收集闸门/孔口/堰的上下游检查井编号和口底高程等信息。

管道实际运行状态：排水管道有无破损、淤积、沉积物等，管网中的泵站、闸门等的运行工况或调度规则（若有）。

其他：若为合流制系统，需要补充收集各排水分区的入口、排水当量等信息。

4）河湖水系数据

需收集河道断面形式、河底宽、最大水深、常水位等参数，用于对河道进行概化；并根据实际情况对河道左岸、右岸、河堤的粗糙系数赋值，尽量使得模型反映真实情况。

5）监测数据

管网监测：总排口的连续水量与水质监测数据，用于模型率定与验证。排水管检查井的连续水位监测数据，用于排水管网水力模型率定。对于合流制系统，需要在污水管与雨水管混接处的水量与水质监测数据，用于确定污水排水量。

2. 资料精度及格式

为保障模型运行的稳定性以及模型结果的准确性和可靠性，模型数据应满足一定的数据精度和格式要求（表 9-4），以减少模型构建过程中因数据评价、数据整理产生的误差，保证模型准确性的同时，减少建模工作量。

模型数据精度及格式要求　　　　　　　　　　　　　表 9-4

类别	数据名称	数据类型	数据格式	备注
气象数据	降雨数据	双精度	TXT/Excel	—
	蒸发数据	双精度	TXT/Excel	—
下垫面数据	地形数据	浮点型/双精度	CAD/ArcGIS	—
	土壤数据	字符型 双精度	Word/CAD	土壤类型为字符型数据；渗透性为双精度
	现状下垫面	字符型	CAD/ArcGIS	—
	土地利用规划	字符型	CAD/ArcGIS	—
	竖向规划	浮点型	CAD/ArcGIS	高程数据要求浮点型

续表

类别	数据名称	数据类型	数据格式	备注
排水防涝设施数据	排水管网	—	CAD/ArcGIS	根据《城市排水防涝设施数据采集与维护技术规范》GB/T 51187—2016 要求
	排水设施			
	海绵设施	字符型双精度	CAD	设施类型为字符型；设施参数为双精度
河湖水系数据	河道	字符型双精度	CAD	名称、桩号为字符型；河道断面、水位、构筑物参数为双精度
	水工构筑物			
监测数据	流量监测数据	双精度	Excel/Word	—
	水质监测数据	双精度	Excel/Word	—
其他相关数据	边界条件	双精度	Excel/Word	—
	其他	—	—	根据实际情况

9.3.2 模型初始化参数

1. 水文水力参数

城市小流域降雨径流模拟中常采用 Horton 渗透模型，模型参数主要包括地表洼蓄参数、Modified-Horton 渗透模型参数和曼宁粗糙率参数。各项参数的具体初值选择可参考表 9-5，具体数值需要通过率定、验证后确定。

水文水力参数初值选择范围   表 9-5

类别	参数类型	单位	取值范围	初始值
地表洼蓄参数	S-Imperv（不渗透面积洼蓄量）	mm	0.2~10	1.5
	S-Perv（渗透面积洼蓄量）	mm	2~10	5
	Zero-Imperv（无洼蓄量不渗透面积比例）	%	5~85	25
Modified-Horton 渗透模型参数	Max. Infil. Rate（最大入渗率）	mm·h^{-1}	25~80	76.2
	Min. Infil. Rate（稳定入渗率）	mm·h^{-1}	0~10	1.8
	Decay-Constant（衰减系数）	h^{-1}	2~7	4
	Deying Time（干燥时间）	d	1~7	7
曼宁粗糙率参数	N-Imperv（不渗透区曼宁粗糙率）	—	0.011~0.033	0.013
	N-Perv（透水区曼宁粗糙率）	—	0.05~0.8	0.24
	Roughness（管道曼宁粗糙率）	—	0.011~0.25	0.014（管道） 0.020（河道）

2. 海绵设施参数

海绵设施相关设计参数，包括海绵设施类型、面积，表层厚度、土壤层厚度、碎石层厚度、出口等相关信息，可以根据收集到的资料输入到模型中。表层糙率、渗透系数、排水流量系数等参数，根据实测资料或相关文献资料确定（表 9-6）。

低影响开发设施模块参数

表 9-6

设施类型	设施结构	设施参数	取值	数据来源
透水铺装	表面层	存水高度（mm）	—	实际设计值
		地表曼宁系数	0.01～0.1	实测资料或相关文献（手册）资料
		表面坡度（%）	0.06～1.0	实测资料或相关文献（手册）资料
	路面层	路面厚度（mm）	—	实际设计值
		孔隙率（%）	0.15～0.25	实测资料或相关文献（手册）资料
		不透水地表比例（%）	—	实际设计值
		渗透率（mm/h）	10～100	实测资料或相关文献（手册）资料
	土壤层	土壤厚度（mm）	—	实际设计值
		孔隙率（%）	0.25～0.5	实测资料或相关文献（手册）资料
		田间持水量	0.2	实测资料或相关文献（手册）资料
		萎蔫点	0.1	实测资料或相关文献（手册）资料
		传导性（mm/h）	0.5	实测资料或相关文献（手册）资料
		水力传导坡度	10	实测资料或相关文献（手册）资料
		吸水水头（in.）	3.5	实测资料或相关文献（手册）资料
	蓄水层	蓄水厚度（mm）	—	实际设计值
		孔隙率（%）	0.11～0.75	实测资料或相关文献（手册）资料
		渗透率（mm/h）	0～0.5	实测资料或相关文献（手册）资料
雨水花园	表面层	存水高度（mm）	—	实际设计值
		绿化比例（%）	—	实际设计值
		地表曼宁系数	0.02	实测资料或相关文献（手册）资料
		表面坡度（%）	0.06	实测资料或相关文献（手册）资料
	土壤层	土壤厚度（mm）	—	实际设计值
		孔隙率	0.5	实测资料或相关文献（手册）资料
		田间持水量	0.2	实测资料或相关文献（手册）资料
		萎蔫点	0.1	实测资料或相关文献（手册）资料
		传导性（mm/h）	0.5	实测资料或相关文献（手册）资料
		水力传导坡度	10	实测资料或相关文献（手册）资料
		吸水水头（in.）	—	实际设计值
	蓄水层	蓄水厚度（mm）	—	实际设计值
		孔隙率	0.75	实测资料或相关文献（手册）资料
		渗透率（mm/h）	0.5	实测资料或相关文献（手册）资料

续表

设施类型	设施结构	设施参数	取值	数据来源
雨水花园	排水层	排水系数	0.086	实测资料或相关文献（手册）资料
		排水指数	0.5	实测资料或相关文献（手册）资料
		出口偏移（mm）	—	实际设计值
植草沟	表面层	存水高度（mm）	—	实际设计值
		地表曼宁系数	0.006	实测资料或相关文献（手册）资料
		表面坡度（%）	0.01	实测资料或相关文献（手册）资料
		边坡系数（水平距离/高度差）	—	实际设计值

3. 水质参数

通过污染物的累积和冲刷两个过程来模拟非点源污染的产生。模型常选用饱和累积函数和指数冲刷函数来模拟污染物（将 SS 作为特征污染物）的产生和传输。下垫面类型可分为屋面、道路、绿地三类，每种类型包含三个累积参数（最大累积量、累积速率常数和半饱和累积时间）和两个冲刷参数（冲刷系数和冲刷指数）。由于累积函数和指数冲刷函数的参数均是回归方程的系数，没有明确的物理意义，不能由实测资料直接得到，需通过参数率定确定不同下垫面的累积—冲刷参数。表 9-7 为深圳市某流域的水质参数率定结果，作为取值参考。

深圳市某流域不同下垫面的累积—冲刷参数　　　　　　　　　表 9-7

下垫面	参数	取值范围
道路	最大累积量/(kg·hm²)	1.0～99.3
	累积速率常数/(d⁻¹)	0.11～2.00
	冲刷系数	0.051～0.199
	冲刷指数	0.50～1.98
屋顶	最大累积量/(kg·hm²)	1.5～98.6
	累积速率常数/(d⁻¹)	0.11～2.00
	冲刷系数	0.05～0.2
	冲刷指数	0.51～1.98
绿地	最大累积量/(kg·hm²)	16.1～99.5
	累积速率常数/(d⁻¹)	0.114～1.982
	冲刷系数	0.05～0.199
	冲刷指数	0.5～1.99

9.3.3　边界条件

边界条件一般包括模拟范围以及河道边界条件。

模拟范围：一般以汇水分区为基础，考虑汇水分区的完整性，可适当扩大模拟范围，保证管网不受模拟范围以外来水干扰。

河道边界条件：水量相关模型模拟边界为河道的水位，一般以河道常水位或防洪标准下的设计洪水位作为初始条件；污染物初始条件根据相关检测数据确定，一般包括氨氮、透明度、氧化还原电位和溶解氧等，作为河道水质本底值。

9.3.4　建模步骤

模型建立是将现实世界部分简化并进行数字化的过程。海绵城市模型的建立过程主要包括数据整理、模型概化、模型参数输入、拓扑关系检查、模型调试运行五个步骤。

1. 数据整理

根据模型构建的目的、尺度和精度要求、评价内容、评价范围等实际情况，按照相关要求开展评价区域模型基础数据的收集。根据不同模型建模数据格式需求，将收集到的基础数据进行数字化整理，并转换为模型可识别的类型。

目前大部分模型软件数据要求以地理空间数据库（Geodatabase）作为模型输入。因此，数据整理主要是结合模型参数的数据格式和精度要求，基于 ArcGIS 平台建立地理空间数据库，并在数据库中建立涵盖下垫面、排水设施、河道、低影响开发等不同类型数据的数据集，作为模型参数输入的前提。

此外，在开展数据整理的同时，还应评估基础数据的精确性、准确性和可靠性，并反复复核、确认、修正、校核，从而有效保证模型的准确性。

2. 模型概化

模型概化是将下垫面及排水系统进行模型数字化的过程，是建模工作的重要组成部分，主要包括排水系统的概化和子汇水区的划分两个部分。模型概化既要求减少建模的工作量，同时又要求不降低模型的准确性，因此，模型概化需要遵循一定的原则。

1）排水系统的概化

排水系统的概化是利用评价片区已有的排水管网数据信息，得到管网模型的输入文件。排水系统的概化应在梳理分析评价片区内市政道路施工图、排水管网规划图等资料，并结合现场实地踏勘的基础上开展。排水系统的概化应遵循以下原则：保留变管径节点、流向改变处节点、支管起始和汇入处节点，对于其余节点则结合划分的汇水区域和管线长度进行简化，必要情况下可以保留或增加节点（规划条件下需要增加节点），从而在保证最大限度反映现实情况的前提下有效简化现有体系。

2）子汇水区的划分

子汇水区的划分目标是按照排水流域的实际汇流情况，将地表径流汇流分配到相应的排水管网节点（即模型中的检查井节点），进而使排水管网系统的入流量分配更加符合实际情况。子汇水区的划分一般遵循两个原则：①按地形进行划分；②就近排放。

3. 模型参数输入

在模型数据整理和模型概化的基础上，将包含下垫面、排水设施、河道、低影响开发等不同类型数据的地理空间数据库（Geodatabase）与模型参数进行数据匹配和数据交换，从而实现模型参数的快速输入。同时，进一步检查模型参数输入的完整性，针对无法进行数据匹配的参数，则需要手动进行输入，如降雨、蒸发、边界条件等参数。

4. 拓扑关系检查

在完成模型参数输入后，需进行数据准确性以及拓扑关系检查，主要包括管网、河道、低影响开发设施、汇水区相互之间位置与连接关系的检查。目前，大部分商业软件均带有拓扑关系检查工具，可基于模型平台进行检查并修正。对于开源软件，如 EPA-SWMM，则不具备该项功能，可通过 ArcGIS 平台拓扑检查工具进行检查并修正。低影响开发设施、汇水区的拓扑关系检查工作量较小，且相对简单。

管网拓扑关系检查是海绵城市模型拓扑关系检查的主要内容，需在管网模型中对管线错接、节点空间位置偏移、管线反向、连接管线缺失、管线逆坡、环状管网或断头管、管线重复、管线中间断开等常见拓扑问题进行核查，对于存在拓扑错误的区域需要及时进行现场补测和重新勘察，保证排水管网数据的有效性和真实性。在数据校核后，将数据转换为模拟软件需要的输入文件格式。

5. 模型调试运行

上述四个步骤基本完成了模型的建立，再通过模型调试运行保障模型运行的稳定性，降低模型计算的连续性误差，保证模型计算结果的可靠性。在确保模型能够顺利运行的前提下，通过调整模型旱季和雨季运行时间步长、数据存储时间步长等运行参数，确保模型水量、水质模拟结果的连续性误差控制在一定范围内（通常是±5％以内），以保证模拟结果的可靠性。

9.4　模型参数率定与验证

模型参数率定与验证是模型构建的必备阶段，能降低模型模拟结果与现实之间的误差，提高模型的准确性和可靠性。

参数率定，是指根据实测数据推定模型参数或选择最优参数，使得模拟结果与实测数据最接近的过程；模型验证，是指选择独立于参数率定时选用的实测数据，评估模型准确性的过程。

在水文水力模型应用的过程中，参数率定是模型搭建和模拟的一个重要组成部分。参数率定的好坏，直接决定了水文水力模型模拟结果的科学性和准确性。参数率定中相关水文水力参数的本地化调整，是海绵城市设施本土化的重要手段。在住房和城乡建设部对国家海绵城市建设试点城市的考核中，明确提出"模型在用于效果评估和支持运行维护管理时，必须进行率定和验证"。模型的参数涉及水文参数和水力参数，参数的数量较多，各参数的不确定性使模型的模拟结果存在很大差异，要同时提高每个参数的精度非常困难。为此，需要定量评估各参数的影响，开展参数的敏感性分析，为实现高效便捷的模型优化和率定提供基础支撑。

9.4.1　参数敏感性分析

参数敏感性分析的目的在于：①确定哪些是对模型输出贡献较大的重要参数；②确定不同参数组合对模型模拟效果的影响，以验证模型参数之间的相互作用；③确定不敏感参数，降低参数率定过程中的计算消耗。目前，敏感性分析已经广泛应用于诸多领域，如系统科学、生态环境科学、经济学、物理学和社会科学等，同时形成了诸多方法，如局部分析法和全局分析法、定性方法和定量方法。如何选择合适的方法，怎样合理地应用以及解释分析结果成为敏感性分析应用的关键。通常情况下，需要开展参数的敏感性分析，确定敏感性参数，进而开展模型参数的率定和验证。

参数敏感性分析能够对模型参数进行甄别，确定参数对模型结果的影响程度，全面掌握各项参数的重要性，因此，这项工作也同样是模型优化参数合理确定、模型率定与验证的必要环节。对模型结果影响大的参数，需要精确地率定；对模型结果影响小的参数，可以通过实际情况或经验取值，有针对性地对模型参数进行率定与验证，这样则可以提高模型的精确性，降低工作量。

模型参数敏感性分析包括全局和局部敏感性分析。对模型的每项参数和参数之间的相互关系进行详细分析后，通过对单个或者多个参数进行变换，以此来评价各项参数对模型输出结果的重要性，这种方法被称为全局敏感性分析法；而只对模型的单个参数进行变换，采用单一变量法，保持其余参数不变，以此来评价单个参数对模型输出结果的重要性，这种方法被称为局部敏感性分析法。全局敏感性分析方法有多元回归法、区域敏感性法（Regional Sensitivity Analysis，RSA）、Sobol 方差分解法和基于贝叶斯理论的普适似然度法（Generalized Likelihood Uncertainty Estimation，GLUE）。局部敏感性分析法有摩尔斯筛选法和修正摩尔斯筛选法。

全局敏感性分析法的优点在于综合分析了模型所有参数对模型输出结果的影响，又分析所有参数相互之间的关系，可精确地分析出高、中和低敏感性参数；但是其缺点在于分析方法较为复杂且工作量大。对简单模型来讲，因其参数较少，该方法较为适用；对复杂模型来讲，因其参数较多，该方法不太适用。局部敏感性分析法的优点在于选择性地分析了对模型输出结果影响较重要的参数，大大地减轻了分析和计算的工作量，又因其分析方法和原理较为简单，广泛应用在各种模型的参数敏感性分析中；其缺点在于未对模型所有参数进行综合分析，得到的分析结果精确度低于全局敏感性分析法。

与全局敏感性分析法运算量庞大，很难适用于参数空间维度较高的复杂非线性模型相比，局部敏感性分析法简单、运行步数少、容易操作，更加适用于海绵城市建设效果评价模型中的参数敏感性分析。摩尔斯筛选法是目前局部分析法中比较常用的一种方法，是单一变量法。每次只选取参数中的一个变量 x_i，对该变量随机改变 x_j，但需保证在该变量的值域范围内变化，最后运行模型得到不同 x_i 的目标函数 $y(x) = y(x_1, x_2, x_3, \cdots, x_n)$ 的值，运用参数 e_i 值来定量地评价各项参数变化对模型输出结果影响的大小，具体如公式（9-1）所示。

$$e_i = \frac{y^* - y}{\Delta_i} \tag{9-1}$$

式中：e_i——参数变化对模型输出结果影响的大小；

$\quad$ y^*——参数变化后的输出值；

$\quad$ y——参数变化前的输出值；

$\quad$ Δ_i——参数 i 的变化幅度。

修正的摩尔斯筛选法采用的也是单一变量法，通过一个自变量以固定变化量，经过多次参数变化后，得到该参数摩尔斯系数的平均值，该系数平均值即参数敏感度值，可定量评价参数敏感度的高低，具体如公式（9-2）所示。

$$S = \frac{\sum_{i=0}^{n-1} \dfrac{\dfrac{(Y_{i+1} - Y_0)}{Y_0}}{P_{i+1} - P_i}}{n - 1} \tag{9-2}$$

式中：S——摩尔斯系数的平均值；

$\quad$ Y_i——模型第 i 次运行输出值；

$\quad$ Y_{i+1}——模型第 $i+1$ 次运行输出值；

$\quad$ Y_0——参数初始值模型计算结果初始值；

$\quad$ P_i——第 i 次模型运算参数值相对于参数初始值变化的百分率；

$\quad$ P_{i+1}——第 $i+1$ 次模型运算参数值相对于参数初始值的变化百分率；

$\quad$ n——模型运行次数。

模型参数敏感度的分级如表 9-8 所示，其中 S_i 为模型输出的第 i 个状态变量的摩尔斯系数，i 为模型的第 i 个状态变量。

模型参数敏感度的分级 表 9-8

等级	敏感度范围	敏感度
I	$0 \leqslant |S_i| < 0.05$	不敏感参数

续表

等级	敏感度范围	敏感度
Ⅱ	$0.05 \leqslant \mid S_i \mid < 0.2$	中敏感参数
Ⅲ	$0.2 \leqslant \mid S_i \mid < 1$	敏感参数
Ⅳ	$\mid S_i \mid \geqslant 1$	高敏感参数

一般采用 5%或 10%的固定变化量对某自变量参数进行变换，使变量在该自变量参数初始值的 70%～130%范围内变化，其余参数保持不变，通过修正摩尔斯筛选法公式计算该自变量参数摩尔斯系数的平均值。通过参数的敏感性分析，敏感性低的参数可根据经验和实际情况确定，对于敏感性高的参数，需要经过参数率定确定取值。

9.4.2 模型关键参数

海绵城市模型的参数主要为产流过程参数、汇流过程参数和水质过程参数三类。

产流模块率定的参数主要包括地表洼蓄量、入渗模型参数和低影响开发设施参数，汇流模块率定的参数主要为曼宁粗糙率，水质模块率定的参数主要包括污染物（以 SS 为特征污染物）累积模型参数、冲刷模型参数等污染物参数。

9.4.3 参数率定和模型验证方法与步骤

1. 参数率定和模型验证方法

任何模型的任一参数都可通过参数率定方法确定。然而，模型参数的率定是十分复杂和困难的过程。模型参数的率定常采用人工试错法，反复调整参数取值直至模拟结果与实测结果相接近，进而完成模型参数的率定。水文模型除了模型的结构要合理外，模型参数的率定也是一个十分重要的环节。

模型率定的常见误差指标有纳什效率系数（Nash-Sutcliffe Efficiency Coefficient，NSE）和相关系数两种：

1）纳什效率系数

$$E_{\mathrm{NS}} = 1 - \frac{\sum\limits_{t=1}^{T} \left[Q_0(t) - Q_\mathrm{m}(t) \right]^2}{\sum\limits_{t=1}^{T} \left(Q_0(t) - \overline{Q_0} \right)^2} \tag{9-3}$$

式中：E_{NS}——纳什效率系数；

$Q_0(t)$——在 t 时刻实测值；

$Q_\mathrm{m}(t)$——在 t 时刻模拟值；

$\overline{Q_0}$——实测值的平均值；

T——时间序列长度。

其中 E_{NS} 的取值范围：$-\infty < E_{NS} < 1$，E_{NS} 值越接近于 1，曲线吻合程度越高。根据《海绵城市建设评价标准》GB/T 51345—2018 的要求，模型参数率定与验证的纳什效率系数不得小于 0.5。

2）相关系数

$$R^2 = \left[\frac{\sum_{t=1}^{T} \left[Q_0(t) - \bar{Q}_0(t) \right] \times \left[Q_m(t) - \bar{Q}_m(t) \right]}{\sqrt{\sum_{t=1}^{T} \left[Q_0(t) - \bar{Q}_0(t) \right]^2} \times \sqrt{\sum_{t=1}^{T} \left[Q_m(t) - \bar{Q}_m(t) \right]^2}} \right]^2 \tag{9-4}$$

式中：R——相关系数；

$Q_0(t)$——在 t 时刻实测值；

$Q_m(t)$——在 t 时刻模拟值；

$\bar{Q}_0(t)$——在 t 时刻实测的平均值；

$\bar{Q}_m(t)$——在 t 时刻模拟的平均值；

$\bar{Q}_0$——模拟降雨的平均值；

T——为时间序列长度。

其中 R^2 的取值范围：$0 < R^2 < 1$，R^2 值越接近于 1，曲线吻合程度越高。

2. 参数率定和模型验证步骤

参数率定和模型验证应采用独立的实测数据。参数率定和模型验证数据可来自地表径流和排水管网的水量、水质动态监测数据，也可来自现场流量、液位等监测数据。参数率定和模型验证工作的一般步骤包括：

（1）对获得的监测数据进行筛选评估，选取可用作模型率定的降雨场次监测数据，排除缺失和存在明显偏差数据。

（2）采用一套或多套独立的监测数据进行参数率定，通常先假定一组参数，代入模型得到模拟结果，将模拟结果与监测数据进行比较，若模拟值与监测值相差在允许范围内，则将此参数用于模型验证；若模拟值与实测值相差较大，则合理调整模型中参数重新模拟，再次进行比较，直到模拟值与监测值的误差在允许范围内。

（3）采用另外一套或者多套独立的监测数据进行模型验证，将率定得出的参数代入模型中模拟，对模拟值与监测值进行比较，若误差在允许范围内，则把此时的参数作为模型的参数；若误差不符合标准，则重复模型参数率定过程，直到率定的参数满足模型验证要求。

由于用于参数率定和模型验证的降雨场次不同，因此应保证数据具有一致性，即在监测数据涵盖时间内，排水系统、海绵设施和河道等物理特征不能有重大变化。

第 10 章　智慧海绵评估平台构建

10.1　概述

10.1.1　发展现状

2020 年 3 月 31 日，习近平总书记在杭州城市大脑运营指挥中心调研时指出："运用大数据、云计算、区块链、人工智能等前沿技术推动城市管理手段、管理模式、管理理念创新，从数字化到智能化再到智慧化，让城市更聪明一些、更智慧一些，是推动城市治理体系和治理能力现代化的必由之路，前景广阔。"我国物联网技术的日益进步，是促进海绵城市智慧化应用的主要动力，智慧化海绵城市建设协同管理平台、智慧监测管控系统等的应用，已经是各个城市争先推动智慧海绵城市建设进程的具体手段。

2016 年，李运杰和张弛等提出了智慧化海绵城市理念，建立了海绵城市在规划建设、运行管理和绩效评价三个不同阶段的应用思路及流程，提出了从物联层到平台展示层的五大层级智慧海绵理论构架，这对于智慧海绵化建设具有很强的指导意义。

为了使海绵城市建设工作更加智能、开放和共享，多个海绵试点城市构建了智慧海绵评估平台，用于指导海绵城市规划建设、运行维护、绩效考核、指挥调度与考核评估。其中，北京市建立了以信息采集层、分析处理层和业务应用层为核心的海绵城市智慧管控体系框架；深圳市构建了包含全市总览、项目管理、评价模型、绩效评价、业务管理、奖励申报、个人工作台、海绵学院、评价模型八大应用板块的智慧海绵管理系统，可实现在线评价项目、排水分区的海绵城市建设效果和达标情况等；镇江市构建了由七层支持体系和两大保障体系共同构成的智慧海绵城市系统。

海绵城市管控平台包含内容较多，除了完成建设效果评价展示外，还需辅助支撑海绵城市建设项目审批全过程管控环节。虽然功能强大，但由于涉及内容广泛，尤其是要纳入现有审批流程，因此真正覆盖海绵城市全过程管控的成功案例较少，大多海绵城市信息化平台重在监测及绩效的核算与展示，尚未真正实现海绵城市智能化管理和智慧化管控。

10.1.2　定位及建设目标

1. 定位

智慧海绵评估平台旨在构建完善、高效的海绵城市工作体系，在海绵城市建设目标与相关背景下，综合运用物联网、大数据、模型云计算、地理信息系统等先进信息化技术，实现规划与建设相结合，规范标准与验收相统一，监测体系与模型运用相协调，建设成果长效管理；将平台建设成为动态掌握海绵城市建设目标与实施状态的有力工具，在平台上即可实现对海绵建设项目、海绵达标片区的绩效评估，为相关部门推动海绵建设及运维等工作提供便利。

2. 建设目标

依照国家海绵城市建设相关要求，综合考虑城市的气候特征、土壤地质等自然条件和经济条件，建设基于物联网技术及可支持项目实施的海绵城市在线监测系统及智慧管理系统，为城市的水生态、水安全、水资源和水环境综合管理评估提供依据，实现智慧化、系统化、科学化、精细化管理，为海绵城市建设效果评价和考核、模型运算提供支撑。

10.2　智慧平台体系架构

10.2.1　总体框架

智慧海绵评估平台总体架构一般采用 B/S 架构，该架构能实现 Web 段和移动端的功能调用与信息展现。总体架构由应用层、数据层、感知层和支撑层组成，各地可根据实际应用需求对智慧海绵评估平台总体框架进行调整。

本节以深圳市智慧海绵管理系统为例，介绍海绵城市信息化平台的总体框架。深圳市智慧海绵管理系统总体分为"六横两纵"架构（图 10-1）。"六横"为环境感知层、基础设施层、数据层、平台支撑层、业务应用层、用户层；"两纵"为标准规范体系和安全管理体系。

环境感知层（IaaS）：提供系统运行所需要的硬件和网络环境，包括水文水利监测设备、视频监控设备等。

基础设施层（IaaS）：为平台运行提供基础保障的支撑系统和设备，提供了系统的硬件运行环境、网络环境等。

数据层（DaaS）：即大数据中心，用于汇集、存储平台的各种数据，为平台各应用系统提供数据服务。数据层存储了本系统项目数据库、海绵监测数据、本底数据、设备数据、业务管理相关的数据等。

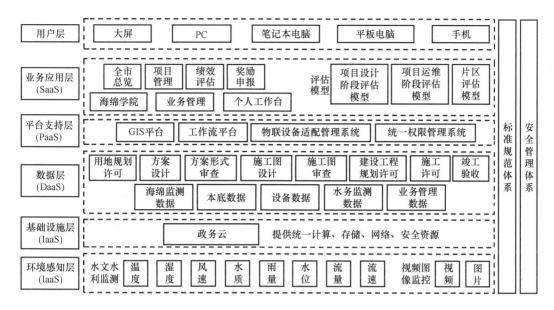

图 10-1　深圳市智慧海绵管理系统总体框架图

资料来源：深圳市智慧海绵管理系统项目需求说明及设计方案

平台支持层（PaaS）：能为整个系统建设提供软件平台支持，包括基础软件平台及工作流程平台等。

业务应用层（SaaS）：业务应用系统是平台的核心和灵魂，为项目构建各类子系统，包括全市总览、项目管理、绩效评估、业务管理、奖励申报、个人工作台、海绵学院、评估模型等，可基于虚拟模型和地理信息系统有效预测事态发展趋势，为决策提供支撑。

用户层：用户接入本系统的方式包括大屏、PC、平板电脑、手机等。平台用户通过电脑、手机等终端设备与应用系统进行信息交互，从而获取希望得到的各类信息。

标准规范体系：为平台建设提供政策支撑和标准依据，主要包括基础标准、通用标准和专用标准，依据国家制定的相关标准规范执行。

安全管理体系：安全保障系统根据安全域划分的相关要求，实现平台通信、网络、应用等多层次的整体安全，主要包含物理场所安全、通信安全、网络安全、应用安全、状态监控、容灾备份、安全管理等。

10.2.2　数据需求

智慧海绵评估平台需要的业务数据可分为七个类别。

1. 基础地理信息

基础地理信息数据采用瓦片地图数据，可以使用互联网开源地图，结合研究区域自有的地图信息进行基础地理信息的展示。目前互联网上基础地图瓦片数据，国外地图有Google影像图、Google街道图等，国内地图有百度影像、百度街道、高德影像、高德街道、天地图影像、天地图街道等基础地图服务。

2. 海绵基础地图信息

海绵基础地图信息是海绵城市信息化项目的根基，所有的服务都将依赖于海绵城市基础地图。按地图层级分为汇水分区、控制单元、项目三个层级，数据一般采用.json格式存储。

3. 海绵基础设施信息

海绵基础设施信息是调节控制内涝的关键，包含城市水利工程、河道、湖泊、湿地、闸泵、排水管网、调蓄池、公共监测设施（河道水文站、水质监测站等）、公共视频监控设施等。这些设施是城市内涝控制调度的核心，也是区域海绵城市的公共资源。

4. 海绵建设项目信息

建设项目是海绵管理的最小管理单位，依赖于修建在建设项目上的海绵设施对区域的径流、污染进行控制。建设项目按进度分为立项项目、规划项目、设计项目、施工项目、管养项目。

立项项目需要记录项目基本信息、项目建议书、申报材料、海绵设施建设结论等；规划项目需要在立项项目基础上增加可行性分析报告、建设用地划拨决定书、建设用地规划许可证、土地使用权出让合同。

设计项目需要增加登记项目设计招标相关信息、设计成果信息、设计成果审查信息、设计海绵设施相关信息、设计关键海绵设施施工技术等。

施工项目需要登记施工招标信息、施工过程信息、施工阶段性照片、竣工资料、海绵设施施工审核、海绵设施相关信息、关键海绵设施施工技术等。

管养项目需要上传日常巡查记录、问题隐患上报记录、问题隐患养护记录、问题隐患养护结果审核记录等关键信息及图片。

5. 海绵实时数据

海绵实时数据是对所有海绵监测设备、检测机构的数据进行跟踪与汇总，以及海绵城市建设前后数据对比等，数据类型按来源分为两部分：

（1）外接数据：海绵城市建设区域是区域性全方位的系统工程，所以海绵城市的各项工作都受到整个区域性全方位数据的影响，而许多数据分散在不同的部门，导致海绵城市的数据存在大批量的外接数据集成的工作。外接数据包含外部水文数据（河道上游水库相关数据，包含上下游实时水位数据、汛限水位数据、水位库容曲线，水位流量曲线、闸门开度、下泄流量等；河流、湖泊及其他水利工程实时相关数据）和外部气象数据（包含历史气象数据、实时气象数据和预测气象数据中的降雨、气温等）。

（2）海绵城市系统生产数据：包括海绵基础设施实时数据（河道、管网、湖泊、湿地、调蓄池、闸泵等基础设施的实时水位、流量、水质等数据）、建设项目海绵城市设施实时数据（生物滞留设施、下沉式绿地、植草沟、绿色屋顶、透水铺装设施相关的监测设备的水位、流量、水质实时数据）、海绵设施管养实时数据（日常巡检数据、问题隐患数据、问题隐患处理数据、问题隐患处理结果反馈数据）等。

6. 海绵模拟数据

海绵模拟数据主要是历史数据、环境数据和实时数据在模型云中计算后输出的结果数据，主要包含以下几个类型：

（1）LID 模拟分析结果数据；

（2）内涝模拟分析结果数据；

（3）污染模拟分析结果数据；

（4）海绵城市建成效果评价结果数据。

7. 文件类数据

海绵城市大部分数据都带有地理空间属性，可以在地理信息系统中落地。系统中还包含大量文件资料，不具备空间属性，在系统中以列表等形式查看，包括海绵城市考核评估系统中的基础条件评价、可持续评价、创新性评价等文件。

10.2.3　应用设计

从本书第 10.2.1 节可知，智慧海绵评价平台的总体架构由业务应用层、数据层、环境感知层等组成。其中，业务应用层一般包括综合监管门户、在线监测子系统、工程项目管理子系统、运维管理子系统、决策支持管理子系统、绩效考核子系统、公众服务七项主要应用系统。

北京、深圳、三亚、厦门、西安小寨、深圳市光明区等地均建立了智慧海绵评估平台，在应用设计部分各有侧重。部分城市根据自身的需求在基本应用的基础上做出了调整。例如：为配合深圳市海绵城市建设资金奖励申报，深圳市智慧海绵管理系统加设了"奖励申报"应用板块；为满足对黑臭水体的监管需求，深圳市光明智慧海绵城市信息化管理平台增设了"黑臭水体监管"应用板块。国内部分城市的智慧海绵评估平台所包含的应用模块如表 10-1 所示。

不同城市智慧海绵评估平台所包含的应用模块　　　　　　　　　　表 10-1

城市、示范区	智慧海绵评价平台名称	应用模块
北京市	北京市海绵城市智慧管控体系	（1）资产管理 （2）绩效评估 （3）计划制定 （4）运维管理等

续表

城市、示范区	智慧海绵平台名称	应用模块
深圳市	深圳市智慧海绵管理系统	(1) 全市总览 (2) 项目管理 (3) 评价模型 (4) 绩效评估 (5) 业务管理 (6) 奖励申报 (7) 个人工作台 (8) 海绵学院
厦门市	厦门市海绵城市信息化管控平台	(1) 监测数据采集系统 (2) 一张蓝图管理系统 (3) 项目管理系统 (4) 考核评估系统 (5) 城市内涝积水监控系统 (6) 应急预警系统 (7) 用户权限管理子系统
三亚市	三亚市智慧城市海绵城市监测监管平台	(1) 数据中心系统 (2) 考核评估系统 (3) 在线监测系统 (4) 项目管理系统 (5) 内涝预警与应急指挥系统 (6) 地图管理系统 (7) 全景展示系统 (8) 公众参与系统
深圳市光明区	光明新区智慧海绵城市信息化管理平台	(1) 规划评估 (2) 考核评价 (3) 项目管理 (4) 巡查养护 (5) 内涝预警与指挥 (6) 黑臭水体监管 (7) 工具箱管理 (8) 综合模拟 (9) 手机 App
西安小寨	西安小寨海绵城市智慧管控系统	(1) 综合门户子系统 (2) 智慧监控 (3) 预警预报 (4) 考核评估 (5) 应急指挥 (6) 运维管理 (7) 社会公众服务子系统

10.3 智慧平台功能应用及案例

深圳市智慧海绵系统包括全市总览、项目管理、评价模型、绩效评估、奖励申报、业务管理、海绵学院、个人工作台八大应用模块。其中，绩效评估模块接入了在线监测数据、填报数据、系统集成数据，通过绩效评估计算引擎，可实现项目方案、项目实施、片区等多层级海绵城市建设效果评估。以下以绩效评估体系为例展示深圳市智慧海绵管理系统的应用。

深圳市智慧海绵管理系统绩效评估体系以地理信息为基础，在实现海绵城市建设项目智慧化管理的同时，对各排水分区内的不透水面积、涝情变化、河流水质变化等海绵重要信息提供时间变化趋势统计分析；预留监测数据接口，通过平台上应用水文模型的模拟，对片区海绵城市建设绩效进行评价。

绩效评估体系建设内容包括评估系统、平台数据运维程序两个部分。其中评估系统包含方案设计阶段简易评估系统、项目设计及运维阶段评估系统、片区建设绩效评估系统；平台数据运维程序包括海绵项目入库程序、河道及水工设施入库、数据率定入库。具体绩效评估建设内容如图 10-2 所示。

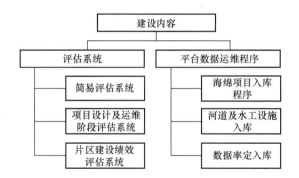

图 10-2 智慧海绵管理系统绩效评估体系建设内容示意图

资料来源：深圳市智慧海绵管理系统项目需求说明及设计方案

10.3.1 简易评估系统

1. 系统介绍

适用于方案设计阶段，在本阶段用户尚未完成必要的图纸，主要需要用户在界面上输入数据。用户需要提供的数据包括：

（1）排水分区的划分；

（2）各排水分区内下垫面的分布；

（3）各排水分区内海绵设施规模。

在此基础上，系统会采用容积计算法（详见本书第 5.1.1 节）等方法评估以下指标：

（1）年径流总量控制率；

（2）面源污染削减率；

（3）径流峰值削减率；

（4）海绵设施布局合理性；

（5）绿色屋顶比例；

（6）绿地下沉比例；

（7）透水铺装比例；

（8）不透水下垫面径流控制比例。

2. 技术路线及说明（图 10-3～图 10-7）

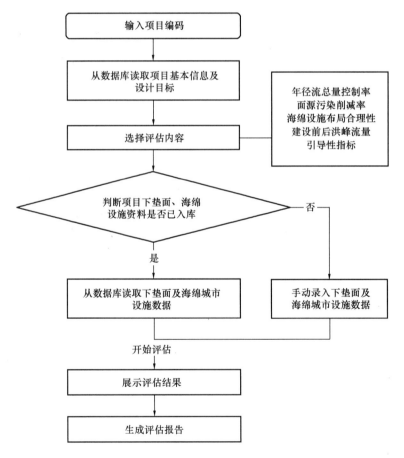

图 10-3　方案设计阶段的简易评估系统技术路线

资料来源：深圳市智慧海绵管理系统项目需求说明及设计方案

评估时，用户首先根据项目编号获取项目基本信息及设计目标，之后根据选择的评估内容，进行简易评估。具体步骤如下：

（1）输入项目编号：×××××。

（2）输入项目基本信息，包括：项目名称、项目编号、项目地址、项目类型、占地面积。

（3）输入项目建设目标，包括：年径流总量控制率、面源污染削减率、径流峰值削减率、雨水资源利用率、绿色屋顶率、绿地下沉率、透水铺装率、不透水下垫面径流控制比例。

（4）选择评估指标，包括：年径流总量控制率、面源污染削减率、径流峰值削减率、海绵设施布局合理性、四个引导性指标（绿色屋顶率、绿地下沉率、透水铺装率、不透水下垫面径流控制比例）。

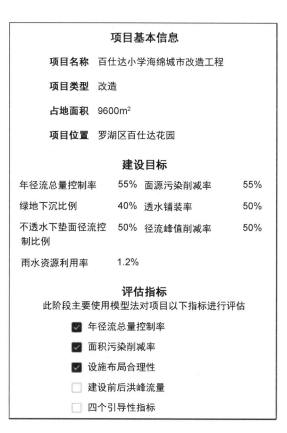

图 10-4　输入项目基本信息、建设目标、评估指标界面

资料来源：深圳市智慧海绵管理系统

（5）设置基本条件，包括：地下水埋深分布、土壤渗透率、下垫面及海绵城市设施数据。

下垫面管理

保存　　　　新增

下垫面类型	面积/m²	径流系数	操作
硬屋面	945	0.85	编辑/删除
简易型绿色屋面	305	0.35	编辑/删除
硬化路面	4597.67	0.85	编辑/删除
透水砖路面	361	0.2	编辑/删除
透水混凝土	1298.04	0.2	编辑/删除
下沉式绿地	226.45	0.15	编辑/删除

图 10-5　输入下垫面界面
资料来源：深圳市智慧海绵管理系统

海绵设施管理

保存　　　　新增

海绵设施类型	设施规模/m²或m³	面积比例结构层	深度/mm	孔隙率	操作
绿色屋顶	305	植被层	15	0.2	编辑/删除
		种植土层	25	0.15	
		防水层	40	0.015	
透水铺装	361	透水面层	60	0.15	编辑/删除
		找平层	30	0.08	
		透水垫层	300	0.05	
透水混凝土	1298.04	基层透水混凝土	120	0.15	编辑/删除
		石粉层	80	0.08	
		蓄水层	250	0.03	

图 10-6　输入海绵设施数据界面
资料来源：深圳市智慧海绵管理系统

（6）计算：运用容积计算法等开展计算。

（7）输出：输出项目简易评估结果。

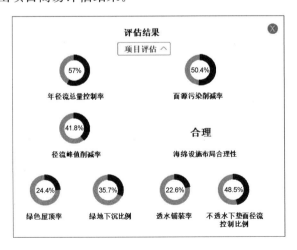

图 10-7　项目结果输出界面
资料来源：深圳市智慧海绵管理系统

10.3.2 项目设计及运维阶段评估系统

1. 系统介绍

主要应用于在海绵城市设计及运维阶段对海绵设施进行的评估。在此阶段用户根据设计图纸,采用"海绵项目数据入库程序",输入海绵项目数据。具体包括排水分区、下垫面分区、雨水口数据、排水管渠数据、海绵设施分布等。在此基础上,系统将采用模型法评估以下指标:

(1) 年径流总量控制率;

(2) 面源污染削减率;

(3) 径流峰值削减率;

(4) 接纳周边雨水径流;

(5) 雨水资源利用率;

(6) 绿色屋顶比例;

(7) 绿地下沉比例;

(8) 透水铺装比例;

(9) 不透水下垫面径流控制比例。

如果海绵城市项目已开展监测工作,用户在查看模拟结果的同时还可以查看监测结果,具体监测结果数据包括:

(1) 年径流总量控制率;

(2) 面源污染削减率;

(3) 径流峰值削减率;

(4) 接纳周边雨水径流;

(5) 雨水资源利用率。

2. 技术路线及说明

评估时,用户首先根据项目编号,获取项目基本信息及设计目标,之后根据选择评估指标,设定模型参数,进行模型评估。具体步骤如下(图 10-8～图 10-10):

(1) 输入项目编号:××××。

(2) 输入项目基本信息,包括:项目名称、项目编号、项目地址、项目类型、占地面积。

(3) 输入项目建设目标,包括:年径流总量控制率、面源污染削减率、径流峰值削减率、雨水资源利用率、绿色屋顶率、绿地下沉率、透水铺装率、不透水下垫面径流控制比例。

(4) 选择评价指标,包括:年径流总量控制率、面源污染削减率、径流峰值削减率、接纳周边雨水径流、雨水资源利用率、四个引导性指标(即绿色屋顶率、绿地下沉率、透水铺装率、不透水下垫面径流控制比例)。

输入项目编码
从数据库读取项目基本信息
及设计目标
选择评估内容
年径流总量控制率
面源污染削减率
径流峰值削减率
接纳周边雨水径流
雨水资源利用率
判断项目下垫面、海绵
设施资料是否已入库
否
是
从数据库读取并
生成评估模型
手动录入数据并
生成评估模型
系统算法参数
地表径流参数
土壤下渗参数
管道水力参数
污染物累积冲刷参数
污染物衰减参数
评估条件设置
开始评估
展示评估结果
生成评估报告

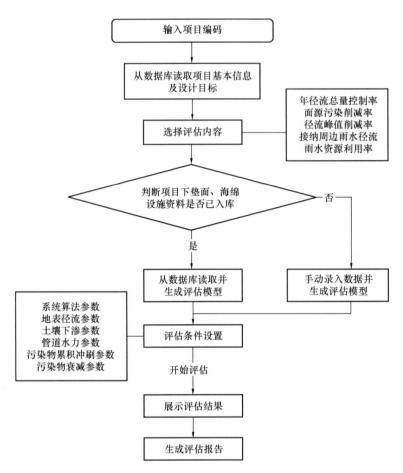

图 10-8　项目设计运维阶段的评估系统技术路线

资料来源：深圳市智慧海绵管理系统项目需求说明及设计方案

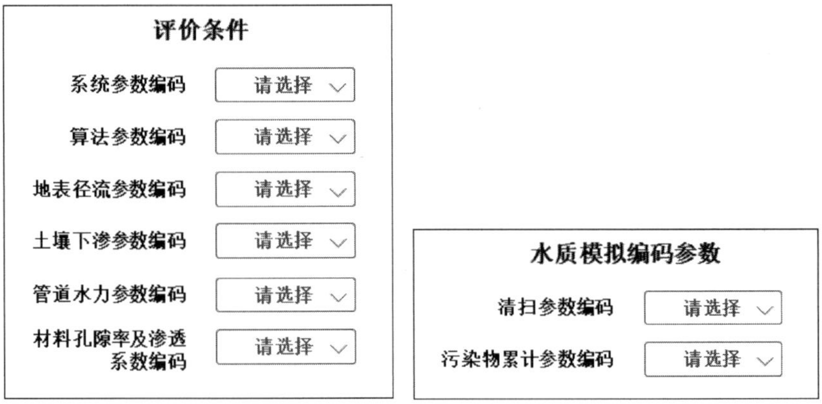

评价条件
系统参数编码
请选择
算法参数编码
请选择
地表径流参数编码
请选择
土壤下渗参数编码
请选择
管道水力参数编码
请选择
材料孔隙率及渗透
系数编码
请选择
水质模拟编码参数
清扫参数编码
请选择
污染物累计参数编码
请选择

图 10-9　评估条件设置界面

资料来源：深圳市智慧海绵管理系统

（5）设置基本条件，包括：地下水埋深分布、土壤渗透率、下垫面及海绵城市设施数据。

（6）设置评价条件，包括：系统参数编码、算法参数编码、地表径流参数编码、土壤下渗参数编码、管道水力参数编码、材料孔隙率及渗透率系数编码、清扫参数编码、污染物累计参数编码等。

（7）计算：运用模型法计算。

（8）输出：输出项目模拟结果，并与监测结果进行对比。

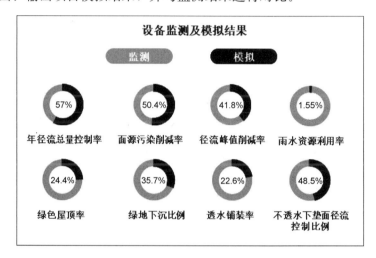

图 10-10 模拟及监测结果界面
资料来源：深圳市智慧海绵管理系统

10.3.3 片区建设绩效评估系统

1. 系统介绍

主要应用于片区级海绵绩效评估，在此阶段用户将采用系统提供的本底数据及海绵数据库对片区进行评估。但片区绩效评估涉及市政管网、地形等保密数据，所以片区评估运算只能在特定平台进行，再将结果推送到数据库进行展示。具体数据要求如表 10-2、表 10-3 所示。

本底数据一览表　　　　　　　　　　　　　　　　　　　　　表 10-2

编号	数据类型	数据标准
1	地形数据	地形数据索引表，地形栅格数据，地形等高线数据，地形高程点数据，遥感图
2	地勘数据	地勘数据索引表，地下水埋深数据，土壤层渗透率数据（分为表层，－0.5m，－1m，－2m），地勘点分布图
3	排水分区数据	流域分区，二级排水分区，三级排水分区，地块分区，行政区划分图，重点片区划图，自定义片区划图
4	市政排水管网数据	雨水口数据表，检查井数据表，管网数据表，排放口数据表，断面数据表

续表

编号	数据类型	数据标准
5	地表水系数据	河道中心线图、河道堤岸线、河道断面、湖泊（水库）分布图，水体边界条件
6	水工设施数据	泵站数据表，泵数据表，闸数据表，堰数据表，阀数据表，涵数据表，截流设施数据表，溢洪道数据表，水库设计泄洪过程线

资料来源：深圳市智慧海绵管理系统项目需求说明及设计方案

海绵数据一览表　　　　　　　　　　表 10-3

编号	数据类型	数据标准
1	海绵建设数据	海绵项目分布图，海绵设施分布图，海绵设施结构表，地形等高线数据，地形高点数据，项目排水分区表，下垫面分区表，雨水口数据表
2	海绵目标数据	片区级目标
3	模型参数	地表径流参数表，土壤下渗参数表，含水层参数，管道水力参数，街道清扫参数，材料孔隙率及渗透率参数表，径流系数表，污染物冲刷参数表，模拟系统参数表，算法参数表

资料来源：深圳市智慧海绵管理系统项目需求说明及设计方案

在此基础上，系统将采用模型法评估以下指标：

（1）年径流总量控制率；

（2）合流制污染控制；

（3）水体水质控制；

（4）内涝防治控制。

如果海绵城市项目已开展监测工作，用户在查看模拟结果的同时还可以查看监测结果，还可以同时查看项目各个设施的模拟结果。以海绵设施——雨水花园为例，展示设施模拟结果如图 10-11 所示。

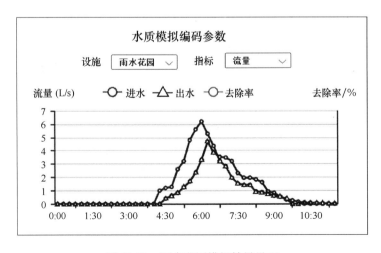

图 10-11　雨水花园模拟结果界面

资料来源：深圳市智慧海绵管理系统

2. 技术路线及说明

评估时，用户首先根据片区编号，获取片区内基本信息及设计目标，之后根据选择的评估指标，设定模型参数，进行模型评估。具体步骤如下（图10-12～图10-17）：

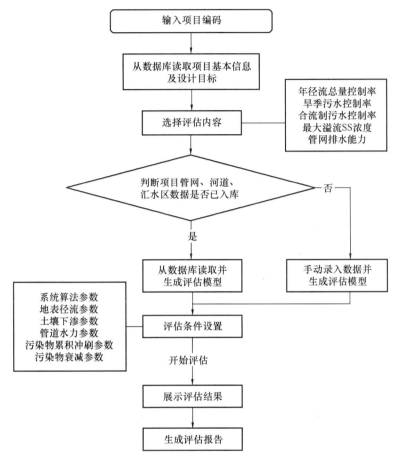

图 10-12　片区海绵建设绩效评估系统技术路线
资料来源：深圳市智慧海绵管理系统项目需求说明及设计方案

（1）输入项目编号：××××。

（2）输入项目基本信息，包括：流域分区二级排水分区、三级排水分区、重点片区、自定义片区、行政区。

（3）输入片区建设目标，包括：年径流总量控制率、旱季污水、合流制污水控制率、最大合流制溢流 SS 月平均浓度、水体透明度、水体溶解氧、总体水质1、总体水质2、雨水管渠设计重现期、内涝防治设计重现期、天然水域面积、生态岸线率、地下水埋深、城市热岛平均气温。

（4）选择评价指标，包括：年径流总量控制率、合流制溢流制污染控制、水体水质控制、雨水管渠设计重现期、内涝防治控制、水域面积、生态岸线率、地下水埋深、热岛效应。

图 10-13　片区基本信息输入界面
资料来源：深圳市智慧海绵管理系统

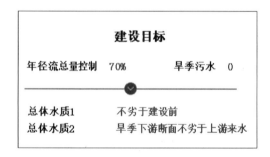

图 10-14　片区建设目标输入界面（部分指标）
资料来源：深圳市智慧海绵管理系统

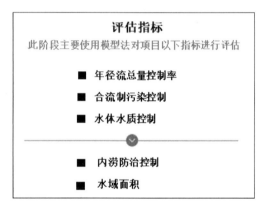

图 10-15　片区评估指标选择界面（部分指标）
资料来源：深圳市智慧海绵管理系统

图 10-16　片区边界条件输入界面
资料来源：深圳市智慧海绵管理系统

（5）设置基本条件，包括：地下水埋深分布、土壤渗透率、下垫面及海绵城市设施数据。

（6）设置评价条件，包括：系统参数编码、算法参数编码、地表径流参数编码、土壤下渗参数编码、管道水力参数编码、材料孔隙率及渗透率系数编码、清扫参数编码、污染物累计参数编码、污染物冲刷参数编码。

（7）输入边界条件，包括：河道排放口名称、河道桩号、边界条件类型、边界值。

（8）计算：运用模型法计算。

（9）输出：输出片区模拟及监测结果、河道断面数据。

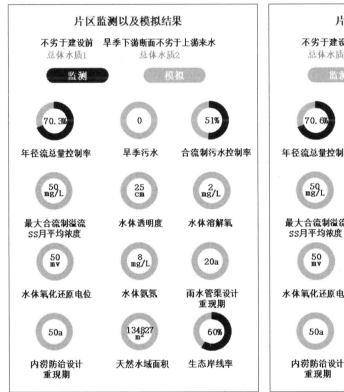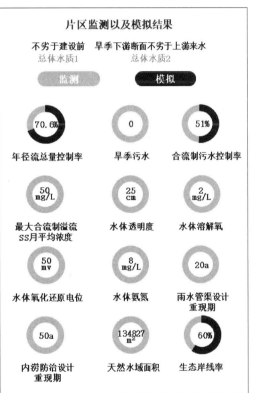

图 10-17　片区模拟及监测结果、河道断面数据界面

资料来源：深圳市智慧海绵管理系统

10.3.4　应用案例

以下仍以深圳市为例，简要介绍智慧海绵评估平台的应用。

1. 项目绩效评估

以深圳市腾讯滨海大厦项目为例，介绍项目评估模块的应用。开展评估时，首先根据项目编号，获取项目基本信息及设计目标，选择评估指标；其次选取深圳市智慧海绵管理系统模型参数库中系统及算法类参数集、海绵设施结构集、水文及水力计算参数集、面源污染参数集预留参数，进行模型评价。具体步骤如图 10-18～图 10-21 所示。

第一步：获取项目基本信息及设计目标，选择评价指标。

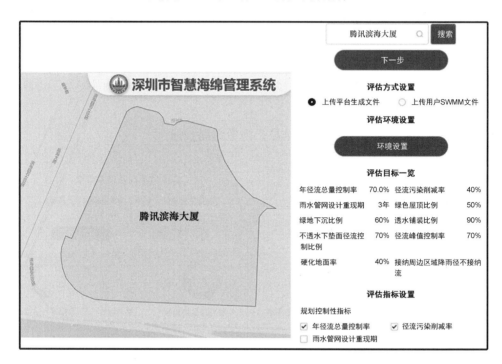

图 10-18　腾讯滨海大厦项目信息获取界面

资料来源：深圳市智慧海绵管理系统

第二步：选取深圳市智慧海绵管理系统模型参数库中的土壤下渗参数、面源污染参数。

图 10-19　项目模型参数载入界面

资料来源：深圳市智慧海绵管理系统

第三步：选取深圳市智慧海绵管理系统模型参数库中的海绵设施结构参数。

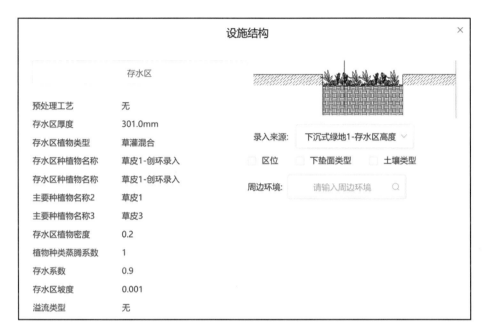

图 10-20　项目海绵设施结构参数选取界面

资料来源：深圳市智慧海绵管理系统

第四步：运算模型结果。

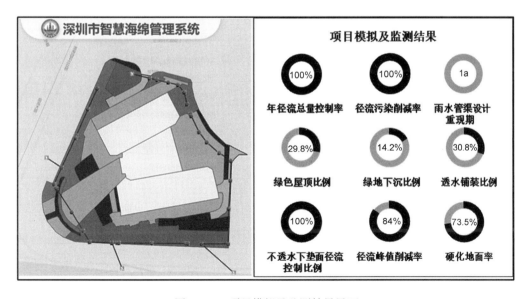

图 10-21　项目模拟及监测结果界面

资料来源：深圳市智慧海绵管理系统

2. 片区绩效评价

以深圳市新洲河排水分区为例，介绍片区绩效评价模块的应用。评估时，首先选择片区（流域分区、二级排水分区、三级排水分区、重点片区、行政区、市规划管控单元或区规划管控单元），获取片区设计目标，选择评价指标；其次，选取深圳市智慧海绵管理系统模型参数库中系统及算法类参数集、海绵设施结构集、水文及水力计算参数集、面源污染参数集预留参数，进行模型评价。具体步骤如图 10-22～图 10-26 所示。

第一步：获取新洲河排水分区设计目标，选择评价指标。

图 10-22　新洲河排水分区设计目标、评价指标获取界面

资料来源：深圳市智慧海绵管理系统

第二步：选取深圳市智慧海绵管理系统模型参数库中的系统及算法类参数。

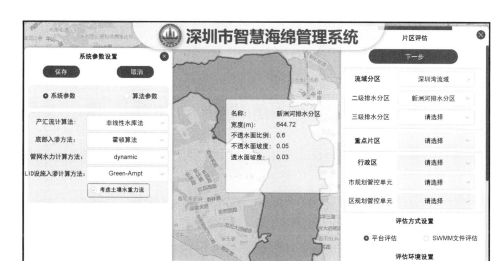

图 10-23　片区模型参数、模型算法载入界面

资料来源：深圳市智慧海绵管理系统

第三步：选取深圳市智慧海绵管理系统模型参数库中的面源污染参数。

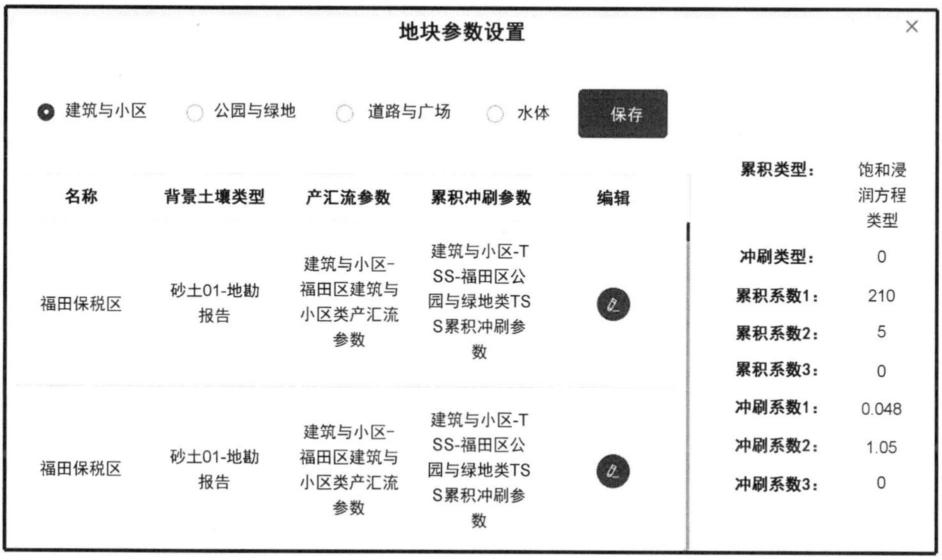

图 10-24　片区地块参数设置界面

资料来源：深圳市智慧海绵管理系统

第四步：运行模型，生成片区评价结果。

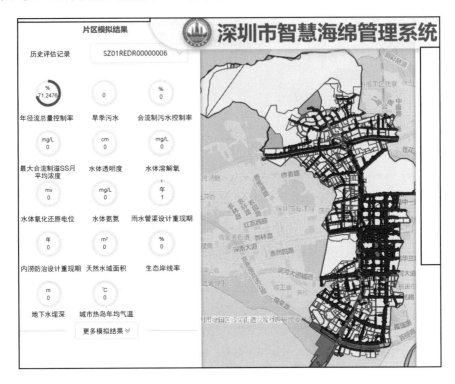

图 10-25　片区监测与评价结果界面
资料来源：深圳市智慧海绵管理系统

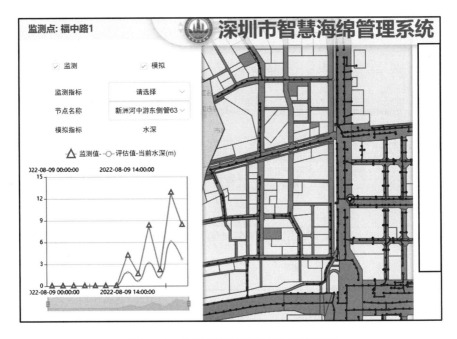

图 10-26　片区监测与评价对比结果界面
资料来源：深圳市智慧海绵管理系统

第 11 章　难点问题探讨

《海绵城市建设评价标准》GB/T 51345—2018 发布至今已有六年左右时间，这些年，各地海绵城市建设效果评价工作尚处于探索实践阶段。在此过程中，难免有部分难点问题尚待研究。本章结合作者团队多年的实践经验，筛选五个难点问题展开讨论，分别为具有代表性的评价对象的选取、不同尺度评价区域的监测方案的制定、监测数据准确性的保障措施、从"监测+模型"评价到"智慧"评价、评价结果的应用与反馈。

11.1　具有代表性的评价对象的选取

根据《海绵城市建设评价标准》GB/T 51345—2018，海绵城市建设效果评价应以城市建成区为评价对象，对建成区范围内的源头减排项目、排水分区及建成区的海绵城市效应进行系统评价。对源头减排项目实施有效性的监测评价，应根据建设目标、技术措施等，选取有代表性的建设项目进行。

如何选取具有代表性、典型性的评价片区和建设项目，开展海绵城市建设效果评价工作，进而总结凝练出一套适用于本地的海绵城市绩效评价技术体系，确保建立的评价体系可复制、推广到本地其他片区、建设项目的海绵城市建设效果评价中，是海绵城市建设效果评价的一大难点。本节结合国内外相关研究和作者团队自身工作经验，就如何选取具有代表性的评价对象，从评价片区选取、典型建设项目选取两方面分别进行阐述。

11.1.1　评价片区选取

评价片区选取是一个值得探讨的问题，根据《海绵城市建设评价标准》GB/T 51345—2018，海绵城市建设评价结果应以排水分区为单位进行统计。根据国内相关城市经验，评价片区选取原则如下：

（1）评价片区应是一个完整的排水分区，且面积不宜小于 2km²。评价片区内已建的源头减排类海绵城市建设项目类型丰富，建筑小区、道路和停车场及广场、公园与防护绿地项目每类各不少于 1 个。

根据《成片区域海绵城市区域验收评估技术指南》T/CECA 20017—2022，以"2km²"作为评价对象规模下限，主要是基于以下两方面的考虑：首先，《国务院办公厅关于推进海绵城市建设的指导意见》（国办发〔2015〕75 号）要求，到 2020 年，城市建成区 20% 以上的面积达到目标要求；到 2030 年，城市建成区 80% 以上的面积达到目标要求。国务院提出的是对全部设市城市的要求，包括全国的超大、特大、大、中、小城市。针对 2020 年 20% 面积达标的要求，选取小城市作为计算对象，依据我国小城市用地规模通常在 10km² 以上的情况并以此数据作为计算基数，可得 2km² 为评价对象规模的下限。其次，2km² 的用地规模的界定也可兼顾片区内下垫面的多样性。

（2）实施海绵城市建设的项目面积之和占评价片区总面积的比例不宜过低，具体比例有待结合实际评价工作进一步研究。一般而言，对于新建片区，自本地全面开展海绵城市建设后，立项的项目应全面落实海绵城市建设要求，且已建成的海绵城市建设项目总用地面积占评价片区总面积的比例不宜小于 20%；对于已建片区，自本地全面开展海绵城市建设后，立项的项目应全面落实海绵城市建设要求。

（3）绿地包括城市内部的公园绿地、街头绿地、公共绿地等，在符合同一个汇水流域原则的情况下，应纳入评价片区范围，以鼓励城市加大自然生态保护力度，建设绿色城市、宜居城市。

（4）评价片区内空地及农田面积比例不宜过高。城市新城或者新区内的空地、农田一般为城市建设规划的预留用地，二者年径流总量控制率本底值较高，但并未体现海绵城市建设措施的效果，不具有海绵城市建设区域的代表性。

（5）评价片区内水域面积比例不宜过高。因为水域不属于城市建设用地，作为城市建设区周边紧密相连的有机体，将其与城市建设区割裂开来会造成区域的不完整；但水域面积比例太高也会淡化海绵城市建设成效。具体而言，天然的湖泊等属于自然生态保护的范畴，因此不宜纳入海绵城市达标片区面积中，否则会诱导海绵城市面积考核时划入大片的天然湖泊水体，从而逃避在城市建设区域内落实海绵城市建设理念的硬性任务；人工开挖的小型河道、小型湖泊等水体可纳入评价片区范围，以鼓励城市保证水面率，起到减轻内涝、调节气候、保护生态等多重作用，但不应包括大型人工水系（例如京杭大运河、西湖等），以免借机懈怠海绵城市建设任务。

（6）采用现场监测法进行评价的，排放口或下游出口宜自由出流且不易因潮水、洪水等形成倒灌，尽量避免选择易形成有压流的管段进行监测。

（7）评价片区已编制海绵城市规划或海绵城市系统化方案，有明确的海绵城市建设目标指标。

11.1.2　典型建设项目选取

典型建设项目的选取，主要是基于海绵城市建设系统性和管理协同性的考虑，可参考以下原则进行选取：

（1）所选建设项目应位于同一个评价片区内，且建设项目采用的海绵城市技术措施和规模具有代表性。

（2）建设项目内排水管渠资料齐全，对管网缺陷已完成监测及修复工作。

（3）建设项目内排水管渠的汇水范围、运行情况等基本条件应清晰明确，无客水影响。

（4）对解决所在排水分区内的积水、径流污染等问题具有较显著贡献。

（5）建设项目内绿色海绵设施服务的汇水面积与项目总面积比值不宜小于 60%。

（6）采用现场监测法进行评价的，接入受纳水体的排放口或接入下游管网的出口数量不宜多于 3 个。

（7）建设项目的年径流总量控制率设计值不宜低于我国年径流总量控制率分区图所在区域规定的下限值。

11.2　不同尺度评价区域的监测方案的制定

海绵城市建设效果评价对象可分为城市、排水分区、建设项目三个尺度。评价区域的尺度不同，评价的重点也各不相同，相应的监测方案也不尽相同。所以，在海绵城市建设效果评价中，对不同尺度评价区域选取合适的监测方案是很重要的一项工作。结合每个尺度间的评价关系，科学地确定每个尺度评价区域的监测方案，不仅可以减少建设评价工作的工作量，还可增强对海绵城市建设效果的认识。

根据国内外经验和作者自身工作经验，本节对城市、排水分区、建设项目三个尺度的监测方案内容和要求分别做简要说明。

11.2.1　城市尺度监测方案的制定

城市尺度的监测应以获取海绵城市建设前后降雨、气温、地下水水位、受纳水体水位、流量、水质数据为目的，满足海绵城市建设本底及效果评价的要求。

（1）监测内容方面，包括降雨、海绵城市建设前后建成区内与周边郊区的气温、海绵城市建设前后受纳水体的水位、流量及水质。对于缺水城市，还应对海绵城市建设前后地下水（潜水）水位开展监测。

（2）监测点布设方面，根据城市集中开发建设区与河湖水系相互影响的范围情况，在城市市域范围内河湖水系与城市集中开发建设区边界的交界处，以及城市集中开发建设区内的河湖水系设置监测断面；必要时，也可在城市集中开发范围外、同一河湖水系的上、下游设置监测断面。监测点布设可参照图 11-1 执行。

降雨、气温、地下（潜水）水位监测点的布设应覆盖城市集中开发建设区及所在流域的上、下游。降雨、气温、地下（潜水）水位、河湖水系监测点应统筹气象、水利、环保等部门已有监测站点位置进行布设。

（3）监测方法、频次方面，为提高城市洪涝和水污染的治理水平与智慧管理水平，

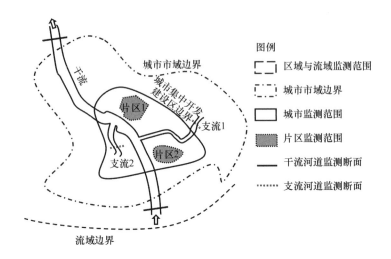

图 11-1　区域与流域、城市监测范围、监测对象及监测点分布示意图

资料来源：《海绵城市建设监测标准（征求意见稿）》

可对城市进行长期监测。流量、水位监测方法应符合现行国家标准《河流流量测验规范》GB 50179—2015、《水位观测标准》GB/T 50138—2010 的规定。监测范围内河湖水系水质采样方法、频次和指标应符合现行国家标准《地表水环境质量监测技术规范》HJ 91.2—2022 的规定。气象监测应符合现行国家标准《地面气象观测规范　总则》GB/T 35221—2017 的规定。地下水（潜水）水位监测方法、频次应符合现行国家标准《地下水监测工程技术规范》GB/T 51040—2014 的规定。

11.2.2　排水分区尺度监测方案的制定

排水分区尺度监测应以获取片区海绵城市建设前后内涝、外排径流总量、合流制溢流、受纳水体水量与水质等数据为目的，满足排水分区海绵城市建设本底与效果评价的要求。

1. 监测内容

排水分区内涝监测应对典型场次降雨条件下易涝点的积水范围、积水深度和雨后退水时间进行监测。排水分区外排径流总量监测应对典型场次降雨条件下排水分区下游市政管渠交汇节点或排放口的外排径流流量变化过程进行监测。排水分区合流制溢流和受纳水体的监测内容需符合下列要求：

（1）应对合流制溢流排放口或污水截流井、合流污水溢流泵站的溢流流量变化过程进行长期监测；对溢流污染负荷进行评价时，应对典型场次降雨条件下的溢流流量和水质进行同步监测。

（2）监测范围较大且溢流排放口较多时，对服务汇水面积小、溢流量和污染负荷贡献小的合流制溢流排放口，应对溢流频次进行长期监测，对溢流流量和水质可不进行监测。

（3）受纳水体影响排水分区排水防涝时，应对典型场次降雨条件下受纳水体水位或流量变化过程进行监测。

（4）排水分区合流制溢流影响受纳水体水环境质量达标时，应对典型场次降雨条件下受纳水体各监测断面的流量、污染物浓度变化过程进行监测。

2. 监测点布设

（1）内涝监测点的选择应根据排水分区内历史积水情况和内涝风险情况综合确定。

（2）排水分区外排径流总量监测应在所选排水分区下游市政管渠交汇节点或排放口布设监测点。

（3）排水分区合流制溢流监测应在所有合流制溢流排放口或污水截流井、合流污水溢流泵站等永久性设施布设监测点。

（4）受纳水体监测断面的布设应沿水体每 200～600m 间距设置监测点，存在上游来水的河流水系，应在上游和下游断面设置监测点，且每个水体的监测点不应少于 3个。采样点应设置于水面下 0.5m 处，当水深不足 0.5m 时，应设置在水深 1/2 处。

（5）市政排水管渠监测点布设应符合下列要求：受潮水、洪水回流影响的管（渠）段和排放口不应设置流量监测点；发生变形、脱节、异物穿入等结构性缺陷的管段不应设置监测点；监测点水流状态、水头差、环境条件应符合监测设备工作环境条件要求；不宜在排水能力差、易形成有压流的管渠设置监测点。

（6）排水分区监测点布设可参照图 11-2 执行。

3. 监测方法、频次

（1）排水分区内易涝点监测可采用摄像、水尺、雷达水位计等方式；电子水尺、水位计的数据自动采集时间间隔不宜大于 15min。

（2）排水分区外排径流总量监测可采用自动流量计自动监测。一般采用多普勒超声流量计、堰槽流量计进行自动监测，数据自动采集时间间隔不宜大于 15min。

（3）雨天合流制溢流监测应以合流制溢流事件为单元进行监测，无溢流排放的时长大于 24h 时应记为 2 次溢流事件。

（4）受纳水体监测每 1～2 周取样应至少一次，且在降雨量等级不低于中雨的降雨结束后 1d 内应至少取样 1 次，连续测定 1 年；或在枯水期、丰水期各至少连续监测40d，每天采样 1 次。

11.2.3　建设项目尺度监测方案的制定

建设项目尺度监测以获取建设项目海绵城市建设前后外排径流总量、峰值流量、径流污染量等数据为目的，满足建设项目海绵城市建设本底评价和效果评价的要求。

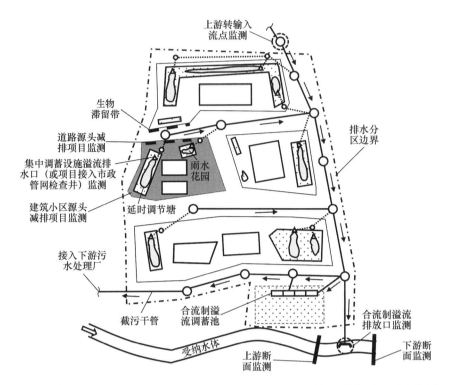

(a) 合流制排水系统某排水分区主要监测点位分布示意图（以排入受纳水体的排放口上溯确定排水分区）

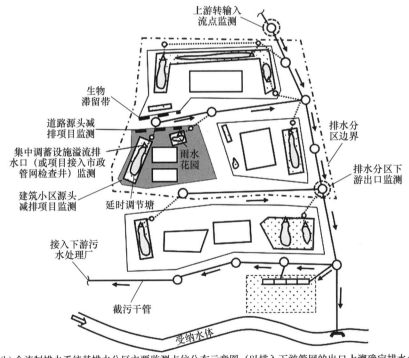

(b) 合流制排水系统某排水分区主要监测点位分布示意图（以排入下游管网的出口上溯确定排水分区）

图 11-2　片区监测范围、监测对象和监测点分布示意图（一）

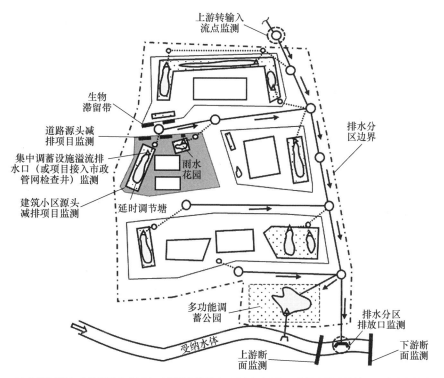

(c) 分流制排水系统某排水分区主要监测点位分布示意图（以排入受纳水体的排放口上溯确定排水分区）

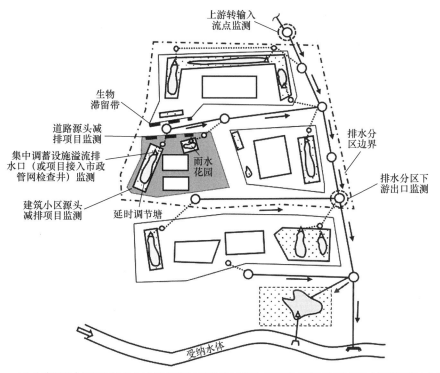

(d) 分流制排水系统某排水分区主要监测点位分布示意图（以排入下游管网的出口上溯确定排水分区）

图 11-2　片区监测范围、监测对象和监测点分布示意图（二）

1. 监测内容

（1）对建设项目外排径流总量、峰值流量进行监测时，应对典型场次降雨条件下建设项目接户井或排放口的外排流量变化过程进行监测。

（2）对建设项目外排径流污染量进行监测时，应对典型场次降雨条件下建设项目接户井或排放口的外排径流水质进行监测。

2. 监测点布设

（1）在建设项目接入市政管渠的接户井或建设项目接入受纳水体的排放口布设监测点；接户井或排放口较多时，可根据汇水范围内的下垫面构成和径流污染源类型，选择有代表性的监测点进行监测。

（2）建设项目内排水管渠监测点应具备人工、自动监测条件，并符合排水分区尺度监测方案中市政排水管渠监测点布设要求。

（3）建设项目内降雨量监测点的设置应与片区监测点统筹考虑。

3. 监测方法、频次

（1）建设项目内排水管渠水量监测按排水分区尺度监测方案中市政排水管渠水量监测要求。

（2）建设项目内排水管渠水质监测应符合下列要求：

① 采用人工或自动监测方式采集混合样，采样要求见本书第 8.2.1 节。

② 对项目外排径流污染负荷进行评价时，应同步开展水量与水质监测。

③ 样品采集间隔时间和总时长应考虑样品允许的最大保存时间，以及样品由监测点运输至实验室所需时间。

④ 各瞬时样、混合样样品采集体积量应满足各水质指标检验所需的最小样品量要求，还要考虑重复分析和质量控制的需要。

11.3　监测数据准确性的保障措施

海绵城市建设效果评价需以具有一定代表性、准确性的"降雨—径流—污染物"监测数据为基础，监测数据的准确性是评价结果是否真实可靠关键因素。

在线监测可实现分钟级的数据采集，一个雨季将产生海量监测数据；且排水管网运行环境本身具有很强的复杂性及不确定性，在线监测设备也更易受到各种因素的干扰，导致在线监测数据不可避免地出现一些准确性低或无效数据，从而影响后续数据的分析统计。因此如何获取准确、有效的监测数据是评价工作的难点之一。

根据国内外相关标准和编著团队自身工作经验，本节从数据采集、传输与存储，数据处理与分析，质量保证与质量控制三个方面提出提高监测数据准确性的措施。

11.3.1　数据采集、传输与存储

数据采集相关要求如下：

（1）以监测设备安装竣工图为底图，详细记录监测点位、监测内容、监测方法、上下游管网运行工况及缺陷修复记录、设备测试与校准等信息。

（2）建立可评价、可追溯的一体化监测管控系统，实现设备管理、数据查看、日志查询、统计分析、数据对比、报警信息等基本管理功能。

（3）自动监测应采集设备通信时间、监测指标数据、各数据对应的监测时间、通信网络质量数据和设备运行数据。

（4）人工监测应采集采样时间、监测指标数据，并记录采样方法、监测检测方法、水质检测时间等信息，采用便携式监测设备时，还应记录设备运行数据。

（5）设备运行数据应包括测试校准、设备维护、设备故障、工作环境条件等信息。

数据传输应采用统一指定通信协议，应与已有数据平台系统无缝衔接，应具有数据校验、断点续传、权限设置等功能。

数据存储系统要能保证数据的一致性和准确性，具备统一数据存储格式和处理要求，具备数据备份、共享和数据传输功能，并具有足够的数据存储容量，历史数据保存时间不应低于 10 年。

11.3.2　数据处理与分析

1. 数据处理

（1）降雨数据处理应遵循以下原则：

① 应统计各年降雨量、各月降雨量。

② 应划分降雨场次，并确定总降雨场次数及各场次降雨的降雨量、降雨历时、最大 1h 与 24h 降雨量、平均小时降雨量、雨前无雨天数。场次降雨应为独立的降雨事件，无雨时长大于 6h 时应记为 2 场降雨；场次降雨总时长不宜小于 1h。

（2）应绘制各易涝点积水"时间—降雨量—积水深度"过程线，用于确定雨后退水时间和最大积水深度。

（3）排水管渠监测数据处理应符合下列规定：

① 应绘制各监测点"时间—降雨量—排泄量"过程线。

② 应根据各监测点瞬时样水质检验数据，绘制各污染物指标"时间—降雨量—污染物浓度—流量"过程线；同时采集混合样时，应在图中标注采样时间点位，用于计算溢流事件平均浓度和污染负荷。

③ 应根据进、出水混合样水质检验数据，统计各合流制溢流事件的进、出水事件平均浓度。溢流事件监测数量较多时，宜绘制事件平均浓度箱形图。

（4）河湖水系监测数据处理应绘制监测断面"时间—污染物浓度"过程线，并标注水环境质量标准限值。

2. 数据有效性判别

（1）应根据正常范围值比对、数据变化率或方差检查、指标相关性检查等方法，并结合现场检查对数据有效性进行判别。

（2）降雨监测数据可采用与相邻雨量计或气象站监测数据进行交叉互检的方法进行判别。

（3）流量监测数据异常值可采用与计算值或相似降雨事件条件下的监测值进行比对的方法判别。计算值可采用推理公式法，根据实测降雨强度、汇水面积及径流系数计算获得。

（4）水位自动监测数据异常值可采用与监测设施的"调蓄水位—调蓄容积"关系曲线、溢流排水口高程进行比对的方法判别，也可采用与人工监测数据进行比对的方法判别。

（5）水质在线监测数据异常值可根据现行国家标准《数据的统计处理和解释 正态样本离群值的判断和处理》GB/T 4883—2008 的规定进行判别。

（6）水位、流速和流量无效监测数据的修正应符合下列规定：

① 由于工作环境条件变化、设备问题造成少量时间步长上的无效数据，可根据相邻时间步长上的有效数据，以采用线性插值法计算所得数据替代。

② 由于设备故障、未定期测试校准、工作环境条件变化造成的大量无效数据，按缺失数据处理。

（7）应分析监测数据数量和质量是否满足监测目标要求，不能满足时应编制补充监测方案。

11.3.3 质量保证与质量控制

（1）对监测设备进行日常、定期及不定期的检查维护和故障排除，定期对设备进行性能测试和校准。

（2）可采用不同的监测设备，或采用人工和自动监测相结合的方法进行对比监测，用对比监测的结果验证监测数据的质量。

（3）采用人工监测时，应关注雨情雨势，监测点有流量产生前，监测人员应到位并做好监测准备工作，一人兼顾多个监测点时，应预留往返程时间和样品采集时间并做好应急预案。

（4）水质样品采集需满足下列要求：

① 应按选用的水质指标分析方法中的要求采集质量控制样品，应符合国家现行标准的规定。

② 采样前，样品保存剂应进行空白试验，纯度和等级应达到分析要求。

③ 采样前应先用水样荡涤采样容器和样品容器 2~3 次；采集混合均匀的水样，采样时应去除水面的杂物、垃圾等漂浮物，不得搅动水底部的沉积物。

④ 不同水质指标水样选用的容器材质、加入的保存剂及其用量、保存期限和采集的水样体积等，应按水质指标分析方法要求执行。

⑤ 采样后应检查每个样品中是否存在叶子、碎石块等大颗粒物，如存在，应弃掉该样品，重新采集；采样后应擦拭并晾干采样绳链，妥善存放。

⑥ 安全存放采样容器，不得污染瓶盖和瓶塞；不得用手和手套接触采样容器及瓶盖的内部及边缘，不得接触样品。

（5）样品采集完成后，应在容器瓶上张贴标签，记录样品来源、编号、采集时间，并做好采样记录。采样记录应至少包括以下内容：监测日期、监测对象、监测点位置或名称；气象条件；降雨起止时间；监测点雨污水排放起止时间；采样起止时间；采样方法；保存方法；样品表观（悬浮物质、沉降物质、颜色）；有无臭气；检验水质指标；采样人姓名和联系方式。

（6）样品的保存、预处理、运输应符合下列要求：

① 样品采集后应及时送实验室分析，应按选用的水质指标分析方法中的要求确定样品保存方法，样品应在规定的保存期限内分析测试。

② 应根据监测点的地理位置、水质指标样品保存期限选用合适的运输方式，运输过程中应防止样品洒漏。

③ 同一监测点的样品应尽量装在同一样品箱内，运输前应核对现场采样记录上的所有样品是否齐全，应有专人负责运输。

（7）实验室分析质量保证和质量控制应包括空白样品、标准曲线控制、精密度控制与准确度控制等内容，并应符合现行国家标准的规定。

（8）除分析方法有规定外，水样分析前应摇匀取样，不得过滤和澄清。

11.4　从"监测+模型"评价到"智慧"评价

海绵城市智慧平台不仅可以实现海绵城市建设的智慧化管理，还能用于海绵城市建设效果的智慧化评价。但海绵城市智慧平台的建设及运行成本较高，一般只有财政实力较强的城市才会考虑搭建。因此，海绵城市建设效果智慧化评价工作首先面临的是经济上的挑战。

若抛开经济可行性，海绵城市建设效果的智慧化评价在管理和技术方面也面临多项难点，包括不同来源数据的接入与更新、智慧平台的安全防护和评价模型的选择。本节就上述难点分别进行分析，并提出相关对策建议以供参考。

11.4.1 不同来源数据的接入与更新

如何对各种不同来源、不同格式的数据进行接入和管理，是海绵城市智慧平台构建的一大难点。海绵城市智慧平台的数据来源比较复杂，除了评价区域开展的监测工作外，大量数据来自不同层级的管理部门，包括气象、水务、交通、自然资源、住房和城乡建设等部门。例如气象数据来自气象部门，地形地貌数据来自然资源部门，排水设施数据来自水务部门，源头海绵设施数据来自住房和城乡建设部门。

除了数据的来源复杂外，数据的格式也是多种多样，有 DWG 数据、JPG 数据、PNG 数据、Excel 数据、Word 数据、TXT 数据、SHP 数据、TIN 数据、TIF 数据、DEM 数据等诸多格式，例如气象数据就有 Excel 数据、Word 数据、TXT 数据等多种格式，不利于储存调用。

此外，海绵城市智慧平台构建后，需要持续、及时地根据区域建设情况进行数据的更新，从管理上来讲也是一大挑战。

为解决上述问题，建议统一海绵城市智慧平台的入库标准，也可通过开发计算机程序，将原数据格式转化成所需格式。数据转换程序应具有纠错功能，以提高数据的独立性。由于数据的统一管理及合理组织，因此可减少数据冗余，且有利于数据的共享。

11.4.2 智慧平台的安全防护

海绵城市智慧平台若出现安全事故，将对海绵城市的智慧化管理和评价产生重大影响。对于管理部门而言，如果数据丢失或服务器运行异常，则无法满足海绵城市建设全过程的电子化实时管理、监管和建设效果评价的需求，对日常工作造成极大影响。对社会公众而言，无法及时获取海绵城市建设、宣传、教育信息，会对公众知情权有一定影响。为保障海绵城市智慧平台的安全、稳定运行，建议通过用户权限设计、网络传输安全设计、数据存储设计和业务故障自动切换等措施构建安全防范体系。

1. 用户权限设计

海绵城市智慧平台有多种不同的用户人群，这就需要区分不同用户角色对应的权限，并且对其访问范围给予限制。在系统软件设计过程中，首先需要设计用户鉴权体系及其相应的登录逻辑。根据用户是否登录（未登录则相当于"游客"用户组），系统需要判定用户所在的用户组，并仅为用户提供其范围内的内容存取权限。从用户体系上，保证用户不能接触到在其权限之外的涉密数据，从而确保敏感数据不泄露。

2. 网络传输安全设计

登录过程中的用户登录凭证信息应通过网络加密传输；用户操作过程中的敏感数据如通过网络传输，则需进行加密。

3. 数据存储设计

系统不可提供任何将数据未经许可存储到外接介质，并携带离开服务器运行环境的接口，以防止恶意人员进入服务器物理区域后，通过物理手段获取敏感数据的可能。对于自建的数据存储，针对用户认为的敏感或机密数据，应开发数据加密功能，或者对数据存取通道进行加密或鉴权设计，禁止未授权的用户/管理员直接访问数据库，以防数据被破坏或泄漏。此外，系统所有的自建数据存储如果丢失，则可能直接导致系统无法正常运行。为防止该情况，系统设计中需要设计数据备份逻辑和功能。

4. 业务故障自动切换

系统中所有的业务逻辑，均应至少进行一份冗余设计。如果某一模块或子系统出现服务不可用的情况，应能立即切换到备份模块或子系统上，以保证系统的持续正常运行。同时，系统出现故障时应能自动通知运维人员排查故障，并尝试恢复主服务。

11.4.3　评价模型的选择

如本书前文所述，海绵城市建设效果智慧化评价工作主要依托模型来开展。根据模型的原理，一般可将模型分为机理模型和数据驱动模型（或简称数据模型）。

机理模型受制于求解速度，对计算机资源消耗巨大，且无法对物理世界反馈的数据和经验进行再学习，必须借助人类对数据的理解进行调整。纯粹的数据驱动模型难以嵌入物理规律以及专业领域知识，而现阶段传感器测量仍然存在固有缺陷，这导致构建的模型缺乏可解释性，尤其是在处理非线性、多学科和多尺度的物理系统时，模型的精度低、稳定性差且泛化能力严重不足。

选择合适的评价模型对于海绵城市建设效果的智慧化评价工作来说至关重要，而我国海绵城市建设效果智慧化评价工作还处于起步阶段，相关的探索较少。

结合国内外相关经验，建议开展海绵城市建设效果智慧化评价工作时基于数据积累及评价目的来选择合适模型。机理模型和数据模型都基于监测数据构建，其中机理模型仅需对部分模型参数进行率定，所需监测数据量较少，而数据模型则需要大量数据作为支撑。因此，在选择评价模型时首先要看评价区域积累的数据量。在数据量充足的情况下，还应根据评价目的选择合适模型。不同评价目的对模型模拟的时间要求不同，当智慧化评价的目的是为实时决策提供支撑时（例如内涝预警、应急管理等），则需要模型快速得出模拟结果，这时应选择采用数据模型；当评价的目的是反映区域海绵城市建设成效，为区域海绵城市规划、建设、管理提供建议时，评价的周期要求一般比较宽松，可以采用机理模型进行模拟。

此外，还可研究机理模型与数据模型的融合，构建具有物理常识的数据模型。例如，Yan 等以 MIKE FLOOD 的模拟算例为依据，建立了基于支持向量机（Support Vector Machine，SVM）算法的城市内涝预测模型系统，用来对区域最大积水深度进行预测。其提出了将水力模型与 SVM 模型结合起来的技术，由经过率定的水力模型生产数据提供给 SVM 模型进行训练，训练后的 SVM 模型可以提供与水力模型几乎精度的预报，且仅消耗非常少的计算资源。

11.5　评价结果的应用与反馈

海绵城市建设效果评价工作的最直接作用是反映评价对象的海绵城市建设是否达标，为政府部门考核下级单位海绵城市建设工作提供支撑。但若仅将评价工作用于评判海绵城市建设是否达标，显然没有发挥海绵城市建设评价工作的多重价值。特别是对于开展了长时间监测工作的地区，应该对数据价值进行深入挖掘，将评价结果反馈到海绵城市规划、建设、管理等工作中。结合自身工作经验和国内相关研究，建议从改进海绵城市规划设计、支撑海绵城市智慧平台建设、评估海绵城市设施维护管理情况三个方面挖掘海绵城市建设效果评价工作的多重价值。

11.5.1　改进海绵城市规划设计

海绵城市建设效果评价工作对海绵城市规划设计的改进包括目标优化和设施优选等。

1. 目标优化

为便于规划建设管控，很多地方编制海绵城市规划时对目标的分解是采用自上而下的形式，为不同类型的建设用地分配了不同的海绵城市建设目标。而各类用地建设的目标常常是根据未经率定的模型模拟结果确定，个别地方甚至未经研究就随意制定建设用地海绵城市建设目标。通过海绵城市建设效果评价工作，可以反映各类建设用地海绵城市建设可以达到的普遍效果，并为模型参数率定提供数据，从而用于优化不同类型用地的海绵城市建设目标。

2. 设施优选

海绵城市设施多种多样，具体项目中采用何种设施，除了看项目本身的设计条件外，还应尽量选择投资较低、性价比较高的海绵城市设施。我国不同地区的气候、下垫面、地形、土壤、地下水等条件不同，植物及工程材料价格也有差异，因此最实用的海绵城市设施类型也不同。通过对不同海绵城市设施的监测，结合工程投资，可筛选出性价比较高的海绵城市设施或设施组合。

在研究最优设施组合时，可借助软件工具开展，其中最常用的软件是美国的 SUSTAIN。SUSTAIN 能够在给定的优化目标下搜索所有可能方案，并在后处理模块中生成成本效益曲线，更好地帮助决策者执行雨水管理目标并节约投资费用。梁骞等通过监测数据对 SUSTAIN 模型进行率定后，以峰值流量为控制目标，对深圳市某片区多种组合的海绵城市设施进行模拟，得出了各情境下的优化方案和成本—效益曲线，为该区域海绵城市设施组合的筛选提供了指导。

11.5.2　支撑海绵城市智慧平台建设

海绵城市建设评价工作一般需要至少一个雨季的监测数据作为支撑，监测对象包括设施、项目、排水管网、水体等多种类型，数据较为丰富，可用于支撑海绵城市智慧平台的建设工作。首先，监测数据可以用于海绵城市智慧平台中模型参数的率定和验证；其次，监测结果可实时传输至海绵城市智慧平台，用于展示、辅助决策等。

根据实际需求，海绵城市建设评价工作中获取的监测数据可直接接入所在地区的海绵城市智慧平台，利用已有海绵城市智慧平台进行数据的存储、展示、分析；也可单独建立或租赁在线数据系统，并将相关数据提供给所在地区的海绵城市智慧平台使用（图 11-3）。

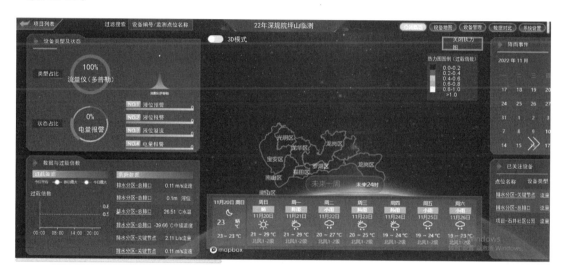

图 11-3　深圳市某片区海绵城市监测数据系统界面

11.5.3　评估海绵城市设施维护管理情况

通过长时间的监测评价，可以总结出海绵城市设施运行效果随时间变化的趋势，从而评估海绵城市设施的维护管理情况，提出管理改进建议。任利荣利用现场监测手段对海绵型道路和公园的径流及其污染的控制进行了研究，结果表明，道路的透水路面经过9 个月后透水性下降了 30% 左右；和道路的透水路面类似，公园中的透水路面透水性随着使用时间的增加而衰减。该研究为透水路面的维护和更换提供了监测数据支撑。

此外，通过监测排水管网总排口的水量、水质，可反映排水管网混接或破损、排水管网淤积、偷排等情况，为排水管网运维管养工作提供决策支持。董鲁燕等对某片区污水管网进行了流量和液位监测，发现大多数管段的监测流量小于设计流量，表明管道内水流未能达到设计排水能力，可能存在淤积情况；降雨发生时系统污水量明显增加，系统存在直接入流或快速入渗现象，可见系统存在雨水混接现象。刘小梅等对某老城区排水系统进行监测，在排水管网关键节点布置了若干流量计，发现下游某监测点的流量小于其上游监测点的流量，可初步判断两个监测点之间可能存在偷排；后经现场详细排查和走访，发现在上游监测点所在污水管道并行有一条雨水箱涵，为前期施工过程中临时修建的一根顶管，后期未能及时拆除，从而导致上游监测点所在管段部分污水通过该顶管进入雨水箱涵中排走。

第 3 篇

实践篇

自 2019 年开始，深圳市全面开展海绵城市建设效果的评价工作。该项工作不但可以验证海绵城市建设效果，同时可为全市智慧水务等工作提供基础数据。本书筛选深圳市典型建设项目、排水分区、城市三个尺度的实际案例进行介绍。

建设项目尺度，筛选建筑与小区、道路、公园绿地三类项目进行介绍。本案例中建设项目海绵城市效果评价主要采用现场监测法，评价指标包括年径流总量控制率、径流污染削减率、径流峰值削减率、可渗透地面面积比例四项；排水分区尺度，以深圳市某排水分区为例进行介绍，主要采用现场监测法和模型模拟相结合的方法进行评价，评价指标包括年径流总量控制率、路面积水控制、内涝防治、水体环境质量、天然水域面积变化率、水体生态性岸线保护六项；城市尺度，以深圳市为例，论述了全市海绵城市建设效果的评价方法，评价指标包括自然生态格局管控、海绵城市达标面积比例、可透水地面面积比例、内涝点治理及内涝防治标准达标情况、黑臭水体消除比例、热岛效应缓解六项。

第 12 章　建设项目海绵城市建设效果评价案例

基于作者实际项目经验，以深圳市三个不同类型建设项目（建筑与小区、道路、公园绿地）为例，系统阐述建设项目海绵城市建设效果评价的方法和流程。

12.1　建筑与小区类评价案例

12.1.1　项目概况

A 小区位于深圳市龙华区，竣工时间为 2020 年 12 月，其为新建建筑与小区项目（图 12-1）。项目占地面积 31277.29m²。根据项目海绵城市设计专篇，项目年径流总量控制率目标为 68%，对应的设计降雨量为 29.46mm，采用的海绵设施为雨水花园和雨水收集回用设施。项目采用的雨水花园面积为 183m²，有效蓄水深度为 250mm。雨水收集回用设施有效储水容积为 640m³，收集的雨水用于绿化浇灌、道路和地库冲洗。

图 12-1　A 小区雨水花园现场照片

12.1.2　评价指标与方法

根据本书第 5 章所述，建筑与小区类建设项目海绵城市建设效果评价指标一般为年径流总量控制率、径流污染削减率、径流峰值削减率、可渗透地面面积比例四项。其中年径流总量控制率和径流污染削减率的评价目标按建设项目施工图设计文件中的设计目标确定；径流峰值削减率、可渗透地面面积比例的评价目标按《深圳市海绵城市建设片区达标评估认定工作手册》要求确定。A 小区的评价目标和评价方法如表 12-1 所示。

A 小区的评价目标和评价方法　　　　　　　　　　表 12-1

序号	评价指标	目标（达标）值	评价方法
1	年径流总量控制率	不低于 68%	水量监测法
2	径流污染削减率	不低于 50%	水质监测法
3	径流峰值削减率	外排径流峰值流量不宜超过开发建设前原有径流峰值流量	模型模拟法
4	可渗透地面面积比例	不宜小于 50%	资料查阅＋现场检查法

12.1.3　监测方案制定及执行

A 小区排水体制为雨污分流制，雨水汇水分区 1 个，汇水面积 31277.29m²。两条雨水干管管径分别为 $d400$ 和 $d300 \sim d800$，均接入西南侧的市政雨水管。选取 A 小区接入市政雨水管网的检查井作为监测点，开展水量和水质（SS）监测，监测范围为小区红线范围。水量监测设备采用在线超声波流量计，连续自动监测 1 年，获取"时间—流量"序列数据。水质（SS）监测采用人工取样方式，监测 6 场降雨的径流水质，每场降雨安排 10 次采样（自产生降雨径流时开始计时，采样时间为 0min、1min、2min、4min、7min、10min、15min、20min、30min、50min）（图 12-2、图 12-3）。

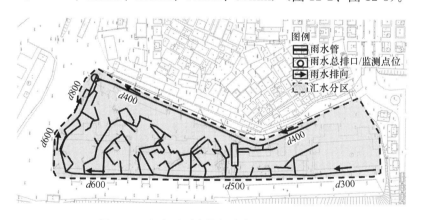

图 12-2　A 小区雨水管网走向及监测点位图

12.1.4　模型构建与参数率定

首先结合深圳市及 A 小区的相关基础数据，构建 SWMM 模型；其次利用"时间—流量"序列监测数据，对 SWMM 模型参数进行率定；最后利用 SWMM 模型参数率定结果，评价海绵设施对径流峰值的控制效果。

图 12-3   A 小区监测点位及设备安装情况

1. 模型构建

对场降雨径流量和监测流量数据进行对比筛选，选择 4 场降雨数据作为模型降雨数据（表 12-2）。率定过程中，选用第 1、2 场降雨进行率定，第 3、4 场降雨进行验证。采用深圳市气象局公布的深圳市每月日平均蒸发数据模拟相关气候条件（表 12-3）。

A 小区模型率定降雨数据   表 12-2

序号	日期	降雨时间	降雨量（mm）
1	2022 年 07 月 02 日	11：25～13：25	24.5
2	2022 年 08 月 09 日	19：20～21：20	16.0
3	2022 年 08 月 25 日	07：50～09：50	19.5
4	2022 年 09 月 30 日	11：00～13：00	33.5

深圳市每月日平均蒸发量数据表（单位：mm/d）   表 12-3

1 月	2 月	3 月	4 月	5 月	6 月	7 月	8 月	9 月	10 月	11 月	12 月
3.36	3.54	3.96	4.73	5.51	5.72	5.64	5.51	5.79	6.21	5.52	4.32

梳理项目雨水管网施工图设计资料，雨水管网信息主要包括编码、尺寸、起始管底标高、末端管道标高、坡度、长度等；节点信息主要包括编码、内底标高、地面标高等。根据项目海绵城市设计专篇设定海绵设施的规模、面积等参数，结合 A 小区相关基础数据，构建 SWMM 模型。

2. 参数率定

1）率定参数选取

结合国内外文献研究结果，确定对模型运行结果影响较大的参数主要为汇水分区径流宽度、坡度、不透水率、曼宁粗糙率参数、洼地蓄积量参数、渗透参数，其中汇水分区径流宽度可根据排水管网勘测资料估算取值，坡度可根据地形图估算取值，不透水率可根据项目设计资料取值。因此，需率定的参数为汇水区曼宁粗糙率参数、洼地蓄积量参数、渗透参数。产流过程采用 Horton 渗透模型，通过 SWMM 帮助文档以及深圳市龙华区地表特征确定上述参数的试错范围，具体如表 12-4 所示。

SWMM 模型主要参数一览表　　　　　　　　表 12-4

参数类别	参数名称	物理意义	试错范围
汇水分区曼宁粗糙率参数	N-Imperv	汇水区不透水区曼宁粗糙率	0.011~0.024
	N-Perv	汇水区透水区曼宁粗糙率	0.05~0.8
洼地蓄积量参数	Dstore-Imperv（mm）	汇水区不透水区洼地蓄积量	1.27~2.54
	Dstore-Perv（mm）	汇水区透水区洼地蓄积量	2.54~7.62
	%Zero-Imperv（%）	汇水区无洼地不透水区比例	25~85
渗透参数	Max. Infilt（mm/h）	Horton 最大渗透率	25.4~76.2
	Min. Infilt（mm/h）	Horton 最小渗透率	1.1~11

将监测数据与模型模拟结果进行对比，采用人工试错法对上述参数进行率定和验证。模型参数率定和验证的纳什效率系数不得小于 0.5。

2）模型参数率定与验证

率定过程中选用第 1、2 场降雨进行率定，第 3、4 场降雨进行验证。A 小区模拟后部分率定与验证结果如图 12-4～图 12-7 所示。

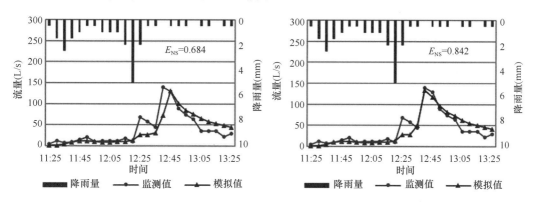

图 12-4　2022 年 7 月 2 日降雨条件下模型参数率定部分结果图

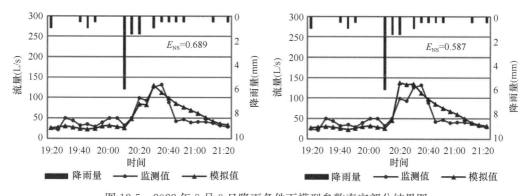

图 12-5　2022 年 8 月 9 日降雨条件下模型参数率定部分结果图

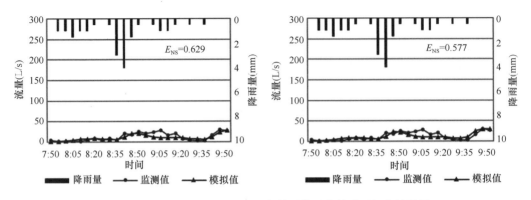

图 12-6　2022 年 8 月 25 日降雨条件下模型参数验证部分结果图

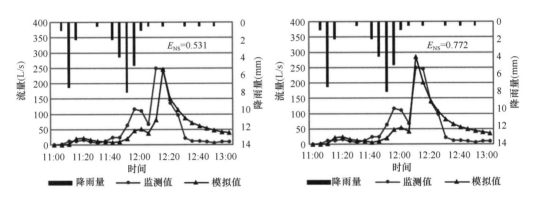

图 12-7　2022 年 9 月 30 日降雨条件下模型参数验证部分结果图

以上 4 场降雨条件下的径流量模拟结果与监测值误差在可接受范围之内,纳什效率系数均大于 0.5。根据上述率定及验证结果,确定各参数率定范围值如表 12-5 所示。

A 小区 SWMM 模型参数率定结果   表 12-5

参数类别	参数名称	率定范围值
汇水分区曼宁粗糙率参数	N-Imperv	0.011～0.022
	N-Perv	0.10～0.64
洼地蓄积量参数	Dstore-Imperv（mm）	1.29～2.50
	Dstore-Perv（mm）	2.7～7.0
	%Zero-Imperv（%）	25～65
渗透参数	Max. Infilt（mm/h）	36～71
	Min. Infilt（mm/h）	1.4～6.5

12.1.5　建设效果评价

1. 年径流总量控制率评价

2022 年 6 月 16 日至 2022 年 10 月 31 日连续半年的降雨监测数据显示,全监测时段

A 小区的降雨总量为 921.6mm。根据监测数据，计算总降雨量、实测总外排量和径流总量控制率计算结果如表 12-6、图 12-8 所示。可以看出，实测的径流控制率达到68.5％，满足 68％的设计目标。

A 小区监测时段径流总量控制率计算表　　　　　　表 12-6

实测总降雨量（mm）	921.6
总降雨体积（m³）	28825.15
实测总外排量（m³）	9079.92
径流总量控制率（％）	68.5

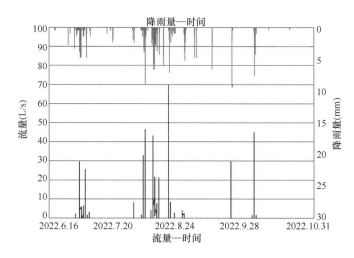

图 12-8　A 小区监测时段雨水流量监测结果图

2. 径流污染削减率评价

根据项目所测实际径流污染物浓度与常规开发模式下径流污染物浓度，经计算可得项目径流污染削减率。

实际径流污染 EMC：选取 3 场典型降雨所监测的雨水径流污染物浓度及排口流量对场地内实际径流污染 EMC 进行计算，可得项目平均径流污染 EMC 为 30.21mg/L（表 12-7）。

A 小区实际径流污染物 EMC 测算表　　　　　　表 12-7

雨水径流采样日期	降雨径流污染物 EMC（mg/L）	项目平均径流污染物 EMC（mg/L）
2022 年 6 月 30 日	34.6	
2022 年 8 月 4 日	30.51	30.21
2022 年 8 月 10 日	25.53	

常规开发模式下建设项目径流污染 EMC：常规开发模式下典型下垫面的降雨径流水质指标参考深圳市雨水径流水质特征等相关研究成果，确定常规开发模式下降雨过程

中屋顶、道路和铺装、绿地的径流场次平均浓度分别为 49.0 mg/L、144.4mg/L、51.5mg/L。根据 A 小区各类下垫面面积，计算可得建设项目在常规开发模式下的径流污染物 *EMC* 为 105.27mg/L（表 12-8）。

A 小区常规开发模式下径流污染物 *EMC* 测算表　　　表 12-8

下垫面类型	径流污染 *EMC*（mg/L）	各类下垫面面积（m²）	常规开发模式下径流污染物 *EMC*（mg/L）
屋顶	49.0	7325.89	
道路和铺装	144.4	18299.98	105.27
绿地	51.5	5651.42	

计算可得 A 小区的径流污染削减率为 71.3%，满足 A 小区 SS 削减率不低于 50% 的目标。

3. 径流峰值削减率评价

利用本书第 12.1.4 节的 SWMM 模型参数率定结果，分别选取深圳市 5 年一遇 2h 设计降雨和 50 年一遇 24h 设计降雨对 A 小区开发建设前后的径流峰值进行模拟。模型模拟结果如图 12-9、图 12-10 及表 12-9、表 12-10 所示。

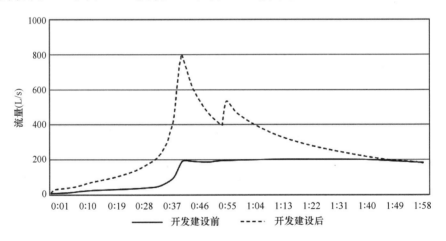

图 12-9　A 小区 5 年一遇 2h 设计降雨开发建设前后径流过程模拟曲线图

5 年一遇 2h 设计降雨下开发建设前后径流峰值控制模拟结果一览表　　　表 12-9

建设状态	不透水下垫面比例（%）	总降雨量（mm）	总蒸发量（mm）	设施截留量（mm）	总入渗量（mm）	总径流量（mm）	径流峰值（L/s）
开发建设前	25	94.02	0.26	27.27	12.5	53.99	202.65
开发建设后	76.1		0.24	47.89	3.80	42.09	793.53

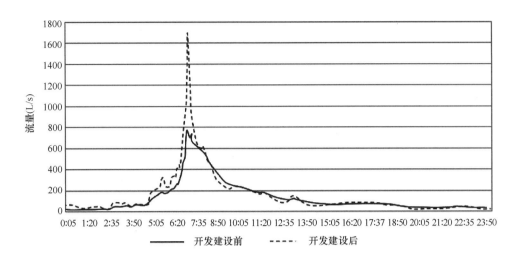

图 12-10　A 小区 50 年一遇 24h 设计降雨开发建设前后径流过程模拟曲线图

50 年一遇 24h 设计降雨下开发建设前后径流峰值控制模拟结果一览表　表 12-10

建设状态	不透水下垫面比例（％）	总降雨量（mm）	总蒸发量（mm）	设施截留量（mm）	总入渗量（mm）	总径流量（mm）	径流峰值（L/s）
开发建设前	25	411.32	3.27	6.07	63	338.98	784.13
开发建设后	76.1		3.12	47.56	29.74	330.9	1686.28

可以看出，项目在雨水管渠设计重现期和内涝防治设计重现期下，开发建设后的径流峰值流量均大于开发建设前。经分析，主要是由于项目开发建设过程中，将大量透水下垫面改造为不透水下垫面，开发建设后不透水下垫面比例由 25％提高至 76％。

4. 可渗透地面面积比例评价

根据 A 小区海绵城市设计专篇，并结合现场踏勘复核情况，A 小区下垫面构成如表 12-11 所示。

A 小区下垫面构成　表 12-11

下垫面类型	面积（m²）
硬质屋面	7326
绿地	5651
非透水硬质铺装	17951
水体	349
合计	31277

A 小区除屋面外的地面面积为 23951.4m²，可渗透地面总面积为 6003.12m²，则可渗透地面面积比例为 25％。

12.1.6　评价结论

A 小区的年径流总量控制率、径流污染削减率已到达评价目标要求，径流峰值削减率和可渗透地面面积比例未达到评价目标要求。各项指标的评价目标与评价结果如表 12-12 所示。

A 小区评价目标和评价结果总结　表 12-12

序号	评价指标	目标（达标）值	评价结果
1	年径流总量控制率	不低于 68%	68.5%
2	径流污染削减率	不低于 50%	71.3%
3	径流峰值削减率	外排径流峰值流量不宜超过开发建设前原有径流峰值流量	开发后外排径流峰值流量超过开发建设前
4	可渗透地面面积比例	不宜小于 50%	25%

12.2　道路类评价案例

12.2.1　项目概况

B 道路位于深圳市坪山区，全长 177.6m，总面积约 0.38hm²，为新建道路类项目（图 12-11）。道路横断面具体布置：2.75m（人行道）＋1.5m（自行车道）＋2.0m（下沉式绿地）＋3.75m（机动车道）＋3.75m（机动车道）＋2.0m（下沉式绿地）＋1.5m（自行车道）＋2.75m（人行道）＝20.0m。项目采用的海绵设施包括透水铺装及下沉式绿地（表 12-13）。

(a) 下沉式绿地　　　　　　　　　　(b) 透水铺装

图 12-11　B 道路海绵设施现场照片

B 道路下垫面构成　　　　　　　　　　　　　　　表 12-13

下垫面类型	面积（m²）
硬质铺装	1373
透水铺装	1858
下沉式绿化带	620
合计	3851

12.2.2　评价指标与方法

根据本书第 1.4.3 节及第 5 章所述，道路类建设项目海绵城市建设效果评价指标一般为年径流总量控制率和径流污染削减率，评价目标按项目施工图设计文件中的设计目标确定。该项目的评价目标和评价方法如表 12-14 所示。

B 道路评价指标和评价方法　　　　　　　　　　　　表 12-14

序号	评价指标	目标（达标）值	评价方法
1	年径流总量控制率	不低于 55%	水量监测法
2	径流污染削减率	不低于 40%	水质监测法

12.2.3　监测方案制定及执行

B 道路现状排水体制为雨污分流制，雨水管网管径为 $d400 \sim d600$，共有 1 个雨水总排口，即 1 个雨水汇水分区。B 道路中段至丹锦路段两侧有地块雨水汇入道路市政排水管网，为消除地块雨水影响，选取桩号 K0+080 处雨水检查井为监测点位，开展水量和水质（SS）监测。监测汇水范围包括 B 道路起点（至规划启竹一路）至桩号 K0+080 处雨水检查井的道路范围，上、下游管道管径均为 $d400$（图 12-12）。水量监测设备采用在线超声波流量计，连续自动监测 1 年，获取"时间—流量"序列数据。水质

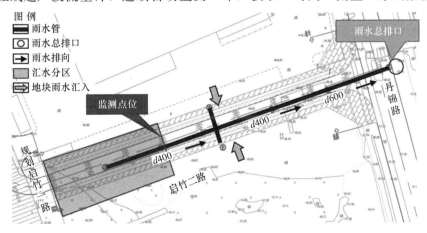

图 12-12　B 道路监测范围及监测点位图

（SS）监测采用人工取样方式，监测6场降雨的径流水质，每场降雨安排10次采样（自产生降雨径流时开始计时，采样时间为0min、1min、2min、4min、7min、10min、15min、20min、30min、50min）（图12-13）。

图12-13　B道路监测点位现场照片

12.2.4　建设效果评价

1. 年径流总量控制率评价

2021年5月27日至2021年11月21日连续半年的降雨监测数据显示（图12-14），全监测时段降雨总量为1623.8mm。根据监测数据，项目总降雨量、实测总外排量和径流总量控制率计算结果如表12-15所示。可以看出，项目的径流控制率达到56.41%，满足年径流总量控制率不低于55%的目标要求。

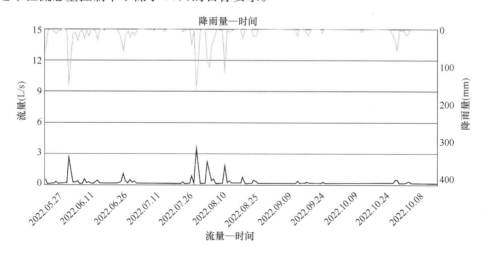

图12-14　B道路监测时段雨水流量监测结果图

B 道路监测时段径流总量控制率计算表　　　　表 12-15

实测总降雨量（mm）	1623.8
总降雨体积（m³）	2435.7（所测汇水面积 0.15hm²）
实测总外排量（m³）	1061.7
径流总量控制率（%）	56.41

2. 径流污染削减率评价

根据项目所测实际径流污染物浓度与常规开发模式下径流污染物浓度，经计算可得项目径流污染削减率。

实际径流污染 EMC：选取 3 场典型降雨所检测的雨水径流污染物浓度及排口流量对场地内实际径流污染 EMC 进行计算，如表 12-16 所示。可得项目平均径流污染 EMC 为 23.4mg/L。

B 道路实际径流污染物 EMC 测算表　　　　表 12-16

雨水径流采样日期	降雨径流污染物 EMC（mg/L）	排口监测流量（m³）	项目平均径流污染物 EMC（mg/L）
2021 年 4 月 28 日	19.2	0.012	
2021 年 7 月 21 日	23.5	0.34	23.4
2021 年 9 月 13 日	24.6	0.014	

常规开发模式下建设项目径流污染 EMC：常规开发模式下典型下垫面的降雨径流水质指标参考深圳市雨水径流水质特征等相关研究成果，确定常规开发模式下降雨过程中道路和铺装、绿地的径流场次平均浓度分别为 144.4mg/L、51.5mg/L。根据 B 道路下垫面构成，计算可得项目在常规开发模式下的径流污染物 EMC 为 129.4mg/L（表 12-17）。

B 道路常规开发模式下径流污染物 EMC 测算表　　　　表 12-17

下垫面类型	径流污染 EMC（mg/L）	面积（m²）	常规开发模式下径流污染物 EMC（mg/L）
道路和铺装	144.4	3231.65	129.4
绿地	51.5	620.28	

计算可得 B 道路径流污染削减率为 81.9%，满足 SS 削减率不低于 40% 的目标。

12.2.5　评价结论

B 道路的年径流总量控制率、径流污染削减率均可达到评价目标要求，评价结果具体如表 12-18 所示。

B 道路评价目标和评价结果总结   表 12-18

序号	评价指标	目标（达标）值	评价结果
1	年径流总量控制率	不低于 55%	56.41%
2	径流污染削减率	不低于 40%	81.9%

12.3 公园绿地类评价案例

12.3.1 项目概况

C 公园位于深圳市龙华区，竣工时间为 2020 年，属新建公园项目，占地面积 9575m²（图 12-15、图 12-16）。

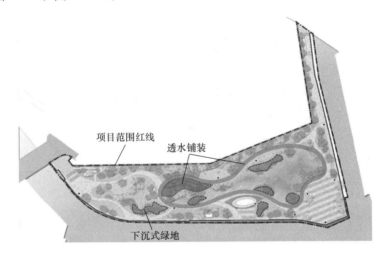

图 12-15 C 公园海绵设施分布图

图 12-16 C 公园海绵设施现场照片

根据 C 公园海绵城市设计专篇，项目年径流总量控制率目标为 75%，对应设计降雨量 36.4mm，项目采用的海绵设施为透水铺装和下沉式绿地，透水铺装面积为 731m²，下沉式绿地面积为 751m²（表 12-19）。

下垫面类型	面积（m²）
硬质铺装	3761
透水铺装	731
下沉式绿地	751
普通绿地	4332
合计	9575

C公园下垫面构成　表 12-19

12.3.2　评价指标与方法

根据本书第 1.4.3 节及第 5 章所述，公园绿地类建设项目海绵城市建设效果评价指标一般为年径流总量控制率，评价目标按施工图设计文件中的设计目标确定，评价方法采用水量监测法。

12.3.3　监测方案制定及执行

结合 C 公园设计方案及现场踏勘情况，C 公园排水体制为雨污分流制，雨水汇水分区 1 个，汇水面积 9575m²。雨水干管管径 $d300 \sim d400$，接入北侧雨水井，最终排入市政雨水系统。选取 C 公园北侧雨水井作为监测点，开展水量监测，监测范围为 C 公园红线范围。水量监测设备采用在线超声波流量计，连续自动监测 1 年，获取"时间—流量"序列数据（图 12-17、图 12-18）。

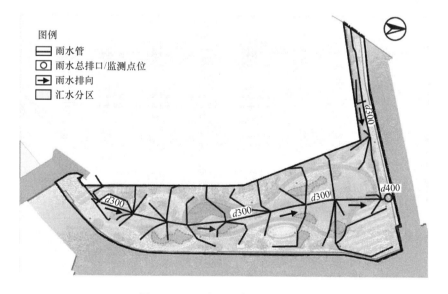

图 12-17　C公园雨水管网布置图

图 12-18　C 公园监测点位及设备安装情况

12.3.4　建设效果评价

2022 年 6 月 16 日至 2022 年 10 月 31 日连续半年的降雨监测数据显示（图 12-19），监测时段内 C 公园的降雨总量为 921.6mm。根据监测数据，计算总降雨量、实测总外排量和径流总量控制率计算结果如表 12-20 所示。结果显示项目的径流总量控制率达 77.3％，满足 75％的设计目标。

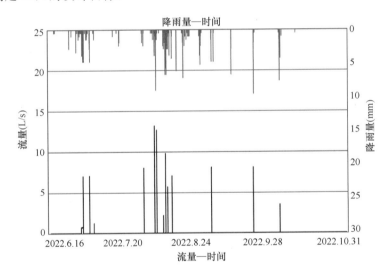

图 12-19　C 公园监测时段雨水流量监测结果图

C 公园监测时段径流总量控制率计算表　　　　　　　　　表 12-20

实测总降雨量（mm）	921.6
总降雨体积（m³）	8824.32
实测总外排量（m³）	2003.12
径流总量控制率（％）	77.3

12.3.5　评价结论

C 公园的年径流总量控制率为 77.3％，可达到 75％的设计目标。

第13章 排水分区海绵
城市建设效果评价案例

本章以深圳市某片区为例，系统阐述排水分区海绵城市建设效果评价的方法和流程。该片区采用了"现场监测＋模型模拟＋现场调查"相结合的方法开展评价，评价方法多样且评价过程严谨，具有较强的代表性。

13.1 区域概况

13.1.1 概况

评价范围为深圳市 D 片区，位于深圳市坪山区，为一个完整的汇水分区，于 2022 年开展了海绵城市建设效果评价工作（图 13-1）。区域总面积 18.36km²，其中建设用地

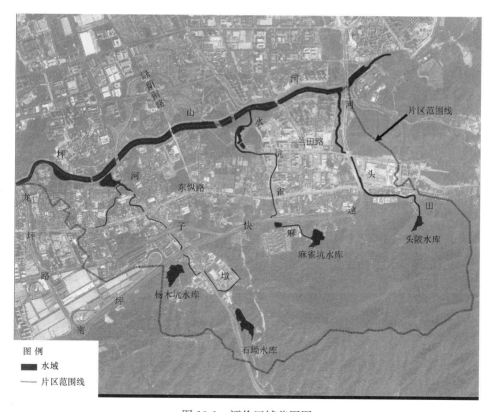

图 13-1 评价区域范围图

面积 6.97km²。区域在 2016 年前已开展大规模开发，根据《海绵城市建设评价标准》GB/T 51345—2018，该区域属于"城市改建区"。

13.1.2 降雨及自然地理

评价范围所在区域多年平均降雨量达 2073.50mm，多年日最大降雨量为 310mm。雨型方面，本次评价采用短历时及长历时两种雨型。根据《深圳市排水（雨水）防涝综合规划》，2h 历时降雨综合雨峰系数为 0.35，即雨峰发生在第 42min；短历时采用间隔 5min 的 2h 设计雨型，长历时采用东江中下游间隔 5min 的 24h 设计雨型。

区域总体高程从北向南递增，最低处在北部的河道，高程约 11m；最高处位于南侧山体，高程约 668m。评价区域除南侧山体外整体坡度相对平缓，多在 8% 以下。片区内土壤类型包括赤红壤、红壤和黄壤，以赤红壤为主，仅在东南区域有少量红壤和黄壤。地下水位由西北向东南递减，其中东南区域地下水埋深大于 8m，西北区域地下水埋深小于 2m。

13.1.3 水系及蓝线划定

片区内有坪山河一级支流墩子河、麻雀坑水、田头河，其中墩子河长度 3.38km，麻雀坑水长度 3.22km，田头河长度 2.79km。墩子河、麻雀坑水、田头河现状防洪标准均为 50 年一遇。同时，片区内有 4 座水库，均为小（2）型水库，各水库基本情况如表 13-1 所示。

水库基本情况一览表   表 13-1

序号	水库名称	规模	集雨面积（km²）	特征库容（万 m³）		功能
				总库容	正常库容	
1	石坳水库	小（2）型	1.21	42.2	33.5	供水、防洪
2	麻雀坑水库	小（2）型	0.8	40	36	供水、防洪
3	杨木坑水库	小（2）型	0.8	65	40	养殖、防洪
4	头陂水库	小（2）型	0.8	23	18	防洪

资料来源：《深圳市蓝线优化调整方案》

另有四处人工湿地，包括赤坳湿地、墩子河湿地、吓山 A 区湿地、聚龙山湿地。四处人工湿地均为功能性湿地，将坪山河下游某水质净化厂尾水净化后，作为河流生态补水补给坪山河。片区现状水系图如图 13-2 所示。

区域海绵城市建设工作于 2017 年正式启动，因此海绵城市建设前水质情况应以

图 13-2　片区现状水系图

2016 年作为基准年。根据 2016 年《坪山区环境质量状况公报》及《坪山区水环境质量月报》，2016 年墩子河、麻雀坑水、田头河水环境较差，整体水质为劣 V 类，且存在黑臭现象。

根据《深圳市蓝线优化调整方案》，评价区域内划定蓝线对象共 13 个，包括 3 条河道、2 条排渠、4 座水库和 4 处湿地。开展评价时蓝线范围内无违法建筑物、构筑物。

13.1.4　排水管网与子排水分区划分

片区内排水体制为雨污分流制，雨水管管径多分布在 $d400\sim d1800$。主干雨水管渠分布如图 13-3 所示。根据管网资料和地形情况，将评价范围划分为 15 个子排水分区，如图 13-4 所示。另评价范围内历史内涝点有 1 个，开展评价时已消除。

13.1.5　落实海绵城市理念的建设项目

截至 2021 年底，范围内落实海绵城市理念的项目共 38 项，总面积 275.12hm²，项目类型包括建筑与小区、道路广场、公园绿地及水务。海绵城市建设项目分布如图 13-5 所示。

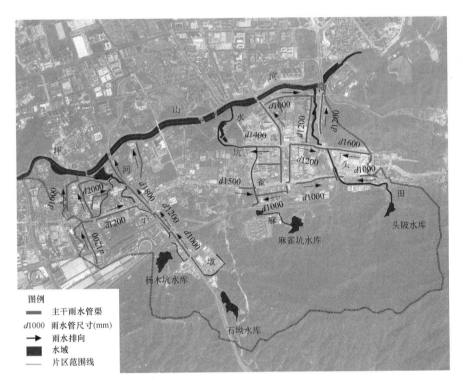

图 13-3　主干雨水管渠分布图

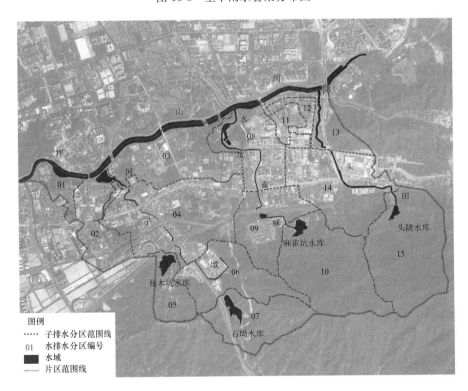

图 13-4　子排水分区分布图

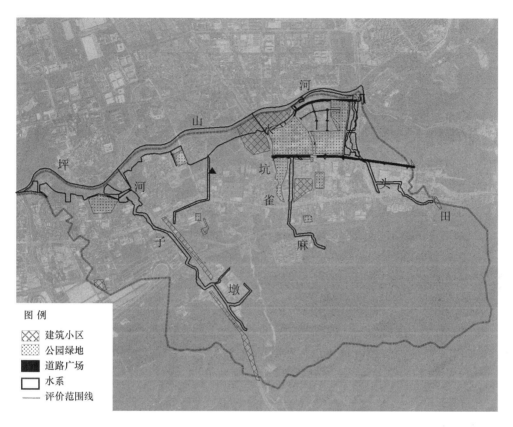

图例

⊠ 建筑小区
⊡ 公园绿地
■ 道路广场
□ 水系
~~~~~ 评价范围线

图 13-5　海绵城市建设项目分布图

13.2　评价指标与方法

13.2.1　评价指标及目标值

据本书第 1.4.3 节及第 6 章所述,排水分区层次海绵城市建设效果评价指标一般包括 7 项。由于本区域已实现雨污分流,不存在合流制排水管网,无须评价合流制溢流污染控制指标,因此本区域评价指标共 6 项,包括年径流总量控制率、路面积水控制、内涝防治、水体环境质量、天然水域面积变化率和水体生态性岸线保护。

各项指标的目标值(即达标要求)方面,《海绵城市建设评价标准》GB/T 51345—2018 提出了相关要求,一般根据该标准确定即可。但有少数城市根据自身需求制定了地方性的评价要求,部分指标的目标值会严于国家标准。深圳市于 2022 年出台了《深圳市海绵城市建设片区达标评估认定工作手册》,对全市海绵城市建设片区达标评估要求做出统一规定,因此本区域主要根据《深圳市海绵城市建设片区达标评估认定工作手册》、相关上层次规划及深圳市本地技术标准要求确定各项指标的评价目标。最终确定各指标的评价目标如表 13-2 所示。

评价目标一览表　　　　　　　　　　　　　　表 13-2

序号	评价内容	评价目标
1	年径流总量控制率	不宜低于 60%
2	路面积水控制	新建、改（扩）建雨水管渠在 5 年一遇降雨情况下，检查井不应有冒水现象；区域在 50 年一遇暴雨情况下，不得出现内涝
3	内涝防治	50 年一遇设计重现期对应的暴雨情况下，不得出现内涝
4	水体环境质量	水体不黑臭
5	天然水域面积变化率	海绵城市建设后水域面积不减少
6	水体生态性岸线保护	片区内墩子河、麻雀坑水、田头河 3 条河流均位于水库下游，均需承担防洪功能，对本项指标不做出具体目标要求

13.2.2　评价方法

本片区采用"现场监测＋模型模拟＋现场调查"相结合的评价方法。其中，排水分区模型采用实际监测数据进行率定和验证。各指标评价方法如表 13-3 所示。

评价方法一览表　　　　　　　　　　　　　　表 13-3

序号	评价内容	评价方法
1	年径流总量控制率	模型模拟法
2	路面积水控制	模型模拟法
3	内涝防治	模型模拟法
4	水体环境质量	现场监测法
5	天然水域面积变化率	资料查阅和现场调查相结合
6	水体生态性岸线保护	资料查阅和现场调查相结合

13.3　监测方案制定及执行

13.3.1　监测方案

监测对象涉及典型项目、典型子排水分区和水体水质，其中监测典型项目、典型子排水分区的目的是对排水分区模型进行率定和验证，监测水体水质的目的是为水体环境质量的评价提供最直接的依据。需要说明的是，评价区域内有一市级雨量站，因此降雨数据直接从该雨量站获取，不对降雨量进行单独监测。

1. 典型项目

根据本书第 8.1.2 节所述原则，结合本区域的情况，最终筛选出 T 学校、Z 路和 S 公园三个项目作为典型项目进行监测。其中，T 学校为建筑小区类典型项目，Z 路为道路、停车场及广场类项目，S 公园为公园与防护绿地类项目。

其中，T 学校项目总面积 3.24hm²，采用的海绵设施包括绿色屋顶、透水铺装、下沉式绿地和蓄水池等。T 学校排水体制为雨污分流制，仅有一个雨水总排口，雨水主干管管径 d800，接入项目范围外市政道路雨水管（图 13-6）。选取该学校雨水总排口作为监测点位。

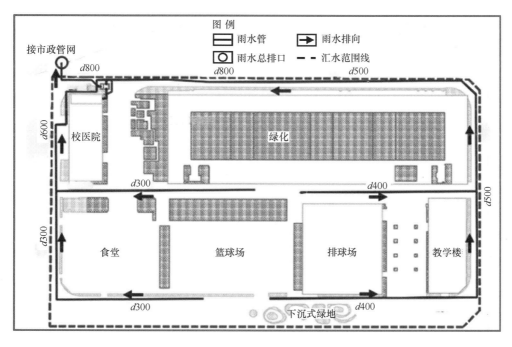

图 13-6 T 学校排水系统图

Z 路全长 719.6m，总面积为 1.17hm²。现状排水体制为雨污分流制，雨水管网管径 d600～d800，共分为 3 个雨水汇水分区，即有 3 处接到项目外的雨水排放口。此外，Z 路两侧存在地块雨水汇入的情况。为排除两侧地块及其他道路雨水径流的影响，选取 Z 路雨水管网设计起点起第四个雨水检查井作为监测点位（图 13-7）。监测范围为完整汇水分区，汇水面积 0.23hm²，所在检查井上下游管道管径 d600。

S 公园占地面积 0.65hm²，项目采用的海绵设施为透水铺装、下沉式绿地。S 公园排水体制为雨污分流制，雨水汇水分区 1 个。项目内布设有 d100～d300 雨水管及盖板渠，接入公园西北侧道路下市政雨水管。公园内雨水管渠承接了公园南侧及东侧山体雨水径流，总汇水面积 3.98hm²。由于 S 公园接入市政管网的雨水总排口设备安装条件较差，选取总排口的下一个雨水检查井作为监测点位（图 13-8），检查井上游管道管径 d300。

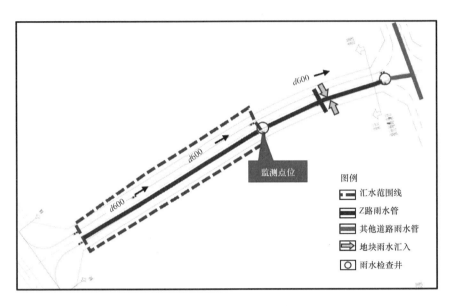

图 13-7　Z 路监测点位分布图

图 13-8　S 公园监测点位分布图

典型项目监测指标包括水量指标和水质指标。水量采用在线监测，在监测项目选定的监测点位处安装自动监测设备，连续自动监测1年实际降雨情景下的"时间—流量"变化序列的监测数据。水质监测指标为SS，采取人工采样。为确保取得有效、合理的监测数据，确定在雨季4～9月监测6场降雨，采样间隔要求为：降雨开始的30min内，每5min采一个样；降雨开始30min后，每10min采一个样。根据现场踏勘，水质取样与水量监测设在同一位置。

2. 典型子排水分区

《海绵城市建设评价标准》GB/T 51345—2018未对典型排水分区的筛选做出具体要求，仅提出典型排水分区内应有进行监测的典型项目。本区域根据本书第8.1.1节所述原则，综合考虑各排水分区内典型项目情况，最终确定将12号排水分区作为本区域的典型排水分区进行监测，并根据本书第6章所述方法，选取总排口和一个排水管网关键节点进行监测（图13-9）。

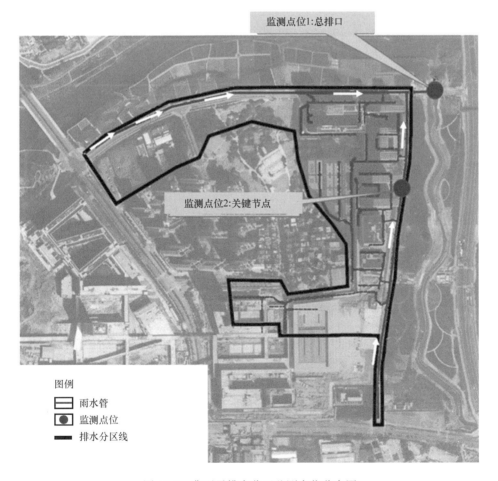

图13-9 典型子排水分区监测点位分布图

监测指标为水量指标，本区域在选定的监测点位处安装自动监测设备，连续自动监测 1 年，以获取实际降雨情景下的"时间—流量"变化序列的监测数据。

3. 水体水质

水体监测对象包括区域内的 3 条河道——墩子河、麻雀坑水、田头河。根据《海绵城市建设评价标准》GB/T 51345—2018 要求，河道需每 200～600m 设置一个监测点。因此墩子河设置了 5 个监测点，麻雀坑水设置了 4 个监测点，田头河设置了 5 个监测点，即共设置监测点 14 个。具体位置如图 13-10 所示。

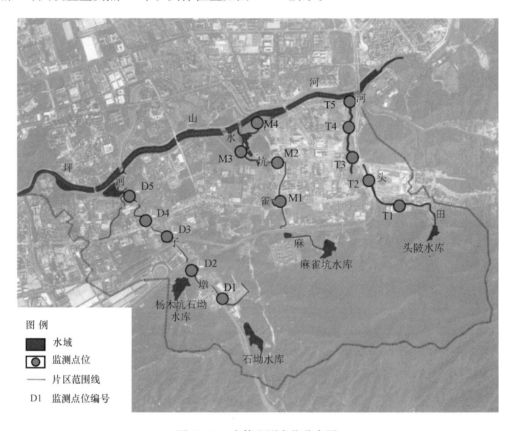

图 13-10　水体监测点位分布图

水体监测指标包括透明度、溶解氧、氧化还原电位、氨氮。采样点设置于水面下 0.5m 处，水深不足 0.5m 时，应设置在水深的 1/2 处。在枯水期、丰水期各连续监测 40d，共监测 80d，每天采样 1 次。

13.3.2　监测设备安装及调试

对在线设备安装点位进行现场勘察，复核设备安装条件，并采用相关软件对监测点位进行定位。设备安装后，在监测设备服务商提供的在线监测平台进行建点、参数设置和调试，确认设备运行正常后进入正常监测阶段。

13.4　模型构建及参数率定

13.4.1　模型选择

采用 Storm Water Management Model（SWMM）及 InfoWorks ICM 模型对片区的水文、水动力过程进行模拟。其中 SWMM 模型用于评价年径流总量控制率和路面积水控制等指标，InfoWorks ICM 模型用于评价内涝防治标准达标情况。

13.4.2　模型构建

1. SWMM 模型

1）基础数据

模拟排水分区年径流总量控制率时，采用深圳市 2004—2013 年的步长为 1h 的连续降雨数据；模拟路面积水控制情况时，采用深圳市 5 年一遇 2h 设计降雨数据。蒸发数据采用深圳市各月平均蒸发量，雨水管网数据来自于所在区域排水管网勘测资料。其中，雨水管道信息主要包括编码、尺寸、起始管底标高、末端管底标高、坡度、长度等；节点信息主要包括编码、内底标高、地面标高等。源头减排项目的海绵设施参数根据项目设计资料设定，包括绿色屋顶、透水铺装和下沉式绿地等设施。

2）边界条件

评价范围为完整的排水分区，无须确定上边界。评价年径流总量控制率时，模型下边界条件为自由出流。评价路面积水控制情况时，模型下边界条件为各雨水排口所在河流断面常水位。

3）模型构建

采用 SWMM 模型构建片区层次（即整个大的排水分区）和子排水分区层次的模型。其中，片区层次模型用于评估整个片区的年径流总量控制率和内涝积水点消除情况，而子排水分区层次的模型用于对片区的模型参数进行率定。

片区层次模型根据地形和管网分别进行子汇水区的划分，共划定子汇水区 314 个。根据排水管网及子汇水区分布情况，将子汇水区与管网节点进行匹配，构建片区 SWMM 模型，模型概化图如图 13-11 所示。

子排水分区层次则是从片区 SWMM 模型中摘取 12 号子排水分区的模型（图 13-12），结合该子排水分区管网监测数据，对模型参数进行率定和验证。

2. InfoWorks ICM 模型

1）基础数据

InfoWorks ICM 模型采用的基础数据中，蒸发数据、排水管网数据、海绵设施参

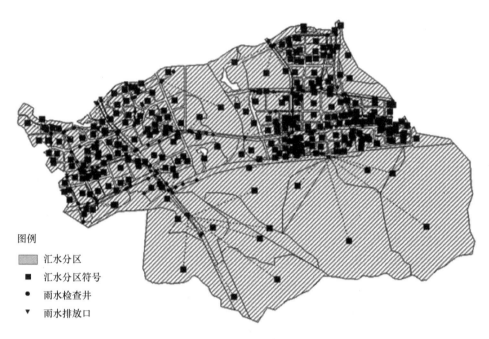

图例

▨　汇水分区

■　汇水分区符号

●　雨水检查井

▼　雨水排放口

图 13-11　D 片区 SWMM 模型概化图

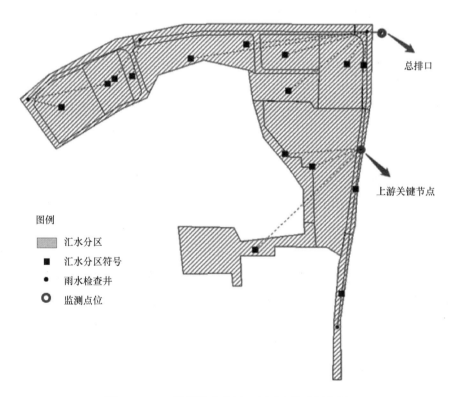

总排口

上游关键节点

图例

▨　汇水分区

■　汇水分区符号

●　雨水检查井

◎　监测点位

图 13-12　12 号子排水分区 SWMM 模型概化图

数与 SWMM 模型相同，降雨数据与 SWMM 模型有所区别。此外，InfoWorks ICM 模型还需用到地形资料以构建二维地形。其中，降雨数据采用深圳市坪山河流域 50 年一遇步长为 5min 的 24h 设计降雨数据进行模拟。地形资料共有 435 个高程点以及若干等高线的高程信息，以 SHP 文件的形式导入。

2）边界条件

进行内涝防治标准达标情况评价时，亦需确定模型边界条件。前已述及，整个评价范围只需确定下边界条件。评价内涝防治标准达标情况时，下边界采用相应防洪标准下的设计洪水位，即 50 年一遇设计洪水位。

3）模型构建

首先将概化后的汇水分区以 SHP 格式导入 Infoworks ICM，根据管网情况将子汇水分区与管网节点进行匹配。然后导入地形文件和降雨文件，创建 2D 区间，形成一维和二维水动力学计算模型。最终的模型界面如图 13-13 所示。

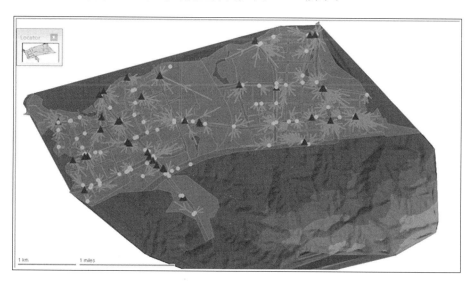

图 13-13　D 片区 InfoWorks ICM 模型界面

13.4.3　参数率定及验证

参数率定及验证工作涉及典型项目和典型子排水分区，其中典型项目参数率定结果用于缩小子排水分区率定参数范围，而子典型排水分区参数率定结果直接赋给片区模型。模型参数率定及验证过程如下：

1. 降雨场次筛选

《海绵城市建设评价标准》GB/T 51345—2018 要求各筛选至少 2 场最大 1h 降雨量接近雨水管渠设计重现期标准的降雨下的监测数据分别进行模型参数率定和验证。评价范围内雨水管渠设计重现期为 5 年一遇，根据深圳国家基础站 1963—2013 年各时段的暴雨统计数据,评价区域 5 年一遇的最大 1h 降雨量为 66.64mm。

对评价区域内雨量站的降雨监测数据进行统计,结果表明本项目监测期间场降雨最大 1h 降雨量均低于雨水管渠设计重现期标准下的降雨 66.64mm。按照场降雨量尽量接近 66.64mm 的原则,最终筛选出 5 场降雨供模型率定使用(表 13-4)。

降雨数据筛选结果   表 13-4

序号	降雨日期	场次降雨时段	场次降雨量(mm)
1	2022 年 6 月 7 日	13:00~15:00	23.5
2	2022 年 6 月 8 日	10:35~12:35	32.1
3	2022 年 8 月 4 日	11:00~13:00	74.2
4	2022 年 8 月 9 日	15:00~17:00	49.6
5	2022 年 8 月 9—10 日	23:00~01:00(8 月 10 日凌晨)	54.6

2. SWMM 模型参数率定

1)率定参数

经过对评价范围的土壤、地下水、降雨等条件进行分析,并结合国内外文献研究结果,确定对模型运行结果影响较大的参数主要为汇水分区径流宽度、坡度、不透水率、曼宁粗糙率参数、洼地蓄积量参数、渗透参数以及管渠系统曼宁粗糙率参数。其中汇水分区径流宽度可根据排水管网勘测资料估算取值,坡度可根据地形图估算取值,不透水率可根据卫星影像图估算取值。因此,需要率定的参数包括汇水区曼宁粗糙率参数、洼地蓄积量参数、渗透参数和管渠系统曼宁粗糙率参数。其中,项目层次模型不涉及排水管渠,因此仅需对汇水区曼宁粗糙率参数、洼地蓄积量参数和渗透参数进行率定。

将监测数据与模型模拟结果进行对比,采用人工试错法对上述参数进行率定和验证。根据《海绵城市建设评价标准》GB/T 51345—2018 要求,模型参数率定和验证的纳什效率系数不得小于 0.5。

本次模型产流过程采用 Horton 渗透模型,通过 SWMM 帮助文档以及研究区域地表及雨水管网特征确定上述参数的试错范围,具体如表 13-5 所示。

模型率定参数一览表   表 13-5

参数类别	参数名称	物理意义	试错范围
汇水分区曼宁粗糙率参数	N-Imperv	汇水区不透水区曼宁粗糙率	0.011~0.024
	N-Perv	汇水区透水区曼宁粗糙率	0.05~0.8
洼地蓄积量参数	Dstore-Imperv(mm)	汇水区不透水区洼地蓄积量	1.27~2.54
	Dstore-Perv(mm)	汇水区透水区洼地蓄积量	2.54~7.62
	%Zero-Imperv(%)	汇水区无洼地不透水区比例	25~85

续表

参数类别	参数名称	物理意义	试错范围
渗透参数	Max. Infilt（mm/h）	Horton 最大渗透率	25.4～76.2
	Min. Infilt（mm/h）	Horton 最小渗透率	1.1～11
管渠系统曼宁粗糙率参数	Circle-N	管道曼宁粗糙率	0.011～0.015
	Rectann-N	渠道曼宁粗糙率	0.011～0.02

2）项目层次模型率定与验证

根据监测数据分别对 T 学校、Z 路、S 公园的模型参数进行率定与验证。

T 学校采用 2022 年 6 月 8 日和 2022 年 8 月 4 日两场降雨进行率定，2022 年 8 月 9 日和 2022 年 8 月 10 日两场降雨进行验证。通过调整相关参数，使得以上 4 场降雨条件下的径流量模拟结果与监测值误差在可接受范围之内，纳什效率系数均大于 0.5。以 2022 年 6 月 8 日为例，展示 T 学校 SWMM 模型参数部分率定结果如图 13-14 所示。

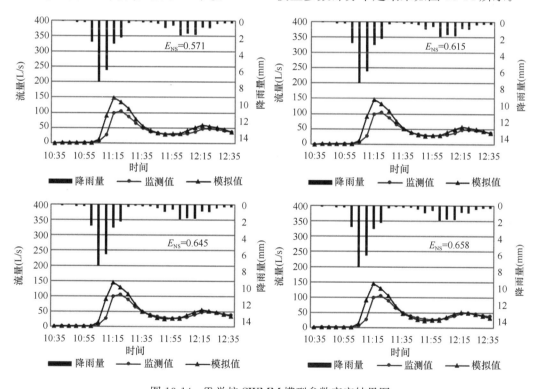

图 13-14　T 学校 SWMM 模型参数率定结果图

最终得出 T 学校各参数率定范围值如表 13-6 所示。

T 学校模型参数率定结果　　　　　　　　　　　表 13-6

参数类别	参数名称	率定范围值
汇水分区曼宁粗糙率参数	N-Imperv	0.014～0.023
	N-Perv	0.19～0.51

续表

参数类别	参数名称	率定范围值
洼地蓄积量参数	Dstore-Imperv（mm）	1.27～1.99
	Dstore-Perv（mm）	2.54～7
	%Zero-Imperv（%）	25～85
渗透参数	Max. Infilt（mm/h）	35.6～71
	Min. Infilt（mm/h）	1.3～6.3

Z 路共有 3 个汇水分区，选取监测的汇水分区进行参数率定，该汇水分区面积为 0.23hm²。采用 2022 年 6 月 8 日和 2022 年 8 月 4 日两场降雨进行率定，2022 年 8 月 9 日和 2022 年 8 月 10 日两场降雨进行验证。以 2022 年 6 月 8 日为例，展示 Z 路 SWMM 模型参数部分率定结果如图 13-15 所示。

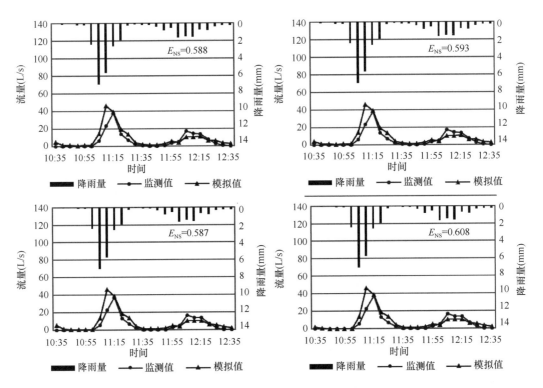

图 13-15　Z 路 SWMM 模型参数率定结果图

最终得出 Z 路模型各参数率定范围值如表 13-7 所示。

Z 路模型率定参数率定结果　　　　　　　　　　表 13-7

参数类别	参数名称	率定范围值
汇水分区曼宁粗糙率参数	N-Imperv	0.011～0.022
	N-Perv	0.18～0.56

续表

参数类别	参数名称	率定范围值
洼地蓄积量参数	Dstore-Imperv（mm）	1.27～2.54
	Dstore-Perv（mm）	2.5～5.6
	%Zero-Imperv（%）	25～65
渗透参数	Max. Infilt（mm/h）	31.8～68
	Min. Infilt（mm/h）	1.6～5.8

S公园采用2022年6月8日和2022年8月4日两场降雨进行率定，2022年8月9日和2022年8月10日两场降雨进行验证。以2022年6月8日为例，展示S公园SWMM模型参数部分率定结果如图13-16所示。

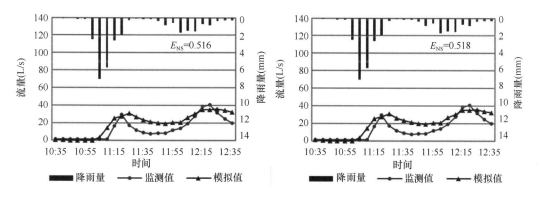

图13-16　S公园SWMM模型参数率定结果图

最终得出S公园模型各参数率定范围值如表13-8所示。

S公园模型率定参数率定结果　　　　　　　　　　表13-8

参数类别	参数名称	率定范围值
汇水分区曼宁粗糙率参数	N-Imperv	0.018～0.023
	N-Perv	0.08～0.50
洼地蓄积量参数	Dstore-Imperv（mm）	1.27～2.54
	Dstore-Perv（mm）	2.9～7.2
	%Zero-Imperv（%）	30～75
渗透参数	Max. Infilt（mm/h）	30～70.4
	Min. Infilt（mm/h）	1.1～6.1

3）子排水分区模型率定与验证

子排水分区关键节点和总排口进行了监测，本次以关键节点流量进行率定，以总排口流量进行验证。选用2022年6月8日和2022年8月4日两场降雨进行率定，2022年

8月9日和2022年8月10日场降雨进行验证。以2022年6月8日为例，展示子排水分区关键节点和总排口的SWMM模型参数部分率定结果分别如图13-17、图13-18所示。

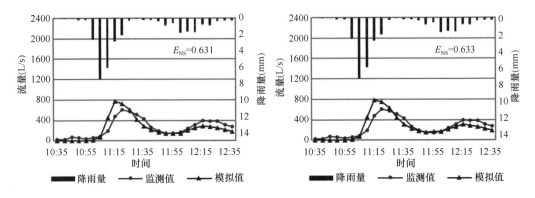

图 13-17　子排水分区关键节点 SWMM 模型参数率定结果图

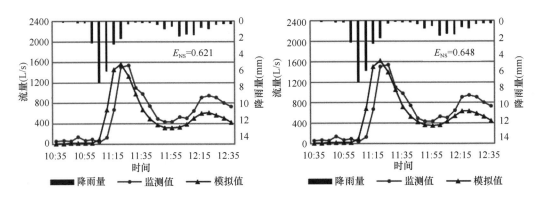

图 13-18　子排水分区总排口 SWMM 模型参数率定结果图

最终得出子排水分区模型各参数率定范围值如表13-9。

子排水分区 SWMM 模型率定结果　　　　　表 13-9

参数类别	参数名称	率定范围值
汇水分区曼宁粗糙率参数	N-Imperv	0.011~0.023
	N-Perv	0.08~0.51
洼地蓄积量参数	Dstore-Imperv（mm）	1.27~2.54
	Dstore-Perv（mm）	2.5~7.2
	%Zero-Imperv（%）	25~85
渗透参数	Max. Infilt（mm/h）	30~71
	Min. Infilt（mm/h）	1.1~6.3
管渠系统曼宁粗糙率参数	Circle-N	0.012~0.015
	Rectann-N	0.012~0.02

3. InfoWorks ICM 模型参数率定

本区域 InfoWorks ICM 模型软件中选择的径流模型为 SWMM 模型，相应参数与

SWMM 模型中的一致。由于径流量率定过程对径流峰值和峰值时间十分敏感，SWMM 模型径流量率定过程在很大程度上反映了监测数据与模拟数据在最大值时的偏差程度，故不再对 InfoWorks ICM 模型中的参数进行率定，直接采用排水分区层次 SWMM 模型率定后的参数值。

13.5　建设效果评价

13.5.1　年径流总量控制率

根据《海绵城市建设评价标准》GB/T 51345—2018 和《深圳市海绵城市建设片区达标评估认定工作手册》，采用模型模拟法进行评价。采用深圳市 2004—2013 年的步长为 1h 的连续降雨数据，经过模型概化和拓扑关系检查后，将排水分区层次模型率定后的相关参数赋值到片区模型中进行模拟，得到评价范围年径流总量控制率模拟结果如表 13-10 所示。由表 13-10 可知，D 片区年径流总量控制率约为 63.7%，达到 60% 的目标要求。

D 片区年径流总量控制率模拟结果一览表　　　　　　表 13-10

降雨（mm）	蒸发（mm）	入渗（mm）	径流（mm）	年径流总量控制率（%）
17964.8	1668.45	10220.20	6529.73	63.7

13.5.2　路面积水控制

经 SWMM 模型模拟评估，在 5 年一遇设计降雨条件下，D 片区新建、改（扩）建雨水管渠检查井未出现冒水现象。此外，根据坪山区水务部门监测资料，D 片区在开展海绵城市建设评价工作的前一年内未出现积水现象。因此，本项指标可达标。

13.5.3　内涝防治

根据《室外排水设计标准》GB 50014—2021 与《城镇内涝防治技术规范》GB 51222—2017，基于对积水时间和积水深度两项指标的考虑，认为当积水深度小于 15cm 或积水时间小于 30min 时，积水区域为轻微积水区；当积水深度超过 15cm 且积水时间大于 30min 时，积水区域为严重积水区（表 13-11）。

积水区域等级划分标准表　　　　　　表 13-11

积水等级	轻微积水区	严重积水区
积水深度 H（m）、积水时间 T（min）	$H<0.15$ 或 $T<30$	$H \geqslant 0.15$ 且 $T \geqslant 30$

基于积水区域等级划分标准及 InfoWorks ICM 模型二维模拟结果，绘制了 D 片区

在50年一遇设计降雨条件下的积水情况分布图，并对积水范围进行了统计（图13-19）。

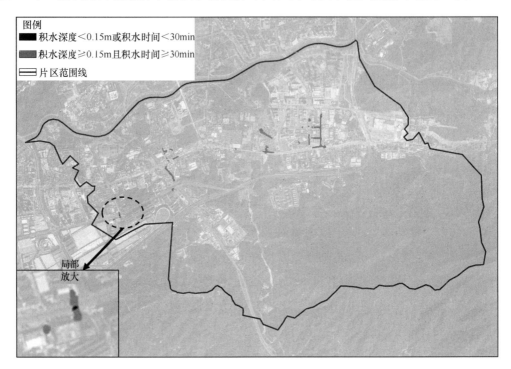

图 13-19　D 片区积水情况模拟结果统计图

　　根据《深圳市排水（雨水）防涝综合规划》，当积水深度超过 15cm 且积水时间大于 30min 的积水范围大于 1000m² 时，积水构成内涝灾害。经对模型模拟结果进行统计分析，严重积水区面积均未超过 1000m²，即 D 片区在 50 年一遇设计重现期对应的暴雨情况下未出现内涝灾害，本项指标可达标。

13.5.4　水体环境质量

　　监测数据显示，评价区域内墩子河、麻雀坑水、田头河均不存在黑臭现象，且检测项目均优于地表水 V 类标准。

13.5.5　天然水域面积变化率

　　通过查阅城市蓝线资料以及评价基准年及评估年的高分辨率遥感影像图，并结合现场检查，可知评价区域海绵城市建设前（2016 年）天然水域面积为 1.15km²，2022 年天然水域面积为 1.19km²。自 2017 年开展海绵城市建设以来，D 片区天然水域面积未减少，且有所增加。经计算，可得 D 片区天然水面面积变化率为 3.5%。D 片区 2016 年和 2022 年天然水域面积分布分别如图 13-20、图 13-21 所示。

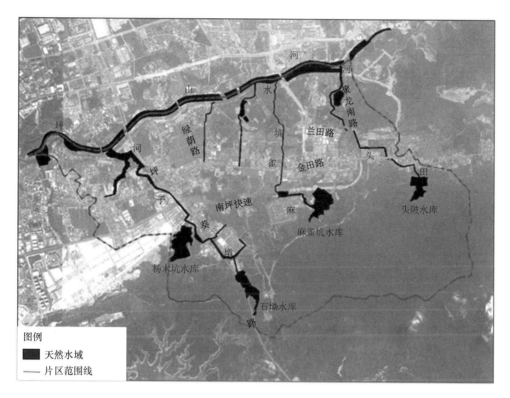

图 13-20　D 片区海绵城市建设前（2016 年）天然水域分布图

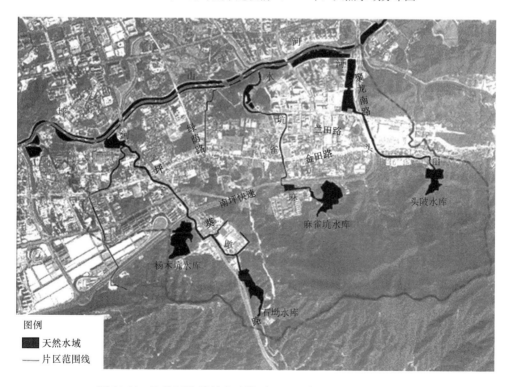

图 13-21　D 片区海绵城市建设后（2022 年）天然水域分布图

13.5.6　水体生态性岸线保护

D 片区内墩子河、麻雀坑水、田头河三条河流均位于水库下游，均需承担防洪功能，本项指标不做要求。为反映片区河道岸线情况，仍对其生态岸线建设情况开展了调查（图 13-22）。

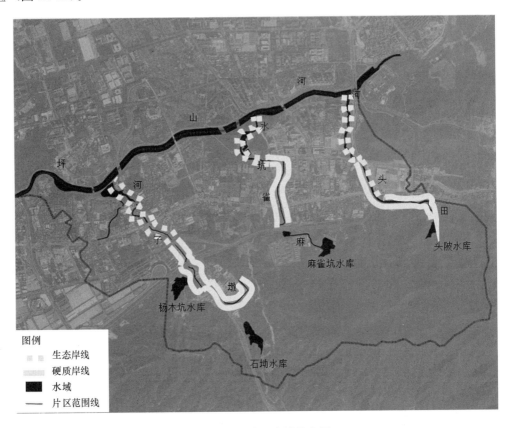

图 13-22　D 片区岸线分布图

经查阅墩子河、麻雀坑水、田头河综合整治工程项目的设计施工资料，并结合现场调查，得出片区 2016 年后开展整治的河道岸线总长度为 16.76km，其中生态岸线长度 7.15km，生态岸线率为 42.7%，各河道生态岸线情况如表 13-12 所示。

	D 片区河道岸线情况一览表		表 13-12
序号	河道	整治岸线长度（km）	生态岸线长度（km）	生态岸线率（%）
1	墩子河	6.58	2.07	31.5
2	麻雀坑水	6.14	2.48	40.4
3	田头河	4.04	2.60	64.4
合计		16.76	7.15	42.7

13.6　评价结论

D 片区海绵城市建设评价指标均可达到评价目标要求，即 D 片区为海绵城市建设达标片区。其中，年径流总量控制率、城市水体环境质量、天然水域面积变化率三项指标优于相关要求。各项指标的评价目标与评价结果具体如表 13-13 所示。

D 片区各项指标评价目标与评价结果总结　　　　　　　　表 13-13

序号	评价指标	评价目标	评价结果
1	年径流总量控制率	不宜低于 60%	63.70%
2	路面积水控制	新建、改（扩）建雨水管渠在 5 年一遇降雨情况下，检查井不应有冒水现象	新建、改（扩）建雨水管渠在 5 年一遇降雨情况下，检查井未出现冒水现象
3	内涝防治	50 年一遇设计重现期对应的暴雨情况下，不得出现内涝	模型模拟结果显示，50 年一遇设计重现期对应的暴雨情况下，未出现内涝灾害
4	水体环境质量	水体不黑臭	水体不黑臭，且优于地表水 V 类
5	天然水域面积变化率	海绵城市建设后水域面积不减少	天然水域面积增加了 0.04km²
6	水体生态性岸线保护	片区内墩子河、麻雀坑水、田头河三条河流均位于水库下游，均需承担防洪功能，本项指标不做要求	墩子河、麻雀坑水、田头河生态岸线率分别为 31.5%、40.4%、64.4%

第 14 章　城市海绵城市建设效果评价

本章以深圳市为例，系统阐述城市层面海绵城市建设效果评价的方法和流程。

14.1　工作概述

14.1.1　工作组织

深圳市 2016 年获批国家海绵城市试点城市，以试点为契机，在全市域推进海绵城市建设工作。试点期间，按照财政部、住房和城乡建设部、水利部要求，开展试点绩效评价工作。2019 年试点验收后，按照住房和城乡建设部关于开展海绵城市建设评价工作的要求，按年度开展全市及各区海绵城市建设自评价工作，形成自评价报告，并报送住房和城乡建设部。

自评价工作以全市海绵城市建设工作领导小组为依托，市海绵办牵头组织开展，各部门配合提供相关材料，各区（新区、合作区）负责辖区内海绵城市建设评价工作，第三方技术单位统筹各项材料编制工作。

具体来讲，市海绵办负责编制达标片区评价技术细则、排水分区海绵城市建设评估要点、区级海绵城市建设评估报告大纲等文件，统一技术要求及评价思路，并对海绵城市机制体制、规划管控、标准体系、社会共建等方面工作开展评价；各区（新区、合作区）在总结海绵城市建设已开展工作的基础上，梳理目前已达到海绵城市建设要求的排水分区及下阶段预期可达到海绵城市建设要求的排水分区，对照《海绵城市建设评价标准》GB/T 51345—2018、《海绵城市建设监测标准》和《深圳市海绵城市建设片区达标评估认定工作手册》等文件，从自然生态格局管控、水资源利用、水环境治理、水生态保障等方面，按照排水分区海绵城市建设评估要点逐一开展片区海绵城市建设评估工作，并按照区级海绵城市建设评估报告大纲编制区级自评价报告及相关支撑材料。

14.1.2　工作要求

目前深圳市海绵城市建设自评价工作主要结合住房和城乡建设部关于开展海绵城市建设评估工作的通知要求来开展，并根据本地情况，制定了相应的技术文件及要求。相关文件要求简述如下。

1.《住房和城乡建设部办公厅关于开展 2021 年度海绵城市建设评估工作的通知》（建办城函〔2021〕416 号）

通知要求设市城市要以排水分区为单元，对照《海绵城市建设评价标准》GB/T 51345—2018，从水生态保护、水安全保障、水资源涵养、水环境改善等方面对海绵城市建设成效进行自评。评估要点包括：已开展工作、效果评估情况、存在的问题和工作计划。

已开展工作方面，包括：①相关专项规划及地方标准实施情况，海绵城市建设、城市防洪、城市排水防涝规划等相关专项规划编制和实施情况，规划衔接情况，相关地方标准制定和实施情况；②立法和长效机制建立情况，海绵城市规划建设管控、运行维护、绩效考核、投融资、产业发展等方面的立法、长效机制的制定和落实情况；③实施进展情况，城市各排水分区的范围、面积等情况，各排水分区内居住社区、道路广场、公园绿地、水系等落实海绵城市建设理念的项目，以及海绵城市建设相关设施的实施进展情况。

效果评估情况方面，包括：①达到标准的排水分区情况，按照《海绵城市建设评价标准》GB/T 51345—2018 中的评价方法，评估海绵城市建设效果，核准已达到海绵城市建设要求的排水分区范围、面积等，并形成效果评价指标表及核准情况说明；②正在实施海绵城市建设的排水分区情况，正在实施海绵城市建设的排水分区范围、面积，实施进展，预计完成时间、可达到的目标等。

存在的问题和工作计划方面，即针对自评价情况，提出存在的问题和改进措施；从系统化全域推进海绵城市建设的角度，提出下一步工作思路和安排。

2.《海绵城市建设评价标准》GB/T 51345—2018

该标准提出海绵城市建评价应以城市建成区为评价对象，对建成区范围内的源头减排项目、排水分区及建成区整体的海绵效应进行评价（表 14-1）。海绵城市建设评价的结果应以排水分区为单元进行统计。其中，对于达标片区的评价指标，包括年径流总量控制率、路面积水控制与内涝防治、城市水体环境质量、自然生态格局管控与水体生态性岸线保护、地下水埋深变化、城市热岛效应缓解等。

海绵城市达标片区评价指标表　　　　　　　　　表 14-1

核心目标	目标	序号	核心指标	备注
达标片区实施效果	自然生态格局管控	1	天然水域面积变化情况	必评
		2	年径流总量控制率	必评
	源头典型项目实施效果	3	关于源头减排项目实施有效性的指标要求	必评
	水安全保障	4	内涝积水点消除比例	必评
		5	内涝防治标准达标情况	必评
	水环境治理	6	黑臭水体消除比例	必评
		7	雨污混接污染溢流情况	选评
	雨水资源利用	8	雨水资源化利用情况	选评

3. 《深圳市海绵城市建设片区达标评估认定工作手册》

深圳市按照《海绵城市建设评价标准》GB/T 51345—2018 要求，结合本市实际情况及工作安排，优化了部分海绵城市评价指标及要求，制定了《深圳市海绵城市建设片区达标评估认定工作手册》，明确了海绵城市达标片区认定的工作方案及认定技术细则。该手册要求，达标片区认定应坚持定性与定量相结合、坚持因地制宜新老片区分策、坚持片区达标与项目达标相结合等原则。

1）基本要求

手册提出达标片区评价应以城市建成区为对象，以排水分区为基本单元。属于新建城区的，2017 年以后立项的项目全面落实了海绵城市建设要求。属于已建成区片区的，2017 年以后立项的项目全面落实了海绵城市建设要求，并建议优先推荐达标项目覆盖比例不低于 15% 的片区。达标片区内应包含不少于 1 个对片区绩效目标达标起到关键贡献的项目。各区应至少有一个片区已按照《海绵城市建设评价标准》GB/T 51345—2018 要求开展了监测工作，以不少于 1 个雨季的连续监测数据为基础，形成一套适于本辖区的模型参数，供区域内其他片区开展海绵城市建设成效评价使用。应选择片区内建筑与小区、城市道路、公园绿地类项目每类各不少于 1 个，利用监测或模型手段对建成区范围内的典型源头减排项目的实施有效性进行评价，且需达到《海绵城市建设评价标准》GB/T 51345—2018 关于源头减排项目实施有效性的目标要求。对于采用模型法评估的，应提供模型率定数据、率定结果及模型源文件，模型能够正常运行演示，并与自评报告中的结果一致。

2）评价指标及主要内容

海绵城市建设评价指标分为必评指标和选评指标，其中必评指标为片区必须开展评价的指标，选评指标为可根据各区实际情况开展评价的指标。针对新建片区及已建片区的不同特点及建设需求，制定差异化的海绵城市评价指标和内容（表 14-2、表 14-3）。

新建片区海绵城市建设达标评价指标表 表 14-2

序号	目标	核心指标	备注
1	自然生态格局管控	天然水域面积变化率	必评项
2		城市水体生态岸线比例	选评项
3		片区年径流总量控制率	必评项
4	水安全保障	内涝积水点消除比例	必评项
5		内涝防治标准达标情况	必评项
6	水环境治理	片区水环境质量	必评项
7	水资源	雨水资源利用率（量）	选评项
8	源头典型项目实施有效性	年径流总量控制率	必评项
9		SS 削减率	选评项
10		径流峰值控制	选评项
11		可渗透地面面积比例	选评项

已建片区海绵城市建设达标评价指标表　　　　　表 14-3

序号	目标	核心指标	备注
1	自然生态格局管控	天然水域面积变化率	必评项
2		城市水体生态岸线比例	选评项
4		片区年径流总量控制率	必评项
4	水安全保障	内涝积水点消除比例	必评项
5		内涝防治标准达标情况	必评项
6	水环境治理	片区水环境质量	必评项
7		排口溢流污染控制	选评项
8	源头典型项目实施有效性	年径流总量控制率	必评项
9		SS 削减率	选评项

3）评价方法及认定标准

达标片区实施效果的评价，应以片区为对象，从项目建设与实施的有效性、能否实现片区海绵效应等方面进行。专家组对达标片区自评材料进行核查，核查内容包括监测方案合理性、监测数据的合规性、模型及参数的合理性、片区指标达标情况等内容。

《深圳市海绵城市建设片区达标评估认定工作手册》对片区达标项目覆盖比例、天然水域面积变化率、城市水体生态性岸线比例、片区年径流总量控制率、内涝积水点消除比例、内涝防治标准达标情况、河流水体环境质量、排口污染控制、雨水资源利用率以及源头典型项目实施效果等指标的计算方法、目标要求、评价方法、认定标准等进行了规定，并制定了达标片区的专家认定表、自评价报告大纲、自评表、达标片区内建设项目统计表等模板。

专家现场核查主要针对片区内项目海绵城市建设情况及成效进行。如水环境治理成效现场核查时，应抽查片区内不少于 1 处河道、坑塘等水体进行现场核查（若片区内无水体，则核查片区下游水体）旱天有无污水、废水直排，水体是否存在黑臭问题等。源头项目海绵城市建设情况现场复核时，应抽查片区内完工的建筑与小区、道路与广场、公园绿地类源头海绵项目每类不少于 2 个，进行现场复核；并判定海绵城市项目是否符合相关要求，包括是否按照图纸设计建设海绵设施，海绵设施选择及布局合理性，项目的竖向设计和径流组织，海绵单项设施施工质量，已建海绵设施运行维护是否良好等。

14.1.3　工作成效

深圳市通过海绵城市建设评价工作，可明晰海绵城市建设成效，及时发现解决海绵城市建设推进过程中遇到的问题，从而为下一步工作提供更具针对性的依据。

深圳市自开展海绵城市建设试点以来，结合人口产业密度高、土地开发强度大、生态承载能力弱等实际，将大力推进海绵城市建设作为贯彻新发展理念、落实高质量发展要求的重要举措和建设韧性城市、提升城市精细化治理水平的必由之路，通过政府主导、社会动员、方式变革等，把海绵城市建设理念和要求，落实到城市规划、建设、管理各方面和全过程，综合采取"源头减排、过程控制、系统治理"路线和"渗、滞、蓄、净、用、排"措施，推动全市海绵城市建设取得一定成效。截至 2022 年底，全市建成符合海绵城市理念的建设项目 4151 个，涌现出大沙河生态长廊、万科云城、泰华梧桐岛产业园、香蜜公园等海绵城市精品项目；441km² 的建成区达到海绵城市要求（占全市建成区总面积的 46.1%）；推动全市域消除黑臭水体，水环境实现历史性好转；推进城市内涝治理，水安全得到有效保障，成为践行"绿水青山就是金山银山"的生动样板。

14.2　效果评价

14.2.1　自然生态格局管控

深圳市积极落实海绵城市生态保护优先的原则，大力推动河湖水系、绿地等空间保护工作，划定了生态控制线，制定《深圳市基本生态控制线管理规定》，并在生态控制线的基础上划定了生态保护红线，明确了城市发展边界。此外，深圳市还印发了《深圳市蓝线优化调整方案》，对蓝线进行优化调整；并划定了城市绿线，并研究城市绿线配套政策，推动了绿地空间保护。

1. 基本生态控制线

深圳是国内最早划定生态控制线的城市之一。生态控制线内保护面积构成了全市范围的大型区域绿地背景和相互联系的生态廊道，形成了完整连续的城市基本生态空间体系，总体构建了山、水、林、田、湖、草一体化的"生命共同体"。

深圳市于 2005 年在全国率先划定了 974.5km² 的基本生态控制线，并出台《深圳市基本生态控制线管理规定》，对划定为生态控制线区域内的人为活动做出了明确的规定：除与生态环境保护相适宜的重大道路交通设施、市政公用设施、旅游设施、公园、现代农业、教育科研等项目外，禁止在基本生态控制线范围内进行建设。

对于符合《深圳市基本生态控制线管理规定》《深圳市人民政府关于进一步规范基本生态控制线管理的实施意见》的建设项目，要严格执行环境影响评价管理制度，编制环评报告文件时应重点评价论证项目对生态环境的影响和需要配套的保护对策，尽量降低项目建设对生态环境的破坏，并落实必要的生态恢复和补偿措施。

自生态控制线划定以来，深圳市规划与自然资源部门每年均运用卫星遥感技术，监测并拆除侵占控制线用地的违法建筑。根据深圳市水务局官方网站专题报道，截至

2019 年底，全市依法依规处置一级水源保护区 1069 栋违建，强力拆除黑臭水体沿河违建 134 万 m²，拔掉西乡河"红楼"、龙岗河"龙舫"等一批 20 多年的沿河违建，为治水项目的按时推进打下坚实基础。

自《深圳市基本生态控制线管理规定》实施以来，深圳的城市增长边界得到了有效的控制，保护了完整的生态格局，为实现城市建设与生态保护和谐共存提供了骨架基础。在此基础上，从保护生态环境、保障生态功能、保证环境质量的要求出发，深圳以生态环境承载力为基础进一步划定了生态保护红线，并明确红线功能、管理范围和管理要求，使其成为深圳生态环境保护的硬约束。

2. 蓝线

深圳是全国最先划定蓝线的城市之一。基于对水的深刻认识，深圳市承接了《深圳水战略》对于蓝线的定位要求，于 2009 年编制完成《深圳市蓝线规划》，规划依照完整性原则、强制性原则、可操作性原则、动态性原则，对全市范围内城市规划所确定的河、库（湖）、渠、人工湿地、滞洪区和原水管线进行蓝线划定和保护，划定范围不仅包含水体范围，还包含保护、控制和预留的空间，真正实现资源空间管制的根本目的。最终划定蓝线保护面积 251km²，约占全市面积的 13%。

2018 年，结合海绵城市建设要求，深圳市启动了蓝线规划修编工作，此次修编工作对蓝线划定对象、标准、影响因素、管理规定与措施等内容进行复核、优化与完善，对已划定蓝线的水体进行修编，未划定蓝线的水体进行补充划定。在上版蓝线划定 73 条主要河流的基础上，后者对 310 条大小河流重新勘定蓝线，做到"定性、定量、定位"，保证城市水体和原水工程得到良好的规划管控及保护。

《深圳市蓝线优化调整方案》于 2020 年 6 月经市政府批复后印发实施，划定蓝线保护面积 229.6km²，约占全市面积的 11.5%，基本实现城市水系管控全覆盖，充分体现了海绵城市保护优先、生态为本的基本原则。蓝线划定以来，对全市城市水体、原水管渠的保护与管理、保障城市供水和防洪防涝等方面发挥了重要作用；蓝线优化调整则进一步加强了对全市水系的保护和管理，落实了城市水系及水源工程保护空间以满足城市发展、水务建设和保护的新要求。

3. 绿地系统规划

深圳已进入以质量和效益为核心的稳定增长阶段。为深入推进生态文明建设，落实建设粤港澳大湾区世界级城市群的国家战略，探索创新土地资源紧约束条件下建设国际一流城市环境的路径，衔接创建"国家森林城市"、打造"世界著名花城"、建设"海绵城市"等工作要求，2017 年以建设"宜居城市、美丽深圳"为目标，深圳确定了新一轮绿地空间规划，于 2017 年编制完成《深圳市绿地系统规划修编（2014～2030）》。

该规划在对全市绿化资源调查的基础上，系统检讨上版绿地系统规划实施情况，并结合城市发展机遇与挑战，明确巩固优化绿地生态系统格局、落实绿地精细化的空间管控、促进城市绿地均衡建设发展、提升绿地建设品质和综合功能四项重点任务。

该规划明确提出要"贯彻海绵城市建设理念，落实海绵城市建设要求，以规划建设绿地生态建设示范区和示范项目为统领，打造城市绿色海绵体"。在绿地生态建设指引中，该规划明确了绿地作为海绵城市建设的主要载体，应该强化入渗、净化、调蓄、收集回用等功能，并给出了具体的建设指引。

14.2.2 海绵达标面积比例

1. 海绵城市达标面积实施思路

深圳市海绵城市建设按照建设项目全类型管控，片区、流域统筹推进，流域整体达标的思路进行推进。2017年，深圳市启动《深圳市海绵城市建设"十三五，十四五"绩效达标与建设模式研究》编制工作。该研究以2020年、2025年绩效达标为导向，制定了"十三五、十四五"绩效达标方案，从片区建设进行全面总结与深度研究，识别出了海绵城市建设"十三五"与"十四五"潜力达标片区及达标路径（图14-1），并针对不同片区与不同辖区的特点进一步将达标路径转化为对各区海绵城市建设工作有针对性的实施建议。

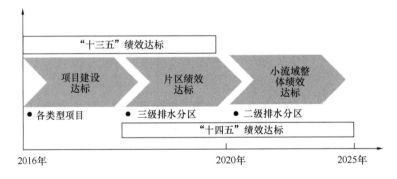

图14-1 深圳市海绵城市建设"十三五、十四五"达标路径

项目建设层面，在管控制度的支撑下，对全市范围内的海绵城市建设项目进行统筹管理，通过建立海绵城市项目库及管理台账，对海绵城市建设项目进行全方位管控，确保建设项目达到海绵城市建设要求或服务于片区的整体达标。

片区实施层面，以三级排水分区为基本单元，在建设项目全方位管控及达标的基础上，统筹解决片区内内涝点整治、黑臭水体治理等问题，实现片区海绵指标及绩效的达标。

流域实施层面，以二级排水分区为基本单元，在片区达标的基础上，全面梳理流域涉水问题，针对具体问题提出具体措施。开展自然生态格局管控、水环境治理、水安全保障、水资源利用等指标的评价，查漏补缺，实现流域整体绩效达标。

2. 项目实施推进情况

城市建设行为复杂，需要刚柔并举，因地施策，在营造公平公正一流营商环境的同时将海绵城市建设项目落地。深圳市主要采取以下举措，开展海绵城市建设项目管控。

一是因地制宜分类明确要求，不搞指标盲目"一刀切"。新建项目严格以目标为导向；存量改造类项目结合问题细化技术措施，弹性管控；特殊项目，如应急项目、特殊地质区域项目、特殊污染源地区等，由市海绵办联合八家行业主管部门，结合本部门项目特点，细化出台源头管控豁免清单，鼓励项目因地制宜实施，出台源头管控豁免清单。除了豁免清单以外的项目均入库统一管理。

二是将海绵城市审批关键环节纳入"深圳 90"改革，在不新增管控环节的基础上，实现对海绵城市建设要求的全过程管控。将海绵城市管控要求量化到地块，纳入"多规合一"平台，并要求建设项目在设计过程中同步编制海绵城市内容；住房和城乡建设、水务、交通等行业管理部门负责在各自行业建设项目的设计、施工、验收、运维等各环节加强监管，保障建设项目同步实施。市海绵办联合各行业主管部门对各管控环节进行抽查，建立了"业主诚信实施、政府部门事中事后监管"的全生命周期监管体系。

通过以上举措，目前各部门、各区主动入库海绵城市建设项目超过 4800 项，委托第三方完成方案设计海绵专篇抽查 1005 项，施工图设计抽查 119 项，入库项目现场巡查超过 9600 项次。为加快推动深圳市海绵城市建设工作，强化和压实各单位责任，督促任务落实，深圳市自 2017 年起开展了海绵城市建设工作实绩考评。考评工作组通过资料审查、现场抽查、集中评议和结果复议等环节，对各单位海绵城市建设工作实绩进行综合评价。

1）2017—2020 年项目完工考评情况

经考评，2017—2020 年深圳共计完成海绵城市建设项目 2888 个（表 14-4）。其中，新建项目 1206 个，占比 42%，既有设施改造项目 1682 个，占比 58%。按项目类型分类，建筑与小区类 887 个，占比 30.7%；道路与广场类 813 个，占比 28.2%；公园与绿地类 555 个，占比 19.2%；水务类 633 个，占比 21.9%。典范项目实景图如图 14-2 所示。

2017—2020 年完工项目类型统计表　　　　　　　　　　表 14-4

项目类型	项目数/个	面积/km²	典范项目/个
建筑与小区	887	55.23	65
道路与广场	813	26.86	34
公园与绿地	555	33.14	53
水务类	633	103.48	33
合计	2888	218.71	185

(a) 天健花园海绵化改造景观提升工程

(b) 中康路公园

图 14-2 典范项目实景图

2）片区（流域）达标情况

海绵城市达标片区（流域）方面，经评价，到 2020 年底，全市达到海绵城市建设要求的片区（流域）共 32 个（其中包括光明区国家海绵城市试点区域），合计建设用地面积 124.56km²，占全市建成区面积的 13%；达标片区外已完工且经市海绵城市绩效考核认定达标的海绵城市项目 2325 项，达标项目服务片区面积 200.34km²，占全市建成区面积的 21%；2020 年深圳市海绵城市达标面积约占全市建成区面积的 34%。

14.2.3 可渗透地面面积比例

国家相关政策文件中均对可渗透地面面积提出了明确要求。《住房和城乡建设部关于开展 2021 年城市体检工作的通知》（建科函〔2021〕44 号）中，可渗透地面面积比例为城市体检工作中的一项指标，要求具有渗透性能的硬化地面、水域、绿地占城市建成区面积不宜小于 45%，属于底线指标。深圳市 2022 年 9 月出台实施了《深圳市海绵城市建设管理规定》，首次将可渗透地面面积比例指标作为底线要求纳入到法规中。根据《深圳市 2022 年城市体检自体检报告》，通过深圳市辖区进行卫星影像数据分析，截至 2021 年底，深圳市城市可渗透地面面积比例为 50.1%。

14.2.4 内涝防治标准达标

1. 现状排水能力评价

根据《深圳市内涝防治完善规划》，采用 MIKE URBAN 水力模型对全市现状城市雨水管网进行评价，综合分析城市排水系统排水能力。结合深圳市新一代暴雨强度公式以及芝加哥降雨过程线法，建立 1 年一遇、2 年一遇、3 年一遇和 5 年一遇设计雨型，雨峰系数取 0.35，降雨历时为 2h，降雨时间间隔为 1min，作为 MIKE URBAN 水力模型进行管网排水能力评估的降雨数据。经模型评价，深圳市排水能力较好，超过 70%

的管网满足 1 年一遇的设计标准，不满足 1 年一遇的管网主要为建设年代较早的管道。经统计，小于 1 年一遇的管网占 26.4%，1~2 年一遇的管网占 16.4%，2~3 年一遇的管网占 7.6%，3~5 年一遇的管网占 6.4%，大于 5 年一遇的管网占 43.3%。

2. 内涝风险评价

内涝风险评价采用模型模拟法，具体如下：

首先，基于 MIKE FLOOD 平台，耦合城市水文模型和二维地表模型评价全市的排水防涝现状条件，识别内涝风险。采用 MIKE URBAN 模块构建排水管网模型，MIKE 11 模块构建河道模型，MIKE 21 模块构建二维地表模型，以不同设计重现期下 24h 设计降雨雨型作为降雨条件，水位边界采用《深圳市防洪（潮）规划修编（2010~2020）》的成果，最终在 MIKE FLOOD 平台将以上要素加以耦合，形成完整的内涝风险综合评价模型。

其次，从积水时间、积水深度和积水范围三方面综合考虑，明确内涝灾害标准：①积水时间超过 30min，积水深度超过 0.15m，积水范围超过 1000m²；②下凹桥区，积水时间超过 30min，积水深度超过 0.27m。以上条件同时满足才能成为内涝灾害，否则为可接受的积水，不构成灾害。

最后，采用模型评估不同设计重现期下的内涝事故后果等级。内涝事故后果等级综合考虑积水深度，以及内涝区域重要性及敏感性等因素，根据不同的权重，加权得到内涝事故后果等级，采用下式进行计算。

$$Z = A \times W_A + B \times W_B \tag{14-1}$$

式中：Z——内涝事故后果等级，分级结果如表 14-5 所示；

A、B——积水深度、区域敏感性，取值结果如表 14-6 所示；

W——权重，取值结果如表 14-7 所示。

内涝事故后果等级表　　　　　　　　　表 14-5

内涝事故后果等级	小	中等	严重	重大
Z	≤10	10~50	50~70	70~100

积水深度、区域敏感性取值表　　　　　　　表 14-6

分值	100%	75%	50%	25%
积水深度 A	≥50cm	40~50cm	27~40cm	15~27cm
区域敏感性 B	立交桥、低洼区、地铁口、地下广场、展馆、学校、民政	生态/城建交界区、政府、交通干道、城市商业区、重要民生市政设施	一般地区	生态较多的地区

权重取值表 表 14-7

内容	权重 W
积水深度 A	50
区域重要性 B	50
合计	100

内涝风险是内涝事故后果等级 Z 与事故频率（即设计重现期）P 的函数，如公式 (14-2) 所示。根据该公式计算结果的区间确定内涝点的风险等级（表 14-8）。

$$R = \max(P \times Z_i) \tag{14-2}$$

式中：R——内涝风险等级；

P——事故频率（即设计重现期）；

Z_i——不同设计重现期下事故后果等级分值。

内涝风险等级划分 表 14-8

$R = \max(P \times Z_i)$	Z_i	小	中等	严重	重大
P	—	10	50	70	100
100 年	1	10	50	70	100
50 年	2	20	100	140	200
20 年	3	30	150	210	300
10 年	4	40	200	280	400
5 年	5	50	250	350	500

注：10~50 分值为低风险区；70~150 分值为中风险区；200~500 分值为高风险区。

经评价，在 100 年一遇降雨条件下，深圳市现状易涝风险区面积为 46.01km²，占全市总面积的 2.3%。其中，内涝高风险区 19.74km²，中风险区 13.32km²，低风险区 12.95km²。全市达到 100 年一遇内涝防治标准的面积约占建成区面积的 95%。对于少部分未达标片区，目前正在按源头优化、适度提标、立体行泄、多元调蓄、洪涝共治的原则开展提标改造工作。

14.2.5 黑臭水体消除比例

深圳是全国面积最小、产业最密集、人口密度最高的超大型城市，水污染负荷重、环境容量小、污水处理设施建设滞后，黑臭水体数量一度居于全国之最。根据《深圳市城市黑臭水体治理攻坚实施方案》，2016 年初深圳全市 310 条河流中，黑臭水体多达 159 条（段），茅洲河、深圳河等五大河流水质均属于劣 V 类。

经过几年的治理工作，截至 2019 年底，深圳市 159 条（段）黑臭水体、1467 处小微黑臭水体全部消除黑臭，黑臭水体消除比例达到 100%，并获评国家黑臭水体治理示范城市（图 14-3）。

(a) 整治前

(b) 整治后

图 14-3　茅洲河黑臭水体整治前后对比

14.2.6　热岛效应缓解情况

近三年深圳海绵城市建设片区城市热岛以下降为主，且下降幅度大于全市城市热岛下降幅度，原特区内城市热岛中心附近片区下降尤为明显，说明海绵城市建设初见成效。深圳西部地区和北部原特区外地区海绵城市建设对城市热岛效应的作用尚不明显，有必要在这些区域加大海绵城市建设力度。但城市热岛的短期变化有一定偶然因素，海绵城市建设对城市热岛的作用范围和程度，尚有待更多的分析和研究。

深圳市按照《海绵城市建设评价标准》GB/T 51345—2018，对全市 24 个海绵城市建设片区 2016—2018 年夏季 6～9 月城市热岛效应进行了监测评价。根据《深圳市海绵城市建设重点片区城市热岛监测评估报告》，2016—2018 年，深圳全市 6～9 月城市热岛呈持续下降趋势，降幅为 0.16℃。各海绵城市建设片区中，城市热岛变化型式主要有三种，持续下降型（12 个片区）、"V 型"（7 个片区）和"倒 V 型"（5 个片区），无持续上升区域，说明大部分片区城市热岛较前一年有所降低。此外，相对于 2016 年和 2017 年，2018 年城市热岛下降的海绵城市建设片区均为 17 个。可见近三年，各海绵城市建设片区城市热岛以下降为主（表 14-9）。

深圳全市和各海绵城市建设片区 2016—2018 年 6～9 月热岛变化情况表（℃）　　表 14-9

类型	区域	2016 年	2017 年	2018 年	平均	变幅
持续下降区域	全市	1.21	1.07	1.05	1.11	−0.16
	深圳湾超级总部基地	1.07	0.98	0.92	0.99	−0.15
	高新区北区	0.79	0.72	0.57	0.69	−0.22
	留仙洞战略性新兴产业总部基地	0.65	0.55	0.41	0.54	−0.24
	福田保税区	0.93	0.83	0.79	0.85	−0.14
	福田新洲河片区	0.54	0.44	0.43	0.47	−0.11
	笋岗—清水河片区	1.44	1.33	1.18	1.32	−0.26

续表

类型	区域	2016 年	2017 年	2018 年	平均	变幅
持续下降区域	深圳水库	1.42	1.15	1.14	1.24	−0.28
	盐田港后方陆域片区	0.81	0.67	0.54	0.67	−0.27
	大运新城	0.91	0.89	0.76	0.85	−0.15
	大梅沙片区	0.81	0.67	0.59	0.69	−0.22
	坪山中心区	0.51	0.46	0.43	0.47	−0.08
	坝光地区	0.14	0.13	0.12	0.13	−0.02
先降后升区域	蛇口自贸区	0.48	0.38	0.51	0.46	0.03
	前海深港现代服务业合作区	0.56	0.42	0.53	0.5	−0.03
	宝安中心区	0.21	0.05	0.35	0.2	0.14
	机场南侧西湾公园片区	0.28	0.08	0.28	0.21	0
	大空港新城	0.23	0.17	0.28	0.23	0.05
	石岩浪心片区	0.33	0.25	0.36	0.31	0.03
	光明新区凤凰城	0.71	0.65	0.67	0.68	−0.04
先升后降区域	北站商务中心	0.63	0.68	0.59	0.63	−0.04
	坂雪岗科技城	1.01	1.07	0.97	1.02	−0.04
	北核片区	0.01	1.14	0.98	0.71	0.97
	平湖金融与现代服务业基地	1.08	1.16	1.01	1.08	−0.07
	国际低碳城	0.23	0.27	0.25	0.25	0.02

资料来源：深圳市气象局

1. 持续下降区域

城市热岛持续下降的 12 个片区，除了大运新城、坪山中心区和坝光片区之外，均位于原特区内城市热岛中心附近，热岛强度降幅平均为 0.18℃，高于全市城市热岛下降幅度（0.16℃）。若仅考虑 9 个位于原特区内（福田区、罗湖区、南山区、盐田区）的片区，城市热岛平均降幅为 0.21℃，更是明显高于全市城市热岛下降幅度。

究其原因，主要是原特区内（福田区、罗湖区、南山区、盐田区）的片区基本属于成熟的城市建成区，城市热岛已经处于较高水平，但由于开发建设项目少，城市绿化相对稳定，加上划定了多个片区进行海绵城市建设，城市热岛已基本进入下降通道。

2. 振荡变化区域

振荡变化片区包括"V 型"片区和"倒 V 型"片区。"V 型"片区主要位于深圳市西部的珠江口沿岸地区，"倒 V 型"片区主要位于城市热岛较强的北部地区，均呈现一定的集中分布规律。这些片区的城市热岛仍处于振荡变化的阶段，说明这些片区虽然开展了海绵城市建设，但导致城市热岛上升的因素依然存在。西部沿岸区域主要与前海开发和大空港建设等有关，北部原特区外则可能与开发力度本身较大、海绵城市建设覆盖有限，加上片区内有大片城中村等建筑密集区、绿化力度不够等因素有关。

附　　录

附录1　术语及定义

1. 海绵城市　sponge city

通过城市规划、建设的管控，从"源头减排、过程控制、系统治理"着手，综合采用"渗、滞、蓄、净、用、排"等技术措施，统筹协调水量与水质、生态与安全、分布与集中、绿色与灰色、景观与功能、岸上与岸下、地上与地下等关系，有效控制城市降雨径流，最大限度地减少城市开发建设行为对原有自然水文特征和水生态环境造成的破坏，使城市能够像"海绵"一样，在适应环境变化、抵御自然灾害等方面具有良好的"弹性"，实现自然积存、自然渗透、自然净化的城市发展方式，有利于达到修复城市水生态、涵养城市水资源、改善城市水环境、保障城市水安全、复兴城市水文化的多重目标。

2. 海绵效应　sponge effect

海绵城市建设实现的自然水文特征维系和修复效果。

3. 片区海绵城市区域　pieces of sponge city area

在城市建设区内，按照海绵城市建设理念建设或改造的、一个或多个互相连接且具有汇流关系的由排水分区组成的区域。

4. 海绵城市（建设）达标片区　sponge city built-up region

经海绵城市建设片区效果的评估，达到海绵城市建设要求的城市建成区，一般由若干排水分区组成。

5. 年径流总量控制率　volume capture ratio of annual rain-fall

通过自然与人工强化的渗透、滞蓄、净化等方式控制城市建设下垫面的降雨径流，得到控制的年均降雨量与年均降雨总量的比值。

6. 流量峰值削减率　ratio of peak flow reduction

源头减排设施出流过程的峰值相对于入流过程峰值的削减量与入流过程峰值的百分比。

7. 径流污染物总量削减率　ratio of total runoff pollutant reduction

源头减排设施出流过程相对于入流过程的某种径流污染物削减量占入流过程该污染物总量的百分比。

8. 雨水资源利用率　the ratio of rainwater resources utilization

雨水收集并用于道路浇洒、园林绿地灌溉、市政杂用、工农业生产、冷却等雨水总量（按年计算）替代的自来水比例。

9. 内涝防治达标率　flooding-controlled area ratio

达到内涝防治标准的面积与评估区域面积的比例。

10. 城市热岛效应　urban heat island

指城市建成区的气温高于郊区气温，形成类似高温孤岛的现象。

11. 雨水调节　stormwater detention

在降雨期间暂时储存一定量的雨水，削减向下游排放的雨水峰值流量，延长排放时间，一般不减少排放的径流总量，也称调控排放。

12. 雨水渗透　stormwater infiltration

利用人工或自然设施，使雨水下渗到土壤表层以下，以补充地下水。

13. 下垫面　underlying surface

降雨受水面的总称，包括屋面、各类地面、水面等。

14. 排水分区　catchment

以地形地貌或排水管渠界定的地面径流雨水的集水或汇水范围。

15. 溢流排水口　overflow outlet

超过设施的体积控制能力，使降雨径流通过渗、滞、蓄等耦合效应达到饱和后溢流排放的附属构筑物。

16. 源头减排系统　source control drainage system

场地开发过程中用于维持场地开发前水文特征的生态设施以一定方式组合的总体。

17. 城镇内涝　urban flooding

城镇范围内的强降雨或连续性降雨超过城镇雨水设施消纳能力，导致城镇地面产生积水的现象。

18. 设计雨型　design rainfall distribution

典型降雨事件中，降雨量随时间的变化过程。

19. 降雨量　rainfall amount

某一时段内降落到水平面上的雨水累积深度，以毫米（mm）计。

20. 设计降雨量　design rainfall depth

为实现一定的年径流总量控制目标（年径流总量控制率），用于确定低影响开发设施设计规模的降雨量控制值，一般通过当地多年日降雨资料统计数据获取，通常用日降雨量（mm）表示。

21. 雨峰位置系数　peak intensity position coefficient

表征暴雨强度过程的雨峰位置的参数，从降雨历时开始至降雨峰值出现的时间段长度与降雨历时的比值。

22. 土壤渗透系数　permeability coefficient of soil

单位水力梯度下水在土壤中的稳定渗透速度。

23. 入渗率　infiltration rate

单位时间内渗入单位面积土壤的水量。

24. 稳定入渗率　minimum infiltration rate

入渗后期，雨水在饱和土壤中的入渗率。

25. 不透水面积　impervious area

由混凝土、沥青、石材等不透水材料覆盖的下垫面面积。

26. 本底监测　baseline monitoring

海绵城市建设前，为现状评价和问题诊断开展的水文水力监测。水文水力监测指对降水、蒸发、入渗、径流、内涝，以及河湖水系、城市排水设施的流量、水位、水质等实施观测、分析和计算的活动。

27. 效果监测　effect monitoring

为评价海绵城市建设带来的海绵效应开展的水文水力监测。

28. 长期监测　permanent monitoring

在城市排水系统运行管理过程中开展的持续监测。

29. 典型场次降雨　typical rainfall events

与设计降雨相当，或符合当地多年平均场次降雨特征的实际降雨事件。

30. 瞬时样　grab samples

在同一采样点随机采集的一个水样，或按某个时间间隔序列采集得到的多个水样。

31. 混合样　composite samples

在同一采样点，随流量或体积成比例采集得到的混合水样。

32. 事件平均浓度　event mean concentration

在某一完整的降雨事件、合流制溢流事件、调蓄与处理设施排放事件过程中，排水设施收集或排放某种污染物的平均浓度。事件平均浓度即为混合样的浓度，也可根据各瞬时样浓度按体积加权平均计算获得。

33. 中泓垂线　vertical line at midstream

在监测断面水深最深的中间位置设置的采样垂线。

附录 2　相关标准规范（附表 2-1）

引用标准规范一览表　　　　　　　　　　　　　附表 2-1

序号	标准规范名称	发文单位
1	《室外排水设计标准》GB 50014—2021	住房和城乡建设部
2	《海绵城市建设评价标准》GB/T 51345—2018	住房和城乡建设部
3	《城镇污水水质标准检验方法》CJ/T 51—2018	住房和城乡建设部
4	《城镇内涝防治技术规范》GB 51222—2017	住房和城乡建设部
5	《建筑与小区雨水控制及利用工程技术规范》GB 50400—2016	住房和城乡建设部
6	《城市排水防涝设施数据采集与维护技术规范》GB/T 51187—2016	住房和城乡建设部
7	《河流流量测验规范》GB 50179—2015	住房和城乡建设部
8	《地下水监测工程技术规范》GB/T 51040—2014	住房和城乡建设部
9	《水位观测标准》GB/T 50138—2010	住房和城乡建设部
10	《给水排水管道工程施工及验收规范》GB 50268—2008	住房和城乡建设部
11	《海绵城市建设监测标准（征求意见稿）》	住房和城乡建设部
12	《地表水环境质量监测技术规范》HJ 91.2—2022	生态环境部
13	《水质 化学需氧量的测定 重铬酸盐法》HJ 828—2017	环境保护部
14	《水质 32 种元素的测定 电感耦合等离子体发射光谱法》HJ 776—2015	环境保护部
15	《水质 总氮的测定 碱性过硫酸钾消解紫外分光光度法》HJ 636—2012	环境保护部
16	《水质 氨氮的测定 纳氏试剂分光光度法》HJ 535—2009	环境保护部
17	《地表水环境质量标准》GB 3838—2002	生态环境部
18	《地表水环境质量监测技术规范》HJ 91.2—2022	生态环境部
19	《水质 总磷的测定 钼酸铵分光光度法》GB/T 11893—1989	国家环境保护局
20	《水质 悬浮物的测定 重量法》GB/T 11901—1989	国家技术监督局
21	《地面气象观测规范 空气温度和湿度》GB/T 35226—2017	国家质量监督检验检疫总局
22	《外壳防护等级（IP 代码）》GB/T 4208—2017	国家质量监督检验检疫总局
23	《地面气象观测规范 总则》GB/T 35221—2017	国家质量监督检验检疫总局
24	《数据的统计处理和解释 正态样本离群值的判断和处理》GB/T 4883—2008	国家质量监督检验检疫总局
25	《海绵城市建设设计标准》DB11/T 1743—2020	北京市规划和自然资源委员会
26	《海绵城市规划编制与评估标准》DB11/T 1742—2020	北京市规划和自然资源委员会
27	《海绵城市建设效果监测与评估规范》DB11/T 1673—2019	北京市市场监督管理局
28	《海绵城市建设项目评价标准》DBJ50/T—365—2020	重庆市住房和城乡建设委员会
29	《海绵城市建设区域评估标准》DBJ33/T 1287—2022	浙江省住房和城乡建设厅
30	《海绵城市建设工程评价标准（征求意见稿）》	陕西省住房和城乡建设厅

附录3　海绵城市建设效果监测常用设备

海绵城市建设效果监测常用设备一般包括与海绵城市建设本底监测和效果监测相关的人工监测设备和自动监测设备。从设备功能来讲，一般包括气象监测设备、水量监测设备和水质监测设备三种。

1. 气象监测设备

气象监测设备一般包括对降雨量、空气温度和湿度、气压、风向和风速、蒸发等气象要素进行监测的设备，技术要求应符合现行国家标准《地面气象观测规范 总则》GB/T 35221—2017 的规定。常用气象监测设备如附表 3-1 所示。

常用气象监测设备　　　　　　　　　　　　附表 3-1

序号	种类	基本参数	监测对象	执行标准
1	翻斗雨量计	降雨强度测量范围：0mm/min～4mm/min；分辨力：0.1mm、0.2mm、0.5mm、1.0cm	降雨	《降水量观测仪器 第2部分：翻斗式雨量传感器》GB/T 21978.2—2014
2	蒸发传感器	测量范围：0～20mm（或大于20mm）分辨力：0.1mm、0.2mm、0.5mm 相对偏差：≤±3%	降雨、蒸散	《水面蒸发器》GB/T 21327—2019
3	空气气温观测仪器	（1）自动观测时，测定每分钟、每小时气温，记录每小时最高、最低气温及其出现时间（2）气温记录均以摄氏度（℃）为单位，取1位小数（3）出现时间应为时和分，各取两位，高位不足时前面补"0"	大气	《地面气象观测规范 空气温度和湿度》GB/T 35226—2017
4	空气湿度观测仪器	湿度测定包括水汽压、相对湿度、露点温度，水汽压以百帕（hPa）为单位，相对湿度以百分数（%）表示，露点温度以摄氏度（℃）为单位；水汽压和露点温度均取1位小数，相对湿度取整数	大气	《地面气象观测规范 空气温度和湿度》GB/T 35226—2017
5	气压观测仪器	人工观测时，常用仪器有动槽式水银气压表、定槽式水银气压表、空盒气压计。自动观测时，由自动气象站完成气压的自动观测、存储和传输	大气	《地面气象观测规范 气压》GB/T 35225—2017

2. 水量监测设备

水量监测设备包括水位计和流量计。水位计包括压力式水位计、激光水位计、超声波水位计、雷达水位计、气泡式水位计、电子水尺等；流量计包括多普勒超声流量计、电磁流量计、薄壁堰流量计、超声波时差流量计、涡轮流量计等。常用水量监测设备如附表 3-2 所示。

常用水量监测设备　　　　　　　　　　　　附表 3-2

序号	种类	基本参数	监测对象	执行标准
1	压力式水位计	量程：5m、10m、20m、40m、80m、100m 分辨力：0.1cm、1.0cm	管网、源头减排设施、内涝点	《水位测量仪器　第 2 部分：压力式水位计》GB/T 11828.2—2022
2	激光水位计	量程：20m、40m、80m、100m 分辨力：0.1cm、1.0cm 盲区：≤0.4m	源头减排设施、内涝点	《水文仪器基本参数及通用技术条件》GB/T 15966—2017
3	超声波水位计	量程：液介式为 5m、10m、20m、40m、60m、80m；气介式为 1m、5m、10m、20m 分辨力：0.1cm、1.0cm 盲区：≤0.8m	源头减排设施、河道	《水文仪器基本参数及通用技术条件》GB/T 15966—2017
4	雷达水位计	量程：10m、20m、40m、80m、100m 分辨力：0.1cm、1.0cm 盲区：≤0.8m	源头减排设施、河道	《水文仪器基本参数及通用技术条件》GB/T 15966—2017
5	气泡式水位计	量程：5m、10m、20m、40m、80m、100m 分辨力：0.1cm、1.0cm	源头减排设施、河道、水库、管网	《水位测量仪器　第 2 部分：压力式水位计》GB/T 11828.2—2022
6	电子水尺	量程：0.2m、0.5m 的整数倍，总长不大于 4m 分辨力：0.1cm、0.5cm、1.0cm	河道、内涝点	《水文仪器基本参数及通用技术条件》GB/T 15966—2017
7	声学剖面多普勒流速流量计	(1) 走航式：流速范围为 $-5 \sim 5\text{m/s}$，$-8 \sim 8\text{m/s}$；有效测速剖面深（宽）为 $1 \sim 100\text{m}$ (2) 固定式：流速范围为 $-5 \sim 5\text{m/s}$，$-10 \sim 10\text{m/s}$；有效测速剖面深（宽）为 $20 \sim 100\text{m}$	管网、河道、排口	《水文仪器基本参数及通用技术条件》GB/T 15966—2017
8	电磁流量计	流量测量范围上限值的流速在 $0.5 \sim 10\text{m/s}$ 范围内选定，测量范围的范围度应大于等于 $5:1$	管网（满管）	《电磁流量计》JB/T 9248—2015
9	薄壁堰流量计	——	源头减排设施、河道	《明渠堰槽流量计计量检定规程》JJG 004—2015

3. 水质监测设备

水质监测设备和水质采样设备种类繁多，近年来水质在线自动监测设备和水质自动采样设备应用甚广。此处主要介绍常用的 SS/浊度计、溶解氧传感器（DO）、水温传感器、氧化还原电位（ORP）四种设备（附表 3-3）。

常用水质监测设备　　　　　　　　　　　　附表 3-3

序号	种类	基本参数	监测对象	执行标准
1	SS/浊度计	—	源头减排设施、河道、管网、排口	《水质　悬浮物的测定　重量法》GB/T 11901—1989《水质　浊度的测定》GB 13200—1991
2	溶解氧传感器（DO）	测量范围：0mg/L～10mg/L、0mg/L～20mg/L	河道、管网、排口	《电化学分析器性能表示　第4部分：采用覆膜电流式传感器测量水中溶解氧》GB/T 20245.4—2013《溶解氧（DO）水质自动分析仪技术要求》HJ/T 99—2003
3	水温传感器	测量范围：—6℃～+40℃分度值：0.2℃	源头减排设施、河道、管网、排口	《水质　水温的测定　温度计或颠倒温度计测定法》GB 13195—1991
4	氧化还原电位（ORP）	—	黑臭水体、排口、河道	《电化学分析器性能表示　第5部分：氧化还原电位》GB/T 20245.5—2013

附录 4 《(排水分区)海绵城市建设效果评价报告》目录参考

一般来讲,《(排水分区)海绵城市建设效果评价报告》包括《(气象、水量、水质)监测报告》和《建设效果评价报告》两部分。《(气象、水量、水质)监测报告》即项目实际开展过程中,关于气象、水量、水质的监测方案、监测点位、监测设备、监测数据的报告;《建设效果评价报告》即针对监测数据的分析和评价。

1.《(气象、水量、水质)监测报告》

第一章　项目概述

说明项目背景、监测及评价范围、工作目的、监测原则、主要内容及项目依据等内容。

第二章　本底条件

阐述监测区域本底条件,主要包括监测区域所在排水分区概况、下垫面情况、城市建设情况、水系情况、海绵城市建设项目分布、排水体制、雨水或合流管网分布及流向、雨水口及检查井分布等。

第三章　监测方案

制定监测方案,明确监测内容(指标)、各指标的监测频次、监测方式等;明确监测点位及其设备安装可行性。

第四章　监测设备及安装

介绍项目所采用的监测设备,包括功能、特点、主要技术参数、安装要求等;介绍设备安装情况。

第五章　监测数据

说明监测数据的清洗、整理原则、问题数据修复、数据储存及管理等。由于监测周期长达一个完整的雨季,监测数据,尤其是流量数据庞大,可罗列各监测点位具有代表性的监测数据作为报告内容,其余数据可保存为电子版以备查用。

2.《建设效果评价报告》

第一章　项目概述

说明项目背景、评价范围、工作周期、工作目的、项目主要内容、技术路线、主要依据及相关文件解读等。

第二章　区域概况

阐述评价区域本底条件,主要包括监测及评价区域的筛选、自然和地理情况(降雨特征、地形地貌、土壤和地下水等)、城市建设及下垫面情况、水系情况(水系分布、岸线情况、海绵城市建设前河道水质等)、水系蓝线规划与管控、排水体制、排水管网与排水分区划分、雨水口及检查井分布、历史内涝点、海绵城市项目分布及其面积占比等。

第三章 评价指标与方法

（1）说明项目评价依据及评价指标（内容）。一般根据《海绵城市建设评价标准》GB/T 51345—2018，包括五项考核内容：年径流总量控制率及径流体积控制、源头减排项目实施有效性、路面积水控制与内涝防治、城市水体环境质量、自然生态格局管控与城市水体生态性岸线保护；两项考察内容：地下水埋深变化趋势、城市热岛效应缓解。各地可根据需要进行增减。

（2）对照相关标准规范、文件或上位规划，说明各项指标的评价目标或评价要求。

（3）说明各项指标的评价方法。一般按照《海绵城市建设评价标准》GB/T 51345—2018 提供的评价方法进行评价，如评价标准提供的评价方法无法做到，可根据本地条件采用其他方法。

第四章 监测方案制定与执行

（1）制定监测方案，一般包括典型项目、典型排水分区、内（易）涝点、水体等对象的监测方案，并将其汇总至评价范围。

（2）阐述监测方案执行情况，包括在线设备安装及调试、在线设备运行情况、问题数据修复、数据储存与管理等内容。

第五章 模型构建及参数率定

（1）说明本项目模型构建目的及模型的选择（海绵城市源头减排项目的模型一般采用 EPA-SWMM 模型，内涝模型一般采用 InfoWorks ICM 模型），并说明模型构建过程。

（2）模型率定及验证，包括率定数据的筛选，模型参数率定过程、模型参数率定结果对比分析等。

第六章 海绵城市建设效果评价

根据"第三章 评价指标与方法"确定的评价指标、评价目标与评价方法，开展建设效果评价，逐项评价各项指标是否达标。该部分内容是本项目的核心内容，其结果直接反映评价区域的海绵城市建设效果。

第七章 结论与建议

（1）总结以上内容，明确项目结论。

（2）提出后续工作建议。

附表及附图

附表一般包括达标片区绩效产出表、海绵城市建设达标评估自评表、达标片区海绵城市达标项目统计表；附图一般包括区位图、高程/坡度分析图、土地利用现状图、水系及岸线分布图、蓝线规划图、雨水管网与易涝点分布图、源头减排项目分布图、监测对象及监测点位分布图等。

附录5　监测点布置示例

1. 区域、流域及城市

区域与流域的监测范围应为城市所在流域范围，监测对象应为监测范围内的河湖水系的水位、流量或水质，以及降雨等气象数据。应根据城市开发建设与河湖水系相互影响的范围情况，在河湖水系与城市边界的交界处布设监测断面；必要时，也可在市域边界外、同一河湖水系的上下游设置监测断面（附图5-1）。

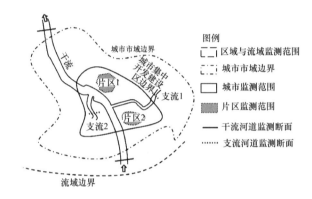

附图5-1　区域与流域、城市监测范围、监测对象及监测点

2. 排水分区

典型排水分区的监测对象涵盖位于其中的源头、过程、末端的典型项目与设施、管网关键节点及其对应的受纳水体，监测点位分布示意图如附图5-2～附图5-5所示。

1）合流制排水系统

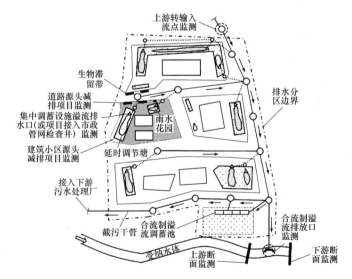

附图5-2　合流制排水系统某排水分区主要监测点位分布示意图
（以排入受纳水体的排放口上溯确定排水分区）

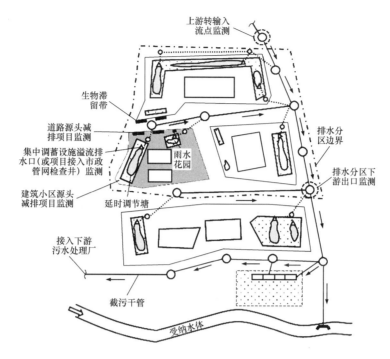

附图 5-3　合流制排水系统某排水分区主要监测点位分布示意图
（以排入下游管网的出口上溯确定排水分区）

2）分流制排水系统

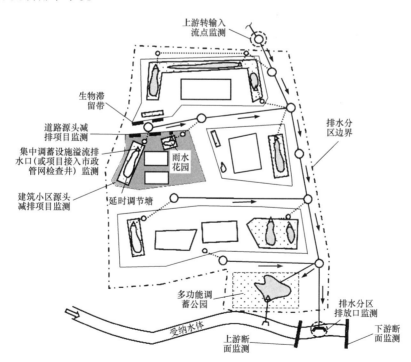

附图 5-4　分流制排水系统某排水分区主要监测点位分布示意图
（以排入受纳水体的排放口上溯确定排水分区）

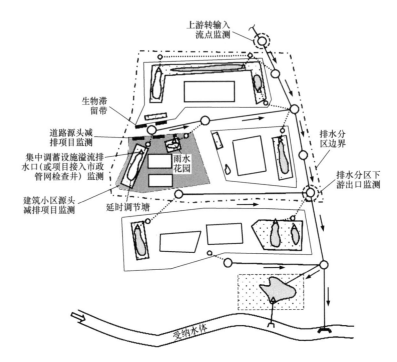

附图 5-5　分流制排水系统某排水分区主要监测点位分布示意图

（以排入受纳水体的排放口上溯确定排水分区）

3. 典型项目

　　项目监测应在项目接入市政管渠的接户井或项目接入受纳水体的排放口布设监测点；接户井或排放口较多时，可根据汇水范围内的下垫面构成和径流污染源类型，选择有代表性的监测点进行监测。典型项目监测点位分布示意图如附图 5-6～附图 5-8 所示。

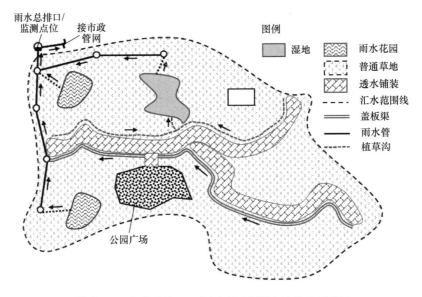

附图 5-6　典型项目——公园主要监测点位分布示意图

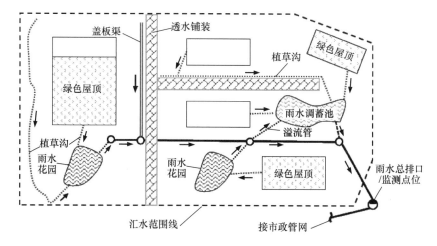

附图 5-7　典型项目——小区主要监测点位分布示意图

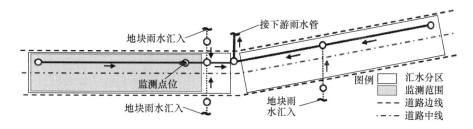

附图 5-8　典型项目——市政道路主要监测点位分布示意图

4. 设施监测

设施监测应在设施进水口、出水口或溢流排水口设置水量监测点。渗透塘、湿塘、调节塘、蓄水池、调节池、合流制溢流调蓄池等宜在设施调蓄空间或设施结构内部设置水位监测点，对设施径流体积控制量、排空时间进行监测；湿地、砂滤池、人工土壤渗滤池、合流制溢流调蓄池、合流制溢流处理设施等宜在设施进水口、过程处理单元、出水口设置水量、水质监测点，对设施水质处理效果进行监测。

1）生物滞留设施（附图 5-9～附图 5-12）

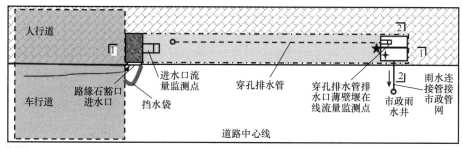

附图 5-9　道路生物滞留设施监测点位分布平面示意图

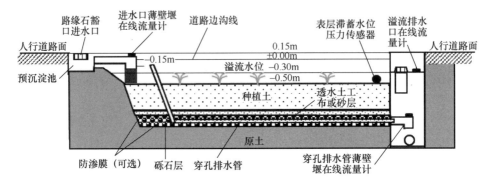

附图 5-10　道路生物滞留设施监测点位断面分布示意图（1-1 断面，有底部盲管排水）

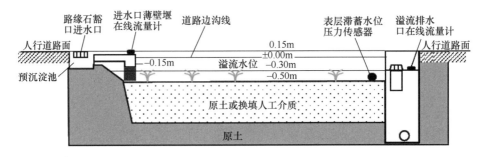

附图 5-11　道路生物滞留设施监测点位断面分布示意图（1-1 断面，无底部盲管排水）

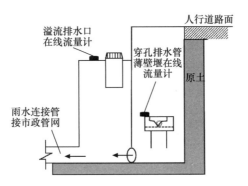

附图 5-12　生物滞留设施出水监测井构造示意图（2-2 断面）

2）植草沟（附图 5-13）

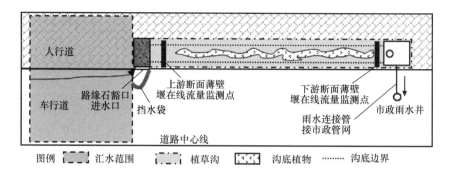

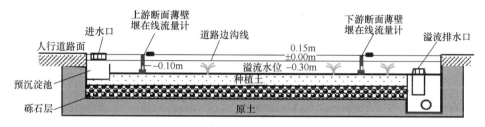

附图 5-13　植草沟监测点位断面分布示意图

3）调节塘（附图 5-14）

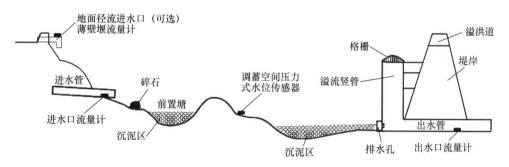

附图 5-14　调节塘监测点布设

参 考 文 献

[1] 胡爱兵. 海绵城市系统化方案编制探讨——以深圳市田坑水流域为例[C]//中国城市规划学会. 活力城乡 美好人居——2019 中国城市规划年会论文集. 北京：中国建筑工业出版社，2019：61-70.

[2] 任心欣，俞露. 海绵城市建设规划与管理[M]. 北京：中国建筑工业出版社，2017.

[3] 任心欣，汤伟真. 海绵城市年径流总量控制率等指标应用初探[J]. 中国给水排水，2015，31（13）：105-109.

[4] 张亮，俞露，任心欣，等. 基于历史内涝调查的深圳市海绵城市建设策略[J]. 中国给水排水，2015，31（23）：120-124.

[5] 章林伟. 中国海绵城市的定位、概念与策略——回顾与解读国办发[2015]75 号文件[J]. 给水排水，2021，57（10）：1-8.

[6] 马洪涛. 海绵城市系统化方案编制理论与实践[M]. 北京：中国建筑工业出版社，2020.

[7] 贾海峰. 海绵城市是一条光明的中国特色城市发展之路[J]. 广西城镇建设，2020（1）：9.

[8] 深圳市海绵城市建设工作领导小组办公室. 深圳海绵城市建设的探索与实践[M]. 北京：科学出版社，2022.

[9] 汤钟，张亮，俞露，等. 老旧小区海绵城市改造策略研究及实践[C]//中国城市规划学会. 活力城乡 美好人居——2019 中国城市规划年会论文集. 北京：中国建筑工业出版社，2019：25-33.

[10] 汤钟，张亮，俞露，等. 南方某滨海机场海绵建设策略探索[J]. 中国给水排水，2018，34（20）：1-6.

[11] 胡爱兵. 城市生态规划实践之城市道路雨洪利用模式探讨[C]//中国城市规划学会. 规划创新 2010 中国城市规划年会论文集. 重庆：重庆出版社，2010：6401-6409.

[12] 丁年，胡爱兵，任心欣. 深圳市光明新区低影响开发市政道路解析[J]. 上海城市规划，2012（6）：96-101.

[13] 胡爱兵，李子富，张书函，等. 模拟生物滞留池净化城市机动车道路雨水径流[J]. 中国给水排水，2012，28（13）：75-79.

[14] 胡爱兵，张书函，陈建刚. 生物滞留池改善城市雨水径流水质的研究进展[J]. 环境污染与防治，2011，33（1）：74-77，82.

[15] 陆利杰，张亮，李亚. 海绵城市绩效考核评价体系初探——以深圳市为例[C]//中国城市规划学会. 共享与品质 2018 中国城市规划年会论文集. 北京：中国建筑工业出版社，2018：156-163.

[16] 深圳市人民政府. 深圳市海绵城市建设管理规定[DB/OL]. http://swj.sz.gov.cn/xxgk/zfxxgkml/zcfg/content/post_10124663.html.

[17]　孔露霆，刘程飞，刘超洋，等. 海绵城市建设激励政策研究——以深圳市为例[J]. 中国给水排水，2022，38(24)：35-40.

[18]　孙静，张亮，吴丹. 系统化全域推进海绵城市建设实施路径探讨——以深圳市深汕特别合作区为例[J]. 净水技术，2022，41(S2)：153-160.

[19]　房静思，张明亮，汤伟真. 深圳市光明区海绵城市建设项目专项技术审查发展历程与问题思考[J]. 未来城市设计与运营，2022(12)：20-24.

[20]　汤伟真，吴亚男，任心欣. 海绵城市专项审查要点与方法研究[J]. 中国给水排水，2018，34(17)：123-127.

[21]　李文英. 建立海绵城市设施运营维护长效管理机制的思考[J]. 武汉冶金管理干部学院学报，2019，29(4)：22-23，15.

[22]　深圳市水务局，深圳市城市规划设计研究院有限公司. 深圳市海绵城市建设项目施工、运行维护技术规程：DB4403/T 25—2019[S]. 2019.

[23]　解明利，王贤萍.《嘉兴市海绵城市设施运行管理技术指南》简介[J]. 给水排水，2020，56(6)：91-94.

[24]　深圳市气象局. 深圳海绵城市建设重点片区 2022 年城市热岛监测评估报告[R]. 2022.

[25]　祝宏燕. 海绵城市建设效果评估体系的构建与应用研究[D]. 厦门：厦门大学，2019.

[26]　赵斐，谭献强，胡青芳，等. 海绵城市建设评估要点分析与研究[J]. 智能建筑与智慧城市，2022(1)：133-135.

[27]　深圳市海绵城市建设工作领导小组. 深圳市海绵城市建设自评估报告(2021 年)[R].

[28]　张书函，王俊文，张岑. 北京市《海绵城市建设效果监测与评估规范》解读[J]. 北京水务，2020(3)：49-54.

[29]　廖朴讷，李航，易瑞来. 海绵城市建设实施效果评价体系构建及应用[J]. 水利规划与设计，2022(4)：29-32，73.

[30]　刘鹏. 海绵城市建设绩效评价及影响因素研究[D]. 长沙：长沙理工大学，2020.

[31]　殷水清，王杨，谢云，等. 中国降雨过程时程分型特征[J]. 水科学进展，2014，25(5)：617-624.

[32]　岑国平，沈晋，范荣生. 城市设计暴雨雨型研究[J]. 水科学进展，1998(1)：42-47.

[33]　DUNKERLEY D. Effects of rainfall intensity fluctuations oninfiltration and runoff：rain fall simulation ondryland soils，Fowlers Gap，Australia[J]. Hydrological Processes，2012，26(15)：2211-2224.

[34]　吴彰春，岑国平，安智敏. 坡面汇流的试验研究[J]. 水利学报，1995(7)：84-89.

[35]　张建云，王银堂，胡庆芳，等. 海绵城市建设有关问题讨论[J]. 水科学进展，2016，27(6)：793-799.

[36]　ADAMS B J，FRASER H G，HOWARD C D D，et al. Meteorological data analysis for drainage system design[J]. Journal of Environmental Engineering，1986，112(5)：827-848.

[37]　杨默远，潘兴瑶，刘洪禄，等. 考虑场次降雨年际变化特征的年径流总量控制率准确核算[J]. 水利学报，2019，50(12)：1510-1517，1528.

[38] 张宇航，杨默远，潘兴瑶，等. 降雨场次划分方法对降雨控制率的影响分析[J]. 中国给水排水，2019，35(13)：122-127.

[39] HUFF F A. Time distribution of rainfall in heavy storms[J]. Water Resources Research，1967.

[40] 马京津，宋丽莉，张晓婧. 对两种不同取样方法 Pilgrim&Cordery 设计雨型的比较研究[J]. 暴雨灾害，2016，35(3)：7.

[41] BEN C Y，VEN T C. Design hyetographs for small drainage structures[J]. American Society of Civil Engineers，1980，106(6)：1055-1076.

[42] 王家祁. 中国暴雨[M]. 北京：中国水利水电出版社，2002：258-271.

[43] 王敏，谭向诚. 北京城市暴雨和雨型的研究[J]. 水文，1994.

[44] 武晟. 西安市降雨特性分析和城市下垫面产汇流特性实验研究[D]. 西安：西安理工大学，2004

[45] 刘慧娟，卫伟，王金满，等. 城市典型下垫面产流过程模拟实验[J]. 资源科学，2015.

[46] URBONAS B，JAMES C Y，TUCKER S. Sizing capture volume for stormwater quality enhancement[J]. 1989.

[47] OLIVERA，FRANCISCO，DEFEE，et al. Urbanization and its effect on runoff in the Whiteoak Bayou Watershed，Texas[J]. 2007.

[48] ESHTAWI T，EVERS M，TISCHBEIN B. Quantifying the impact of urban area expansion on groundwater recharge and surface runoff[J]. Hydrological Sciences Journal/Journal Des Sciences Hydrologiques，2016，61(5)：826-843.

[49] 左仲国. 下垫面变化对洪水及水资源的影响研究[D]. 南京：河海大学，2003

[50] HAN W S，BURIAN S J. Determining effective impervious area for urban hydrologic modeling[J]. Journal of Hydrologic Engineering，2009，14(2)：111-120.

[51] WALSH C J，FLETCHER T D，LADSON A R. Stream restoration in urban catchments through redesigning stormwater systems：looking to the catchment to save the stream[J]. Journal of the North American Benthological Society，2005.

[52] 何文华. 城市化对济南市暴雨洪水的影响及其洪水模拟研究[D]. 广州：华南理工大学，2010

[53] PAPA B J A F. Urban stormwater management planning with analytical probabilistic models[J]. Canadian Journal of Civil Engineering，2000，28(3)：545.

[54] 胡伟贤，何文华，黄国如，等. 城市雨洪模拟技术研究进展[J]. 水科学进展，2010.

[55] 宋晓猛，张建云，王国庆，等. 变化环境下城市水文学的发展与挑战——Ⅱ. 城市雨洪模拟与管理[J]. 水科学进展，2014.

[56] CANTONE J，SCHMIDT A. Improved understanding and prediction of the hydrologic response of highly urbanized catchments through development of the Illinois Urban Hydrologic Model[J]. Water Resources Research，2011，47(8)：8538.

[57] WARREN C，CAMPBELL，et al. Simulating time-varying cave flow and water levels using the Storm Water Management Model[J]. Engineering Geology，2002.

[58] 岑国平. 城市雨水径流计算模型[J]. 水利学报，1990.

[59] 周玉文，赵洪宾. 城市雨水径流模型研究[J]. 中国给水排水，1997.

[60]　徐向阳. 平原城市雨洪过程模拟[J]. 水利学报，1998.

[61]　刘佳明. 城市雨洪放大效应及分布式城市雨洪模型研究[D]. 武汉：武汉大学，2016

[62]　夏军. 现代水文学的发展与水文复杂性问题的研究[C]//水问题的复杂性与不确定性研究与进展——第二届全国水问题研究学术研讨会论文集. 北京：中国水利水电出版社，2004.

[63]　万蕙，夏军，张利平，等. 淮河流域水文非线性多水源时变增益模型研究与应用[J]. 水文，2015.

[64]　夏军，王纲胜，吕爱锋，等. 分布式时变增益流域水循环模拟[J]. 地理学报，2003.

[65]　夏军，王纲胜，谈戈，等. 水文非线性系统与分布式时变增益模型[J]. 中国科学(D辑：地球科学)，2004.

[66]　刘慧媛，夏军，邹磊，等. 基于时变增益水文模型的实时预报研究[J]. 中国农村水利水电，2019.

[67]　蔡涛，于岚岚. 非线性时变增益模型在辽宁西部旱区洪水预测的应用研究[J]. 人民珠江，2018，39(3)：34-37，48.

[68]　叶爱中，夏军，王纲胜. 黄河流域时变增益分布式水文模型(Ⅱ)——模型的校检与应用[J]. 武汉大学学报(工学版)，2006(4)：29-32.

[69]　HEANEY J，HUBER W，MEDINA，et al. Nationwide evaluation of combined sewer overflows and urban stormwater discharges. volume Ⅱ. cost asessment and impacts[J]. Environmental protection technology series，1977.

[70]　王虹，丁留谦，程晓陶，等. 美国城市雨洪管理水文控制指标体系及其借鉴意义[J]. 水利学报，2015，46(11)：1261-1271，1279.

[71]　王文亮，李俊奇，车伍，等. 雨水径流总量控制目标确定与落地的若干问题探讨[J]. 给水排水，2016，52(10)：61-69.

[72]　车伍，张鹍，张伟，等. 初期雨水与径流总量控制的关系及其应用分析[J]. 中国给水排水，2016，32(6)：9-14.

[73]　JAMES C Y GUO，URBONAS B，MACKENZIE K. Water quality capture volume for storm water BMP and LID designs[J]. Journal of Hydrologic Engineering，2014，19(4)：682-686.

[74]　潘国庆，车伍，李俊奇，等. 中国城市径流污染控制量及其设计降雨量[J]. 中国给水排水，2008，24(22)：25-29.

[75]　王家彪，赵建世，沈子寅，等. 关于海绵城市两种降雨控制模式的讨论[J]. 水利学报，2017，48(12)：1490-1498.

[76]　王建龙，车伍，易红星. 基于低影响开发的城市雨洪控制与利用方法[J]. 中国给水排水，2009.

[77]　王红武，毛云峰，高原，等. 低影响开发(LID)的工程措施及其效果[J]. 环境科学与技术，2012.

[78]　殷瑞雪，孟莹莹，张书函，等. 生物滞留池的产流规律模拟研究[J]. 水文，2015.

[79]　杨银川，肖冰，崔贺，等. 海绵城市的发展沿革及其对径流污染控制的研究现状[J]. 华东师范大学学报(自然科学版)，2018.

［80］ 陈垚，何智伟，张琦，等. 基于水文控制目标的中小尺度海绵城市改造方案评价［J］. 水资源保护，2019.

［81］ QIAN L，FENG W，YANG Y，et al. Comprehensive performance evaluation of LID practices for the sponge city construction：a case study in Guangxi，China［J］. 2021.

［82］ 周昕，高玉琴，吴迪. 不同 LID 设施组合对区域雨洪控制效果的影响模拟［J］. 水资源保护，2021.

［83］ 甘丹妮，戎贵文，李姗姗，等. 不同 LID 设施的比例优选及径流污染控制研究［J］. 水资源保护.

［84］ 朱寒松，董增川，曲兆松，等. 基于 SWMM 模型的城市工业园区低影响开发效果模拟与评估［J］. 水资源保护，2019.

［85］ 雷向东，赖成光，王兆礼，等. LID 改造对城市内涝与面源污染的影响［J］. 水资源保护，2021.

［86］ 孙波，谢水波，王志远，等. 基于多种 LID 模式的深圳市内涝防治研究［J］. 人民长江，2020.

［87］ ICE，GEORGE. History of innovative best management practice development and its role in addressing water quality limited waterbodies［J］. Journal of Environmental Engineering，2004，130（6）：684-689.

［88］ D Barlow，G Burrill，J Nolfi. Research report on developing a community level natural resource inventory system：center for studies in food self-sufficiency［Z］. 1977.

［89］ A WALMSLEY. Greenways and the making of urban form［J］. Landscape and Urban Planning，1995，33(1)：81-127.

［90］ RESOURCES W N. Green infrastructure［J］. Department of Environment，Water and Natural Resources（DEWNR）. 2014.

［91］ TACKETT T. Seattle's policy and pilots to support green stormwater infrastructure［C］//International Low Impact Development Conference.

［92］ 古润竹，陈力，丁磊. 美国雨水 BMP 评估体系对我国海绵城市建设的借鉴［J］. 给水排水，2018，54(S2)：115-120.

［93］ C M R A B，C A N，D Y P，et al. Urban and river flooding：comparison of flood risk management approaches in the UK and China and an assessment of future knowledge needs［J］. Water Science and Engineering，2019，12(4)：274-283.

［94］ CHENG M S，COFFMAN L S，CLAR M L. Low-impact development hydrologic analysis［C］//Specialty Symposium on Urban Drainage Modeling at the World Water & Environmental Resources Congress. 2001.

［95］ ERICKSON A J，WEISS P T，GULLIVER J S. Optimizing stormwater treatment practices［J］. Journal of Contemporary Water Research & Education，2013，146(1)：75 – 82.

［96］ RUNOFF V V，BMPS T. Stormwater management manual for western washington［J］. 2005.

［97］ WEBER T，SLOAN A，WOLF J. Maryland's green infrastructure assessment：development of a comprehensive approach to land conservation［J］. Landscape & Urban Planning，2006，77(1-2)：94-110.

［98］ 李咏华，马淇蔚，范雪怡. 基于绿色基础设施评价的城市生态带划定—以杭州市为例［J］. 地理

研究，2017，36(3)：583-591.

[99] LI N，XIE L，DU P，et al. Multi-criteria evaluation for china low-impact development based on principal component analysis[J]. Water，2018，10(11).

[100] 顾大治，罗玉婷，黄慧芬. 中美城市雨洪管理体系与策略对比研究[J]. 规划师，2019，35 (10)：81-86.

[101] 严慈玉，王景芸，康乾昌，等. 可持续排水系统的发展与应用研究[J]. 城镇供水，2019(6)：54-57，8.

[102] 类延辉. 英国诺丁汉大学朱比利校区可持续排水设计[J]. 城市住宅，2019，26(8)：21-26.

[103] 邓玮，马幸成. 德国雨水管理法律制度对我国的启示[J]. 中国生态文明，2022(2)：60-63.

[104] 徐君，贾倩，王曦. 国内外海绵城市建设经验镜鉴及比较[J]. 当代经济管理，2021，43(3)：57-62.

[105] 城市设计联盟. 从法规到产品，深度解读德国海绵城市[Z]. 2021.

[106] 刘晔. ABC 全民共享水计划 海绵城市在新加坡[J]. 城乡建设，2017(5)：66-69.

[107] Government of South Australia. Stormwater strategy - the future of stormwater management [Z]. 2011.

[108] 王锋. 澳大利亚水敏感城市评估实践及其启示[J]. 生态经济，2018，34(6)：186-193.

[109] BURGE K，BARRETT T，BREEN P，et al. Project selection in a water sensitive city：development of a multi-criteria assessment tool for externalities[J]. Engineers Australia，2012.

[110] 王泽阳，关天胜，吴连丰. 基于效果评价的海绵城市监测体系构建——以厦门海绵城市试点区为例[J]. 给水排水，2018.

[111] 王虹，丁留谦，程晓陶，等. 美国城市雨洪管理水文控制指标体系及其借鉴意义[J]. 水利学报，2015，46(11)：1261-1271，1279.

[112] 王贵南，周飞祥. 建筑小区类项目海绵城市建设效果评价研究[J]. 给水排水，2020.

[113] 李俊奇，孙瑶，李小静，等. 海绵城市径流雨水水质监测研究[J]. 给水排水，2021，57(6)：68-74.

[114] 张哲. 基于区域雨水径流峰值和污染控制的调蓄设施设计研究[D]. 北京：北京建筑大学，2019

[115] 吴连丰. 基于监测分析的海绵城市建设效果评价[J]. 给水排水，2019，55(12)：65-69.

[116] 邓立静，李炳锋，杨可昀. 基于监测与模型的滨海地区海绵城市建设径流控制及内涝治理效果评估[J]. 中国防汛抗旱，2021，31(5)：7-11，29.

[117] 杨松文. 海绵城市径流控制效果评估方法及其应用研究[D]. 哈尔滨：哈尔滨工业大学，2019

[118] 王洁瑜，杨党锋，刘晓东，等. 基于水文水动力模型的海绵城市建设效果评价技术研究[J]. 陕西水利，2021，250(11)：10-14.

[119] 深圳市龙华区水务局，深圳市城市规划设计研究院有限公司. 龙华区海绵城市建设达标片区效果监测与自评价[R].

[120] 李田，郑瑞东，朱军. 排水管道检测技术的发展现状[J]. 中国给水排水，2006(12)：11-13.

[121] 张厚强，尹海龙，金伟，等. 分流制雨水系统混接问题的调研技术体系[J]. 中国给水排水，

2008，226(14)：95-98.

[122] 海永龙，郁达伟，刘志红，等. 北运河上游合流制管网溢流污染特性研究[J]. 环境科学学报，2020，40(8)：2785-2794.

[123] 李文涛，王广华，周建华，等. 深层隧道排水系统规划设计中溢流污染控制标准研究[J]. 中国给水排水，2016，32(24)：1-6.

[124] 李立青，朱仁肖，尹澄清. 合流制排水系统溢流污染水量、水质分级控制方案[J]. 中国给水排水，2010，26(18)：9-12，30.

[125] 金县自然资源与公园管理局污水处理部. Combined sewer overflow control program-cso control program review[R]. 美国：金县自然资源与公园管理局污水处理部，2006.

[126] 张伟，钱静，李田，等. 水力模型辅助合流制系统改造及其运行效果评估[J]. 中国给水排水，2015，31(7)：114-118.

[127] 晏玉莹，杨道德，邓娇，等. 国家级自然保护区保护成效评估指标体系构建——以陆生脊椎动物(除候鸟外)类型为例[J]. 应用生态学报，2015，26(5)：1571-1578.

[128] 张镱锂，吴雪，祁威，等. 青藏高原自然保护区特征与保护成效简析[J]. 资源科学，2015，37(7)：1455-1464.

[129] 王伟，辛利娟，杜金鸿，等. 自然保护地保护成效评估：进展与展望[J]. 生物多样性，2016，24(10)：1177-1188.

[130] 康宏志，陈亮，郭祺忠，等. 海绵城市建设地下水补给计算研究进展[J]. 地学前缘，2019，26(6)：58-65.

[131] 李赢杰，黄仕元. 海绵城市建设对地下水的补给量化研究进展[J]. 山西建筑，2023，49(2)：186-190.

[132] 谭秀翠，杨金忠，宋雪航，等. 华北平原地下水补给量计算分析[J]. 水科学进展，2013，24(1)：73-81.

[133] 王文，杨云. 地下水人工补给模式及补给量计算方法研究[J]. 安徽农业科学，2014，42(32)：11479-11482.

[134] 刘兰岚. 降雨产流计算中径流曲线法(SCS模型)局限性的探讨[J]. 环境科学与管理，2013，38(5)：64-68.

[135] 李国梁. 基于GIS平台的城市尺度下城市热岛缓减关键技术与系统[D]. 杭州：浙江大学，2010

[136] 叶彩华，刘勇洪，刘伟东，等. 城市地表热环境遥感监测指标研究及应用[J]. 气象科技，2011，39(1)：95-101.

[137] 穆海振，孔春燕，汤绪，等. 上海气温变化及城市化影响初步分析[J]. 热带气象学报，2008，24(6)：672-678.

[138] 但尚铭，许辉熙，叶强，等. 我国城市热岛效应研究方法综述[J]. 四川环境，2008(4)：88-91.

[139] 詹莉莉，史秀芳，潘兴瑶，等. 海绵城市监测技术及方案研究综述[J]. 北京水务，2022(2)：42-46.

[140] 丁宏研，石文豪，王瑜，等. 海绵城市建设效果监测策略研究[J]. 住宅产业，2022(5)：45-47，59.

[141] 王燕，虞美秀，陆智聪. 海绵城市监测对象体系建立与实施——以镇江为例[J]. 人民珠江，2022，43(10)：80-89.

[142] 韦古强，卢兴超，孙琳琳，等. 建筑及片区智慧海绵监测系统设计与评估研究[J]. 建筑技术，2022，53(5)：541-544.

[143] 佚名. International stormwater BMP database 2020 summary statistics.

[144] 张宇，王莉芸，刘伦，等. 海绵城市常用监测设备选择及应用研究[J]. 给水排水，2020，56(S1)：374-378.

[145] 郑涛，唐志芳，张敏. 基于监测及排水模型的海绵城市小区建设效果评估[J]. 中国给水排水，2022，38(9)：118-122.

[146] 孙瑶，李小静，李俊奇，等. 海绵城市监测和效果评估中存在的问题与对策建议[J]. 环境工程，2022，40(4)：182-187.

[147] 宫永伟，刘超，李俊奇，等. 海绵城市建设主要目标的验收考核办法探讨[J]. 中国给水排水，2015.

[148] 危唯. 低影响开发技术在深圳某地区的应用研究[D]. 长沙：湖南大学，2014

[149] 姚双龙. 基于 MIKE FLOOD 的城市排水系统模拟方法研究[D]. 北京：北京工业大学，2012

[150] ZOPPOU C. Review of urban storm water models[J]. Environmental Modelling and Software，2001，16(3)：195-231.

[151] 沈迪，武海霞，龙岩，等. 基于 SWMM 模型的城市内涝模拟——以广州市海珠区为例[J]. 海河水利，2023(2)：95-99，107.

[152] 蒋颖，王学军，罗定贵. 流域管理模型的参数灵敏度分析——以 WARMF 在巢湖地区的应用为例[J]. 水土保持研究，2006(3)：165-168.

[153] JACQUIN A P，SHAMSELDIN A Y. Sensitivity analysis of Takagi-Sugeno-Kang rainfall-runoff fuzzy models[J]. Hydrology and Earth System Sciences Discussions，2008，5(4)：1967-2003.

[154] SHAPIRO B J F. Mathematical programming models and methods for production planning and scheduling[J]. 1993.

[155] BEVEN K，FREER J. Equifinality, data assimilation, and uncertainty estimation in mechanistic modelling of complex environmental systems using the GLUE methodology[J]. Journal of Hydrology，2001，249(1-4)：11-29.

[156] FRANCOS A，ELORZA F J，BOURAOUI F，et al. Sensitivity analysis of distributed environmental simulation models：understanding the model behaviour in hydrological studies at the catchment scale[J]. Reliability Engineering & System Safety，2003，79(2)：205-218.

[157] 黄金良，杜鹏飞，何万谦，等. 城市降雨径流模型的参数局部灵敏度分析[J]. 中国环境科学，2007，(4)：549-553.

[158] LENHART T，ECKHARDT K，FOHRER N，et al. Comparison of two different approaches of

sensitivity analysis[J]. Physics and Chemistry of the Earth，Parts A/b/c，2002，27（9）：645-654.

[159]　NASH J E，SUTCLIFFE J V. River flow forecasting through conceptual models part I — A discussion of principles - ScienceDirect[J]. Journal of Hydrology，1970，10(3)：282-290.

[160]　陆族杰. 智慧化海绵城市监测管控系统评价研究[D]. 成都：西南石油大学，2019.

[161]　李宏伟，叶盛，李光辉. 海绵城市智慧管控平台设计研究——用新一代信息技术提升海绵城市管理能力[C]//2018第十三届中国城镇水务发展国际研讨会与新技术设备博览会论文集. 北京：城镇供水杂志社，2018：6-10.

[162]　潘兴瑶. 北京海绵城市智慧管控路径分析[J]. 北京水务，2020，(3)：20-23.

[163]　杨莉，王红武，胡坚，等. 镇江市基于信息化技术的海绵城市智慧监管系统研究[J]. 中国给水排水，2018，34(10)：7-10.

[164]　吴连丰. 厦门市海绵城市管控平台的探索与实践[J]. 给水排水，2018，54(11)：117-122.

[165]　刘晓东，杨党锋，蒋雅丽，等. 西安小寨海绵城市智慧管控系统研究与应用[J]. 人民长江，2018，49(S2)：300-303，311.

[166]　李国君，王永，梁振凯，等. 海绵城市建设区域化效果评估探讨[J]. 中国给水排水，2020.

[167]　李硕，刘天源，黄锋，等. 工业互联网中数字孪生系统的机理＋数据融合建模方法[J]. 信息通信技术与政策，2022，340(10)：52-61.

[168]　YAN，JUN，JIN，et al. Urban flash flood forecast using support vector machine and numerical simulation[J]. Journal of Hydroinformatics，2018.

[169]　梁骞，任心欣，张晓菊. 基于SUSTAIN模型的LID设施成本效益分析[J]. 中国给水排水，2017，33(1)：136-139.

[170]　任利荣. 海绵城市典型道路和公园项目的雨水径流控制效果评估[D]. 杭州：浙江工业大学，2020.

[171]　董鲁燕，赵冬泉，刘小梅，等. 基于监测和模拟技术的排水管网性能评估体系[J]. 中国给水排水，2014，30(17)：150-154.

[172]　刘小梅，王婷，赵美玲，等. 基于在线监测的排水系统运行负荷分析与问题诊断[J]. 给水排水，2016，52(12)：126-130.

[173]　李明远，魏杰，张武强，等. 深圳市初期雨水特征分析及控制对策研究[J]. 广东化工，2017，44(10)：43-46.

[174]　深圳市规划和自然资源局. 深圳市初期雨水收集及处置系统专项研究[R]. 2019.

[175]　黄国如，李开朗，等. 流域非点源污染负荷核算[M]. 北京：科学出版社，2014.

[176]　深圳市城市规划设计研究院有限公司，深圳市规划国土发展研究中心，深圳市水务规划设计院，等. 深圳市排水(雨水)防涝综合规划[R].

[177]　深圳市规划和自然资源局. 深圳市海绵城市规划要点和审查细则(2019年修订版)[Z]. 2019.